太平江一级水电站首部枢纽

太平江一级水电站大坝上游

太平江一级水电站大坝下游（一）

太平江一级水电站大坝下游（二）

太平江一级水电站厂区（一）

太平江一级水电站厂区（二）

太平江一级水电站进水口

太平江一级水电站主厂房内部

太平江一级水电站工程
设计与实践

主　编　江　凌　刘仁德

副主编　王志刚　胡永林　邹军贤　李连国

中国水利水电出版社
www.waterpub.com.cn
·北京·

内 容 提 要

　　本书为太平江一级水电站工程规划设计成果的总结。全书共 12 章，包括：绪论，开发方案与坝址选择，区域构造稳定性分析，首部枢纽布置，大坝温度应力仿真与温控措施，引水岔管结构设计与稳定分析，隧洞上平段与压力钢管支洞群稳定分析，调压室设计，边坡稳定分析及支护措施，水轮发电机组选型研究，引水发电系统水力过渡过程分析，电气及金属结构等。

　　本书可供从事水利水电工程规划设计的相关技术人员借鉴，也可供大专院校相关专业的师生参考。

图书在版编目（ＣＩＰ）数据

太平江一级水电站工程设计与实践 ／ 江凌，刘仁德
主编. -- 北京：中国水利水电出版社，2019.11
　　ISBN 978-7-5170-8212-5

　　Ⅰ．①太… Ⅱ．①江… ②刘… Ⅲ．①水力发电站—
工程设计—缅甸 Ⅳ．①TV753.37

中国版本图书馆CIP数据核字(2019)第253841号

书　　名	**太平江一级水电站工程设计与实践** TAIPING JIANG YIJI SHUIDIANZHAN GONGCHENG SHEJI YU SHIJIAN
作　　者	主编 江凌　刘仁德　副主编 王志刚　胡永林　邹军贤　李连国
出版发行	中国水利水电出版社 （北京市海淀区玉渊潭南路 1 号 D 座　100038） 网址：www.waterpub.com.cn E - mail：sales@waterpub.com.cn 电话：(010) 68367658（营销中心）
经　　售	北京科水图书销售中心（零售） 电话：(010) 88383994、63202643、68545874 全国各地新华书店和相关出版物销售网点
排　　版	中国水利水电出版社微机排版中心
印　　刷	北京印匠彩色印刷有限公司
规　　格	184mm×260mm　16 开本　17.75 印张　432 千字　2 插页
版　　次	2019 年 11 月第 1 版　2019 年 11 月第 1 次印刷
印　　数	0001—1000 册
定　　价	**160.00 元**

《太平江一级水电站工程设计与实践》
编撰人员名单

主　编　江　凌　　刘仁德
副主编　王志刚　　胡永林　　邹军贤　　李连国

主要撰稿人

章　名	主要撰稿人
绪论	江　凌　张建华　王志刚
第1章　开发方案与坝址选择	方兆振　王志刚　万燎榕　陈　鋆
第2章　区域构造稳定性分析	万燎榕　吴学林　侯　宁　吴　平
第3章　首部枢纽布置	邹军贤　赵冬莲　刘仁德　付典龙
第4章　大坝温度应力仿真与温控措施	胡永林　李连国
第5章　引水岔管结构设计与稳定分析	王志刚　罗　玮
第6章　隧洞上平段与压力钢管支洞群稳定分析	刘仁德　万燎榕
第7章　调压室设计	廖冬芽　赵冬莲　许文阳
第8章　边坡稳定分析及支护措施	刘仁德　许文阳　张　冬
第9章　水轮发电机组选型研究	陈　华　曾庆志
第10章　引水发电系统水力过渡过程分析	陈　华　廖冬芽
第11章　电气及金属结构	陈　岱　王　希　邹晓勇　秦　冲　徐　强　徐礼锋

　　太平江一级水电站是缅甸民选政府过渡期引进外资重点建设的能源项目，也是中国大唐集团有限公司响应国家"一带一路"倡议和能源"走出去"战略在境外投资建设的第一座水电站项目。太平江一级水电站的建设为缅甸北部的经济发展提供了就业、税收和大量的外汇，同时也为我国提供了大量稳定、安全和清洁的能源，是中缅电力开发合作发展史上具有里程碑意义的标志性工程，其建成投产实现了中缅电力开发合作模式的突破。

　　太平江一级水电站位于缅甸东北克钦邦境内的太平江上，紧邻中缅边境。太平江发源于我国云南省保山市腾冲县西北面高黎贡山西南支脉南侧，是伊洛瓦底江一级支流。河流属山区型，河谷切割深，河道坡降大、水流急，泥沙量大。工程区域属亚热带季风湿润气候区域，该区域暴雨量大且集中，容易造成山体滑坡和泥石流。工程区内地貌受构造控制，山脉河流的走向基本呈北东向延伸，沟谷切割深度数百米至千余米。地貌类型属"强烈切割的构造侵蚀、剥蚀中山峡谷地貌"，大盈江断裂带从坝址左岸穿过，工程区地震烈度高，属区域构造稳定性较差地区。因此水电站的建设面临边坡稳定、地下洞室稳定、泥沙淤积严重等技术难题。

　　太平江一级水电站是在缅北高山峡谷地区建设的第一座水电站，在设计过程中具有很多技术特色。通过全面深入的分析总结，本书共研究了10项工程关键技术，主要包括开发方式与坝址选择问题研究、区域构造稳定性分析研究、首部枢纽布置研究、大坝温度应力仿真与温控措施研究、引水岔管结构设计与稳定性研究、隧洞上平段与压力钢管支洞群稳定分析研究、调压室设计研究、边坡稳定分析及支护措施研究、引水发电系统水力过渡过程分析研究、电气及金属结构设计研究等，江西省水利规划设计研究院（以下简称"江西院"）与国内许多高校和科研院所的专家共同解决了工程设计、建设过程中一系列工程技术难题，大胆创新、科学管理，确保了工程的"四个安全"，意义重大。

　　为总结太平江一级水电站建设技术创新和相关研究成果，丰富水利水电工程知识宝库，江西院组织项目组技术人员编写了《太平江一级水电站工程设计与实践》一书。该书尽可能详尽地给出了太平江一级水电站勘察设计过程中各主要专业进行技术研究所采用的基本资料、设计依据、设计方法、设计成果及基本结论，主要包括水能规划、工程地质、水工建筑物、水力学模型试验、机电及金属结构等专业；并对各专业的关键技术研究进行了详细的论述，可为广大从事水电工程设计及科研人员提供参考，尤其可为国际水电工程勘察设计提供借鉴。

是为序。

2019 年 6 月

　　太平江一级水电站位于缅甸东北克钦邦境内的太平江上，紧邻中缅边境，工程区上游为中国云南省德宏傣族景颇族自治州盈江县，坝址位于中缅 37 号界桩下游约 2.5km 河段内。工程是由中国大唐集团有限公司在缅甸以 BOT 方式投资建设的水电站项目，电站装机容量为 240MW，工程规模为中型，为有压引水式电站。电站多年平均发电量为 10.73 亿 kW·h，年利用小时数为 4470h。

　　工程于 2007 年 11 月 10 日开工，2010 年 9 月 22 日电站首台机组投入商业运行，2010 年 12 月 31 日全部 4 台机组发电。2011 年 6 月电站停产，2013 年 4 月电站恢复生产。截至目前 4 台机组运行一切正常。

　　在经济全球化加速发展的新形势下，加强国外能源资源的开发合作符合我国能源"走出去"的战略要求。太平江一级水电站是与境外合作开发水力资源的水电项目之一，开展与缅甸的电力开发合作，既符合缅甸经济发展计划要求，同时也能为我国提供清洁能源。

　　工程勘测设计单位——江西省水利规划设计研究院在太平江一级水电站工程规划、勘测、设计中遇到了一系列技术难题，针对这些工程建设中的技术难题，江西省水利规划设计研究院组织技术攻关，为工程设计提供支持。

　　(1) 区域构造稳定性问题。工程区位于东南亚板块与印度板块碰撞带附近，地质构造十分复杂。区内地层不连续，沉积间断较多，地层多受区域断裂的控制。上、下坝址地层岩性均为中粒花岗质混合片麻岩、眼球状混合片麻岩、条痕状片麻岩及石英岩。大盈江区域性断裂从工程区穿过，因此区域构造稳定性问题比较突出。

　　(2) 首部枢纽布置问题。太平江一级水电站位于高山峡谷区域，河床狭窄，河流洪峰流量大，泥沙含量高，首部枢纽布置是设计考虑的重点技术问题，包括：泄洪建筑物布置形式和消能设施合理布置问题；电站取水口合理布置问题；水库的冲沙防淤问题；水库运行方式对水库淤积的影响问题。

　　(3) 高边坡稳定问题。因地形和工程布置，进水口边坡、厂房后边坡和调压室边坡均是百米以上的高边坡，边坡大部分为土质边坡，且工程区降雨强度大，特别是厂房后边坡下面布置有钢筋混凝土岔管和 4 条压力管道，存在内水外渗问题，对边坡稳定影响较大，高边坡稳定问题是亟须解决的技术难题。

为总结太平江一级水电站工程规划设计方面的经验和教训，丰富水利水电工程建设宝库，并为水利水电规划设计人员提供参考，江西省水利规划设计研究院组织编写了本书。本书是对太平江一级水电站工程规划设计成果的总结，主要由江西省水利规划设计研究院从事该工程设计的相关人员编写。

本书参考了太平江一级水电站工程设计研究成果和相关研究资料。在此，向中国大唐集团有限公司，向指导、关心和参与研究的单位、专家、学者，以及相关文献作者表示衷心的感谢！

限于编者水平，书中难免有不妥之处，敬请同仁和读者们批评指正。

编　者

2019 年 5 月

序

前言

绪论 ··· 1

  0.1 重大技术问题研究 ··· 1

  0.2 工程重大技术研究主要结论及建议 ········ 2

第1章 开发方案与坝址选择 ································ 11

  1.1 水文分析计算 ·· 11

  1.2 工程地质 ·· 18

  1.3 开发方案 ·· 18

  1.4 坝址选择 ·· 23

  1.5 项目开发建议 ·· 28

第2章 区域构造稳定性分析 ································ 29

  2.1 区域地质背景 ·· 29

  2.2 近场及场址区活动断裂 ································· 35

  2.3 场地地震动参数的确定 ································· 39

第3章 首部枢纽布置 ·· 42

  3.1 工程建设条件 ·· 42

  3.2 工程布置 ·· 48

  3.3 导沙涵布置 ·· 54

  3.4 进水口设计 ·· 57

  3.5 水工模型试验 ·· 61

第4章 大坝温度应力仿真与温控措施 ·········· 70

  4.1 概述 ··· 70

  4.2 设计温控措施和温控标准 ··························· 71

  4.3 基本计算原理 ·· 73

  4.4 坝体稳定温度场 ··· 77

  4.5 坝体施工期温度和应力分析 ······················ 81

第5章　引水岔管结构设计与稳定分析 ················· 90

5.1　工程地质条件 ·································· 90

5.2　引水岔管结构布置 ······························ 91

5.3　钢筋混凝土岔管稳定分析 ························ 91

5.4　结构配筋计算 ································· 121

5.5　小结 ·· 127

第6章　隧洞上平段与压力钢管支洞群稳定分析 ········· 128

6.1　围岩工程地质特性及分类 ······················ 128

6.2　隧洞结构布置 ································· 149

6.3　隧洞稳定分析 ································· 159

第7章　调压室设计 ································· 185

7.1　调压室布置方案分析 ··························· 185

7.2　调压室结构分析 ······························· 186

7.3　调压室衬砌措施 ······························· 188

7.4　调压室边坡稳定分析 ··························· 189

第8章　边坡稳定分析及支护措施 ···················· 195

8.1　厂房后边坡稳定分析 ··························· 195

8.2　进水口后边坡稳定分析 ························· 215

第9章　水轮发电机组选型研究 ······················ 226

9.1　概述 ·· 226

9.2　水轮机主要参数的选择 ························· 227

9.3　水轮机主要参数汇总及小结 ····················· 241

第10章　引水发电系统水力过渡过程分析 ············· 242

10.1　概述 ······································· 242

10.2　基本参数 ···································· 243

10.3　数学模型和计算方法 ·························· 247

10.4　机组调节保证计算分析 ························ 249

10.5　调压室涌浪分析 ····························· 254

第11章　电气及金属结构 ··························· 255

11.1　电气一次设计方案 ···························· 255

11.2　电站接地网设计分析 ·························· 259

11.3　电气二次设计方案 ···························· 262

11.4　金属结构设计 ································ 267

参考文献 ·· 274

绪　　论

0.1　重大技术问题研究

太平江属伊洛瓦底江水系，为其左岸一级支流，发源于我国云南省保山市腾冲县西北高黎贡山西南支脉尖高山南侧，河流自北蜿蜒向南，在盈江县中缅第 38 号界桩以下成为两国界河，至第 37 号界桩处进入缅甸境内，在八莫附近汇入伊洛瓦底江。太平江一级水电站位于太平江下游，大坝距中缅第 37 号界桩约 2.5km，主要任务是发电，为引水式电站。工程由首部枢纽、引水系统和厂区枢纽等部分组成。其中首部枢纽由混凝土重力坝（包括冲沙泄洪底孔、排漂孔、溢流坝段和非溢流坝段）、下游消力池、电站进水口、左岸冲沙导流洞等建筑物组成；引水系统由有压引水隧洞、调压室、压力管道等组成；厂区枢纽由电站厂房、升压站等组成。

坝址以上控制集水面积为 6010km^2，多年平均流量为 254m^3/s，水库总库容为 533 万 m^3。水电站总装机容量为 240MW，多年平均发电量为 10.73 亿 kW·h。根据《防洪标准》（GB 5021—2014）、《水电枢纽工程等级划分及设计安全标准》（DL 5180—2003），工程规模为中型，工程等别为Ⅲ等。枢纽主要建筑物为 3 级建筑物，次要建筑物为 4 级建筑物。枢纽工程主要建筑物设计洪水标准为 50 年一遇、混凝土挡水建筑物非常运用洪水标准为 500 年一遇、相应洪峰流量分别为 2820m^3/s 和 5350m^3/s。

大坝正常蓄水位为 255.00m，设计洪水位（$P=2\%$）为 255.00m，校核洪水位（$P=0.2\%$）为 256.06m，采用混凝土重力坝，坝顶高程为 257.50m，坝轴线处坝顶全长204m，最大坝高 46.00m。大坝自左至右依次布置为左岸非溢流坝段、溢流坝段、排漂孔坝段、冲沙泄洪底孔坝段和右岸非溢流坝段。引水系统由进水口、引水隧洞、调压室、混凝土岔管和支洞组成。电站进水口布置在首部枢纽大坝右岸上游 50m 处，位于引水隧洞前沿，紧靠冲沙泄洪底孔布置以便于冲沙，由拦污栅闸段和进水闸段组成。有压引水隧洞总设计引用流量为 386m^3/s，两条隧洞并行布置，洞径为 8.0m，为圆形断面。调压室Ⅰ位于桩号引Ⅰ2+958.811（中心线），调压室顶平台高程为 305.00m，钢筋混凝土岔管位于桩号引Ⅰ2+977.811～引Ⅰ2+994.668。调压室Ⅱ位于桩号引Ⅱ3+039.072（中心线），调压室顶平台高程为 295.00m，钢筋混凝土岔管位于引Ⅱ3+048.072～引Ⅰ3+064.929；调压室采用阻抗式，阻抗孔内径为 4.5m，调压室内径为 16.0m。钢筋混凝土岔管后为 4条发电支洞，采用钢筋混凝土衬砌和内衬钢板衬砌，钢筋混凝土衬砌洞段内径为 6.0m，钢板衬砌段（压力钢管段）内径为 4.8m。

根据首部枢纽、引水系统和厂房枢纽工程所在地气象水文、地形地质的特点，在工程设计、施工中面临的重大技术问题包括下列几方面：

（1）开发方式和坝址选择问题。太平江在缅甸境内尚未进行过规划，且位于缅北热带雨林地区，交通条件差，勘测外业工作困难，对整个河段进行规划，选择最优的开发方式，加快工程进度是首要问题。地勘测绘工作开展困难，为加快工程推进速度，在外业工作量不足情况下进行坝址选择的问题是工程的难点。

（2）区域构造稳定性问题。工程区位于东南亚板块与印度板块碰撞带附近，地质构造十分复杂。区内地层不连续，沉积间断较多，地层多受区域断裂的控制。上、下坝址地层岩性均为中粒花岗质混合片麻岩、眼球状混合片麻岩、条痕状片麻岩及石英岩。大盈江区域性断裂从工程区穿过，因此区域构造稳定性问题比较突出。

（3）首部枢纽布置问题。太平江一级水电站位于高山峡谷区域，河床狭窄，河流洪峰流量大，泥沙含量高，首部枢纽布置是设计考虑的重点技术问题，包括：泄洪建筑物布置形式和消能设施合理布置问题、电站取水口合理布置问题、水库的冲沙防淤的问题、水库运行方式对水库淤积的影响问题。

（4）大坝大体积混凝土温度应力及其控制问题。工程位于缅北山区，地区热带雨林地区，日气温较高，且昼夜温差较大，温控问题较为突出。

（5）高边坡稳定问题。因地形和工程布置，进水口边坡、厂房后边坡和调压室边坡均是百米以上的高边坡，边坡大部分为土质边坡，且工程区降雨强度大，特别是厂房后边坡，下面布置有钢筋混凝土岔管和4条压力管道，存在内水外渗问题，对边坡的问题影响较大，高边坡稳定问题是急需解决的技术难题。

（6）引水发电系统布置问题。太平江一级水电站为引水式电站，发电引用流量大，引水隧洞、调压室、岔管和压力管道的布置尤为重要。对引水系统进行过渡过程分析，提出改进意见和确定引水系统布置形式及各部位细部尺寸，以确保引水系统运行安全是十分必要的。

（7）地下洞室的稳定问题。太平江一级水电站布置有2条引水系统，内径为8m的引水隧洞、调压室、岔管和4条压力管道形成地下洞群，地下洞室的施工期稳定问题，保证运行期的安全运行是设计考虑的重点技术问题。

0.2 工程重大技术研究主要结论及建议

0.2.1 开发方式和坝址选择

（1）根据开发河段的水资源情况、地形地质条件，前期地形查勘和勘测情况，拟定该河段一级开发和两级开发两种开发方案进行分析比较，分别计算两种开发方案的动能和经济指标。太平江两级开发方案总装机容量为400MW，年总发电量为17.83亿 kW·h，保证出力为63.63MW，装机年利用小时为4987h，静态总投资为199472.37万元，单位装机容量投资为4987元/kW，单位电能投资为1.119元/(kW·h)。太平江一级开发方案装机容量为400MW，年总发电量为17.76亿 kW·h，保证出力为63.34MW，装机年利用小时为4440h，静态总投资为201488.91万元，单位装机容量投资为5037元/kW，单位电能投资为1.135元/(kW·h)。

（2）根据两种开发方案动能经济指标分析比较，太平江两级开发方案中一级电站经济指标最优，二级电站经济指标略差；一级开发方案电站的经济指标居中。两种开发方案的经济指标相差不大，两级开发方案的经济指标略优。为便于尽快开发太平江的水力资源，推荐两级开发方案，近期先开发一级电站。

（3）根据河流情况、地形地质条件和前期勘测设计开展情况，对拟定的上下坝址进行了控制性的地质勘察工作，初拟了工程总体布置，从工程布置、施工条件等方面进行技术经济综合比较，为满足主体工程在 2007 年 10 月开工的要求，建议坝址为太平江两级开发方案中一级电站推荐坝址。

0.2.2 首部枢纽布置研究结论

1. 枢纽布置结论

（1）大坝总体布置自左至右依次为左岸非溢流坝段、溢流坝段、排漂孔坝段、冲沙泄洪底孔坝段和右岸非溢流坝段，溢流坝段布置在河床中间，有利于泄洪，工程布置紧凑合理。

（2）根据泄流能力复核计算及模型试验成果，大坝校核洪水位（$P = 0.2\%$）由 257.00m 调整为 256.06m。

（3）根据整体模型试验的结果和施工现场实际情况，在施工图设计阶段对挡水建筑物、泄流建筑物和消能建筑物等进行了优化，加快了施工进度，节约了工程投资。

2. 冲沙模型试验结论与建议

（1）原可研设计的冲沙建筑物由冲沙泄洪底孔和冲沙导流洞组成，冲沙导流洞的运行，可使靠左岸的部分泥沙通过冲沙导流洞排至下游，有助于延缓左侧的坝前淤积进程；但并不能解决电站进水口的"门前清"问题，也不能改变坝前的最终淤积形态。没有达到电站取水"门前清"的主要原因在于：主流贴近右岸，泥沙随主流先运动到电站以后，才能到达冲沙底孔；冲沙底孔距电站进水口较远，其漏斗范围无法涵盖电站进水口。

（2）试验结果表明，原工程布置方案要达到"门前清"的电站取水目的，必须考虑辅以必要的工程措施。试验采用的增设丁坝或冲沙底孔前伸两种措施均可明显地改善电站取水进沙问题，可以达到电站取水"门前清"，满足工程运行要求。

（3）考虑到工程进度和投资等因素，确定冲沙底孔前伸方案为推荐方案，取消导流洞的冲沙功能。根据冲沙模型试验成果，冲沙底孔要达到电站取水"门前清"的效果，冲沙底孔前伸辅以人工清淤，需在冲沙泄洪底孔前设一座冲沙涵。因此，冲沙建筑物优化调整为：取消原冲沙导流洞，改为冲沙泄洪底孔前设冲沙涵。

（4）应对冲沙底孔前的淤积情况进行定期监测，小流量时，冲沙底孔应定期开启，尽量避免推移质泥沙淹没冲沙底孔进口并进入电站。汛前、汛末必须开启冲沙底孔，或采用疏浚等运行管理措施，以确保冲沙底孔箱涵的通畅。

（5）有弃水时，排漂孔和冲沙底孔应优先开启，多余的水通过泄洪表孔下泄。泄洪表孔的开启顺序推荐为从左到右顺序开启（仅对改善坝前淤积形态而言）。该运行调度方案仅供运行参考，建议在水库运行过程中加强对库区淤积形态的监测，根据实际情况调整运行调度方案和采取疏浚措施。

（6）冲沙底孔的排沙能力是有限的，不适合水位短时大幅度下降的运行方式。建议水库排沙方式采用正常蓄水位运行排沙，运行中尽量避免坝前水位突降情况的发生。

（7）校核洪峰流量时，试验观测的坝前水位达到了 255.85m。考虑库前淤积影响，设计采用的校核水位为 256.06m，设计采用校核水位值高于试验值，是安全的。

3. 泄流能力和消能模型试验结论与建议

（1）泄流试验表明：冲沙底孔的泄流能力明显大于设计泄流能力，这与冲沙底孔加长加盖后形成的管嘴效应是分不开的；其他工况的实测泄流能力与设计泄流能力相当或稍大于设计泄流能力，说明设计的泄洪能力满足要求。

（2）实测最大过坝流速为 18.91m/s，发生在消能防冲洪水条件下的泄洪表孔对称开启工况。

（3）边界压力观测试验表明，泄洪表孔底板上及修改后的冲沙底孔底板上基本未出现不合理的压力分布。溢流坝弧形门门铰高于水面 8.5～9.5m，冲沙底孔弧形门门铰高于水面 4.7～5.4m。

（4）海漫上的底部最大流速为 6.11m/s。左岸海漫出口处的底部流速明显大于右岸，而至弯道处，右岸底部流速大于左岸底部流速。海漫下游 200m 范围内，最大底部流速为 5.96m/s，发生在设计工况。

（5）泄洪表孔对称开启时，消力池内和海漫附近的流速分布较非对称开启时均匀。泄洪表孔对称开启时水跃长度也较非对称开启时小。从消能效果的角度来讲，泄洪表孔对称开启的情况更有利于坝下游水流的均匀分布。但具体开启方式还应根据库区淤积情况灵活确定。

（6）坝下游的冲刷试验表明，设计洪水和消能防冲洪水工况未见冲刷，只是在校核工况时在海漫出口的左岸侧产生一个深度为 2.4m 的小冲刷坑。建议适当加长左岸侧海漫段的长度。

（7）原可研设计的消能建筑物可以满足消能要求。各试验工况的水跃均未超出消力池范围。最大水跃长度发生在校核洪水工况，水跃跃尾在消力池尾的反坡段。消力池内的流态观测和海漫下游的冲刷试验表明，消力池的设计长度和消能墩的设置可以满足消能要求。

（8）取消消力墩后，消力池内水跃的长度较同工况设置消力墩时增加约 25m。海漫下游在设计洪水和消能防冲洪水工况仍未见冲刷，但校核工况时海漫出口的冲刷范围和深度都有所增加，建议保留消力墩。

0.2.3 大坝温度应力仿真与温控研究主要结论

（1）采用三维有限元法计算了挡水坝段运行期的（准）稳定温度场。运行期坝体上下游面主要受水温和气温影响，而坝体各高程内部温度为 13～22℃，随着高程的增加，坝体内部稳定温度略有增加。

（2）挡水坝段和溢流坝段的最高温度分别达到 39.8℃、47.4℃。坝体中心部位在混凝土浇筑后，温度上升存在很长一段时间。坝体中心混凝土，在基础约束部位，浇筑 50d 后达到最高温度，非约束区浇筑约 20d 后达到最高温度，然后由于水化热速度降低，随着坝体表面的散热，温度逐渐下降。坝体中心部位的温度受到外界环境的温度影响较小。

（3）挡水坝段和溢流坝段各个部位应力大部分小于允许应力，局部略大于允许应力。在坝体结束汛期重新开始浇筑的第一个浇筑层，由于受到老混凝土的约束较大，产生较大应力。坝体表面的混凝土在浇筑后，应力很快达到最大值，浇筑后的最大温升较小，然后随着气温一起变化，随着气温的降低，产生一定的拉应力，但产生的应力较小，待气温升高后，膨胀受压，产生压应力，在夏季达到最大值。而在靠近坝体表面 5m 左右的部位，则在较快的时间内达到最高温度，由于散热相对较慢，最高温度达到了 38℃ 左右，然后温度开始降低，坝体表面散热快，温度也下降得快，而坝体的中心部位散热较慢，维持在较高的温度，坝体表面很快散热完毕，随着气温不断升高，又受到周围混凝土的约束，使得在距离坝体表面 5m 左右部位产生较大的拉应力，当降温速度变缓慢时，应力达到最大值。由于外界气温变高，坝体表面混凝土膨胀压缩，使得内部拉应力维持在相对较高的值。这使得在坝体中下部的距离表面 5m 左右和坝体上部的中心部位出现了较大的应力。从上下相邻部位的温度历时曲线可以看出，上下两个浇筑层的温差不是产生拉应力的主要原因。在溢流坝的挑流部位，出现了较大应力，宜加强布设钢筋，以防开裂。

（4）从仿真计算结果可以看出，在夏季，在距离表面 5m 左右的部位会产生应力，但应力小于允许应力；在冬季，气温相对较高，表面产生的应力相对较小。由于受到地基的约束，坝体基础垫层产生了较大拉应力，但小于允许应力。本坝体由于相对较小，不需要专门采取通水和保温措施，能满足要求。

0.2.4　边坡稳定性分析及支护措施研究结论与建议

1. 厂房后边坡稳定分析结论

（1）边坡岩（土）体强度参数对边坡稳定性影响较大。取设计推荐参数的最大值分析厂房后边坡的稳定性，当压力管道边坡台阶高 10m，马道宽 2m，主要坡比为 1∶1.5 时，边坡在各种工况下均可处于稳定状态；而变坡段边坡组合坡比为 1∶1 与 1∶1.25 时，在地震工况下可能失稳。

（2）厂房基坑后边坡剖面 2—2、剖面 4—4、剖面 5—5 等在削坡后安全系数都增大，说明削坡后边坡的稳定性提高，但削坡减载对剖面 5—5 边坡稳定性的提升效果不明显，而且削坡后的边坡在正常及地震工况下的安全系数仍不能满足设计规范要求。

2. 进水口边坡稳定性分析结论

（1）根据地质提供的原始参数，校核了天然条件下进口剖面 1—1、剖面 2—2 边坡的稳定性，正常工况的安全系数为 0.969～1.093，降雨工况安全系数为 0.942～1.027。根据计算结果，天然边坡在正常工况和降雨工况下处于极限状态或失稳状态，这与现场实际情况不符，说明所采用的材料强度参数过于安全，需要对部分抗剪强度参数进行反演。经过反演分析，推荐覆盖层抗剪强度参数值为：$c=30kPa$，$\varphi=24°$。

（2）剖面 1—1、剖面 2—2 及剖面 3—3 在各种工况下的安全系数都满足相关规范要求。

（3）根据分析，进口左侧高边坡在正常工况、短暂工况下边坡的稳定安全系数达到规范要求，在偶然工况即地震工况下边坡的稳定安全系数达不到规范要求，需要施加一定的锚固力。根据支护力计算，采用直径为 32mm 的普通锚杆钢筋、2.5m×1.8m 布置间距、长 16m 的超长锚杆、锚杆垂直坡面布置的加固方案满足要求。

（4）设计时，根据分析计算成果，视实际开挖情况对进口左侧高边坡进行必要的支护处理。

3. 调压室边坡稳定分析结论

（1）开挖至井口高程过程中，边坡在正常工况及降雨工况下均能处于稳定状态，工程施工中可按现设计边坡进行施工。

（2）计算结果表明，井口高程以下开挖过程中，各剖面在高喷固结范围 $D=1\text{m}$、$c=400\text{kPa}$ 时，已处于稳定状态，根据工程经验，在 $D>1\text{m}$、$c>400\text{kPa}$ 时井壁稳定性肯定有所提高，故计算结果略去。采用高喷固结的加固措施，可以使调压室下挖过程中覆盖层的稳定性得到明显提高。从 D 值范围上看，高喷固结范围为 $1\sim2\text{m}$ 已能满足井壁的稳定性要求。

（3）鉴于调压室覆盖层较深厚，对调压室的稳定性影响较大，因此建议采用高喷固结的方式，在高喷固结后土体的内摩擦角达到 $30°$、黏聚力 c 达到 0.5MPa 的前提下，高喷固结范围自调压室开挖边线到边线外距离不小于 2m。

（4）根据分析计算，运行期各剖面在正常工况、降雨工况及地震工况下均处于稳定状态。

0.2.5 引水发电系统布置研究结论

1. 引水系统设计研究结论

（1）根据工程的地形地质条件和发电引用流量，布置两条引水发电隧洞，隧洞内径为 8m。引水发电隧洞为有压隧洞，两条隧洞并行布置于右岸，洞中心线距离 40m，综合电站运行灵活可靠、施工难易、安全、投资等因素，隧洞采用"一洞二机"，经阻抗式调压室后分岔形成四条支洞进入厂房。

（2）引水发电隧洞 Ⅰ 由渐变段、上平洞、调压室、岔管段、直线段、下弯段及下平洞等组成。进口底板高程为 232.00m，出口底板高程为 172.40m。隧洞 Ⅰ 长 3342.299m，隧洞进口（引 Ⅰ 0+000.0～引 Ⅰ 0+012.0）为渐变段，长 12.0m，由 8.0m×8.0m 的矩形断面渐变为直径 $D=8.0\text{m}$ 的圆形断面，钢筋混凝土衬砌，衬砌厚度为 2.0m。

（3）引水发电隧洞 Ⅱ 由渐变段、上平洞、调压室、岔管段、直线段、下弯段及下平洞等组成。进口底板高程 232.00m，出口底板高程 172.40m。隧洞 Ⅱ 长 3299.282m，隧洞进口（引 Ⅱ 0+000.0～引 Ⅱ 0+012.0）为渐变段，长 12m，由 8.0m×8.0m 的矩形断面渐变为直径 $D=8.0\text{m}$ 的圆形断面，钢筋混凝土衬砌，衬砌厚度为 2m。

2. 钢筋混凝土岔管设计研究

（1）岔管施工开挖期，在岔管锐角区附近以及洞室的左右边墙位置有局部围岩单元屈服，但塑性区范围和深度均不大，同时洞室开挖造成洞室周边围岩回弹，最大位移发生在锐角区腰部位置，数值为 6.16mm，方向指向上游，而岔管底板和顶拱位置也出现较大位移，分别为 3.02mm 和 3.33mm。

（2）在调压室最高涌浪水位条件下，岔管段衬砌主要承受拉应力，且最大拉应力数值出现在岔管衬砌的锐角区腰部位置，达到 4.093MPa，而岔管其他部位的衬砌混凝土最大拉应力大部分区域超过了 1.4MPa，因此岔管衬砌存在较大范围开裂的可能。

（3）在正常蓄水位条件下，岔管段衬砌的受力状态和调压室最高涌浪水位时基本相似，但由于水头降低了接近 30m，拉应力数值有了较大程度的降低，最大拉应力依然出现在岔管衬砌的锐角区腰部位置，为 2.058MPa，而岔管其他部位的衬砌混凝土拉应力局部也达到了 1.74～2.20MPa，因此岔管衬砌存在局部开裂的可能。

（4）根据拉应力图形配筋法计算，衬砌配筋主要受调压室最高涌浪水位工况控制，且从配筋计算结果可以看出，岔管段衬砌环向需要配置两层 $\phi32@200$ 钢筋，而水流向承受拉应力较小，可采用结构最小配筋率控制。

（5）配置环向钢筋单层 $\phi32@200mm$，纵向钢筋单层 $\phi25@200mm$ 时，岔管段混凝土有较大范围的开裂，尤其是钝角区和锐角区腰部的混凝土，开裂将比较严重，而开裂后衬砌内的环向钢筋主要承受拉应力，最大数值为 87.68MPa，对应的最大裂缝宽度为 0.115mm，满足限裂设计的相关要求。

3. 调压室设计研究

（1）调压室布置于厂房后坡上，两引水隧洞分设两座调压室。调压室Ⅰ位于桩号引Ⅰ2+958.811（中心线），距厂房轴线水平距离约 270m，调压室顶平台高程为 305.00m，该处隧洞中心线高程为 221.31m；调压室Ⅱ位于引Ⅱ3+039.072桩号（中心线），距厂房轴线水平距离约 300m，调压室顶平台高程为 295.00m，该处隧洞中心线高程为 220.91m；调压室采用阻抗式，阻抗孔内径为 4.5m，调压室内径为 16.0m。

（2）根据调节保证分析计算结果，调压室Ⅰ最高涌浪水位 283.54m，最低涌浪水位为 232.07m；调压室Ⅱ最高涌浪水位 283.86m，最低涌浪水位 231.82m。

（3）根据衬砌结构措施研究结果，调压室下部阻抗孔内径为 4.5m，钢筋混凝土衬砌厚 1.5m，上部调压室内径为 16m；底板高程：调压室Ⅰ为 227.41m，调压室Ⅱ为 227.81m。调压室井筒顶部 4.0m 高，为锁口衬砌混凝土，厚 1.2m，下部井筒衬砌混凝土厚 0.6m，井筒底板厚 2.0m。调压室下部连接段引水道顺水流方向长 18m，内径为 8.0m，衬砌混凝土厚 0.8m。调压室Ⅰ高程为 220.91m，调压室Ⅱ高程为 221.31m。以上混凝土均采用 C25 钢筋混凝土。

（4）根据工程地质条件，考虑开挖震动及混凝土施工影响，调压室及其下部隧洞全段进行固结灌浆，灌浆孔距为 30°弧线长，排距 3m，调压室段深入围岩 5m，隧洞段深入围岩 3.5m，排向错开布置，遇断层破碎带加密。

（5）考虑调压室井口覆盖层较厚，调压室井筒直径较大，施工时先期在混凝土衬砌外环覆盖层内进行高喷注浆，形成 2.0m 厚环向混凝土刚性墙，然后进行覆盖层段井筒开挖，自井口平台向下开挖至 4.0m 深后进行锁口混凝土浇筑，锁口混凝土厚 1.2m，高 4.0m，待锁口混凝土达一定强度后，再进行井筒下部开挖。

0.2.6 隧洞群布置及稳定运行分析研究结论

1. 隧洞段稳定性及支护优化研究

（1）对于计算剖面引Ⅰ2+583和引Ⅰ2+970，各种计算工况下的围岩中均未出现塑性区，围岩稳定；各计算工况下衬砌结构中的第一主应力均小于混凝土的允许拉应力，现有的支护参数能够保证围岩与支护结构的稳定与安全。

（2）对于剖面引Ⅰ0+013，属于 f_{204} 断层的影响区，围岩属于Ⅲ～Ⅳ类，其各种计算工况下围岩中均未出现塑性区，围岩稳定；正常工况和地震工况下衬砌结构中的第一主应力最大为 0.02MPa，远低于衬砌混凝土的允许拉应力（0.972MPa），现有的支护参数能够保证支护结构的安全。

（3）对于剖面引Ⅰ0+020，属于f_{204}断层直接与隧洞腰部相交区，围岩属于Ⅲ～Ⅳ类，在施工期和运行期，开挖后引Ⅱ围岩中出现高达1.15～1.19MPa的拉应力，该拉应力区分布在围岩断层与衬砌接触处一个很小范围，属于应力集中，对岩体的整体稳定影响不大。

运行阶段衬砌及锚杆的应力状态：最不利的荷载工况为满水运行工况；运行工况下，锚杆的最大轴向拉应力为52.0MPa，而初喷混凝土的最大轴向拉力达1550kN；后期引Ⅰ衬砌上第一主应力最大达2.19MPa，出现在与断层交界处，超过C25衬砌混凝土的强度标准值，表明在此计算工况下衬砌混凝土将会破坏。

在地震作用下，围岩最大位移、支护结构第一主应力最大值增加得不多，地震对围岩及支护结构影响很小。但该工况下后期引Ⅰ衬砌第一主应力最大值达2.2MPa，发生在衬砌与断层交界处，超过C25衬砌混凝土的强度标准值，现有的支护参数无法保证地震条件下支护结构的安全。

本计算剖面的围岩总体是稳定的，但现有的支护参数无法保证衬砌结构的稳定性要求。

（4）正常工况下，对各计算剖面的隧洞围岩而言，最不利工况为非运行工况；对混凝土衬砌结构而言，最不利的荷载工况为满水运行工况。

（5）地震条件下，最不利的荷载工况为满水+地震工况。

2. 压力管道支洞群稳定性及支护优化研究

（1）施工阶段围岩稳定性情况为：如果不进行初期支护，拱顶总位移最大值达到0.18cm（支洞1），总的下沉量是很小的；从毛洞形成后的地层应力图及主应力图可以看出，整个地层大部分区域都是受压的，只是在隧洞附近一个很小的范围内出现拉应力，围岩能够稳定。若毛洞形成后立即实施初期支护，则拱顶总位移为0.167cm（支洞1），若毛洞形成后立即实施初期支护和后期支护，则拱顶总位移仅为0.086cm（支洞1），围岩剪应力最值、第一主应力和第三主应力在支护后都有明显减小。开挖后围岩未出现塑性区，表明围岩稳定。

（2）运行阶段围岩稳定及变形情况为：满水运行工况下的隧洞其围岩的总位移最大值、剪应力最大值、第一主应力以及第三主应力的最值均比非运行工况下略小，原因在于满水运行工况下后期支护对围岩的主动承受力使得围岩的受力条件得到改善，并且没有出现拉应力。无论是单洞运行还是双洞运行，围岩没有出现拉应力。非运行情况为其最不利工况，引Ⅱ单独运行下，支洞1围岩的最大变形为0.089cm，剪应力最大值和第一主应力分别为1.78MPa和−0.086MPa，围岩处于弹性应力状态。综合考虑计算结果，运行期剖面引Ⅱ3+136附近围岩处于稳定状态。

（3）运行阶段支护结构的受力情况为：满水运行的隧洞其锚杆轴向、初期衬砌轴向应力比非运行的隧洞轴向应力小。锚杆轴向应力最大值为32.1MPa，远小于锚杆抗拉强度设计值；后期衬砌最大拉应力为1.52～1.57MPa（分别为引Ⅱ和引Ⅰ运行下支洞1），后期衬砌最大压应力为12.2MPa，小于混凝土抗拉、抗压强度标准值〔对于C25的衬砌混凝土，其轴心抗拉强度标准值为1.75MPa，轴心抗压强度标准值为17.0MPa；根据《水工隧洞设计规范》（SL 279—2016）的规定，对于3级隧洞，基本荷载组合工况下取衬砌混凝土的抗拉安全系数为 1.8、特殊条件下为 1.6，可以推算基本荷载组合工况下衬砌混凝土的允许拉应力为 0.972MPa，特殊荷载组合条件下衬砌混凝土的允许拉应力为 1.09MPa]，但大于混凝土允许拉应力，衬砌混凝土将会开裂，但不会破坏。

其他工况下隧洞各支洞后期衬砌最大拉应力在−0.006～0.88MPa，满足衬砌混凝土的允许拉应力要求。

（4）地震条件下，最不利的荷载工况为满水＋地震工况。与正常工况相比，衬砌结构内的第一主应力值增大值为 0.3～1.0MPa。后期衬砌最大拉应力值为 0.18～1.82MPa，部分工况下衬砌最大拉应力值大于混凝土轴心抗拉强度标准值，表明衬砌混凝土将会破坏。

锚杆的最大拉应力也有一定程度的增大，但最大值不超过 36MPa，远小于锚杆抗拉强度设计值。

从引Ⅰ单独运行或引Ⅱ单独运行来看，满水运行的荷载压力对非满水运行隧洞围岩应力、变形影响很小，对非满水运行隧洞后期支护结构大小主应力影响也很小，说明隧洞之间围岩厚度满足要求。

0.2.7　引水发电系统水力过渡过程分析研究结论与建议

（1）建立了引水发电系统水力过渡过程的多种边界条件，包括上游水库边界、分叉连接点边界、串联管、阻抗式调压室边界、引水隧洞水流边界以及水轮机边界等，其中隧洞水流边界运用特征隐式格式法进行处理。在此基础上建立了水电站过渡过程计算中会用到的数学模型，并提出相应的计算方法，保证了计算结果的正确性和合理性。

（2）对太平江一级水电站的模型特性曲线和飞逸特性曲线进行了数据处理，沿两端补充导叶开度数组和单位转速数组，经软件自动延长后，得到水轮机多象限特性，用于过渡过程计算。根据有压输水系统的情况，完成过水流道的节点布置，得出了各管段长度，并计算了相应管段损失系数 K 值。建立了过渡过程分析中用到的各种数学模型，包括导叶运动模型、水轮机数学模型、发电机组模型和管道模型。

（3）解决了太平江一级水电站导叶关闭规律优化计算、机组甩负荷后的大波动规律问题等。由大波动过渡过程计算结果，分析出该电站调节系统在各种工况下均满足保证值的要求。

（4）完成了太平江一级水电站调压室最高、最低涌浪水位计算，分析出最高涌浪水位满足设计原定的要求，两个调压室的最低涌浪水位规定分别为 232.07m 和 231.82m，调压室底部设计高程分别为 227.81m 和 227.41m。本电站调压室最低涌浪水位发生在上游死水位机组导叶全开事故甩全负荷的工况，取最大糙率时，两个调压室的最低涌浪水位值分别为 232.10m 和 231.79m。

0.2.8　机电设备研究结论

（1）根据本电站的水头情况，对我国目前水轮机发展水平、实际应用情况进行了充分比较和分析，预测了适合本电站的水轮机模型的主要技术参数，同时依据适合本电站水轮机模型预测值，通过比较、计算选出较优适合的原型水轮机主要技术参数，为下一步水轮机的选用提供了参考。

（2）电站主接地网改造，经实施后，实测结果与理论设计值相吻合，改造达到了预期目的，保障了设备运行的可靠性，保障了现场工作人员的人身安全，很好地解决了大型水电站工频接地电阻不合格改造的重大难题。

（3）对于多污物和多泥沙的水电站工程，减轻泥沙污物影响的工程措施是否有效直接关系到工程的正常运行及发电效益。本工程设计从金属结构总体布置和选型等方面共同承担泥沙污物的冲、导、排、清任务，金属结构设备应用了新材料、新工艺，经过近些年的运行检验，金属结构设备运行良好，达到了预期效果，取得了良好的社会效益和经济效益。

第1章　开发方案与坝址选择

1.1　水　文　分　析　计　算

1.1.1　流域概况

太平江一级水电站坐落在中缅跨境河流太平江上。

太平江发源于我国云南省保山市腾冲县西北面高黎贡山西南支脉南侧，在中国境内称为大盈江，属伊洛瓦底江水系。太平江源头由大岔河、胆扎河和轮马河组成，三河汇合后称为槟榔江，河流自北向南蜿蜒流至德宏州盈江县旧城下拉线寨附近左纳南底河支流，槟榔江与南底河交汇后在中国境内称为大盈江，续向西南纵贯平坦的盈江坝子，于虎跳石峡谷中缅两国 37 号界桩处进入缅甸，称太平江，继而汇入伊洛瓦底江，最终注入印度洋。

大盈江呈 Y 形分布，左支南底河发源于腾冲县打苴村后山，自北向西南经腾冲、梁河县境至盈江县旧城下拉线寨附近与槟榔江汇合。大盈江流域面积为 6015km²，主河道长 204.5km，河道平均比降为 14‰。大盈江下拉线以上流域属中山地貌，河流属山区型，河谷切割深，河道坡降大、水流急。下拉线至虎跳石区间则属坝区河道，比降较小、水流缓慢，河床多细砂，河道断面宽为 500～1200m，呈宽浅型；虎跳石以下为峡谷河段，河道束窄、水流湍急、落差集中，水力资源丰富。

大盈江流域呈狭长状，地势自北向南呈阶梯状展布，分水岭高程为 1000.00～3500.00m，属中、低山地貌，河流水系呈不对称发育，除左支南底河外，左岸还有南伞河、南怀河、户撒河、古利河等，右岸主要支流有南挡河、盏达河、水槽河、水东彪河、郎崩河、户宋河等。

河流在 38 号界桩至 37 号界桩河段为中缅界河，右岸中国境内有石梯河汇入；左岸缅甸境内从上至下有商河、阿岗河、南林卡河、朗边河、邦别河、西意河等汇入。

河流在 37 号界桩处右岸有支流洪奔江（又称羯羊河）汇入，该支流亦为中缅界河，左岸为中国，右岸为缅甸。

本次研究开发的太平江河段为大盈江四级电站厂房至缅甸谬德（新城镇）段，长约 22km 的峡谷河段。

流域坡面植被好，主要以云南松为主，河谷地带以灌木林为主，森林覆盖率高，植被率在 60% 以上，尤其是槟榔江及其下游较好，植被率超过 70%。支流南底河下游梁河、盈江县交界处的浑水沟一带，因山体破碎、表层疏松，当遇暴雨侵蚀作用再加上土壤含水量趋于饱和时，极易造成泥石流，是大盈江干流泥沙的主要来源地。

大盈江干流自虎跳石至缅甸谬德（新城镇）约 45km 峡谷河段内，建有四级电站。其中大盈江一级电站（虎跳石位置）坝址以上集水面积为 5377km²，水库正常蓄水位为 788.00m，装机容量为 3×33MW；大盈江二级电站水库正常蓄水位为 733.00m，装机容量为 2×35MW；大盈江三级电站水库正常蓄水位为 692.00m，装机容量为 4×49MW；大盈江四级电站坝址以上集水面积为 5839km²，水库正常蓄水位为 585.00m，装机容量为 4×175MW，电站厂房设置在 37 号界桩右岸，电站设计尾水位为 255.50m。上述四级电站均为径流式电站。

1.1.2　水文基本资料

大盈江流域内的水文测站主要有太极村、梁河、盏西、下拉线、拉贺练等站，均为中国境内的水文站，各站水文观测项目与资料使用年限长度详见表 1.1－1，太平江缅甸境内无水文测站和雨量站。

表 1.1－1　　　　　　　　　　大盈江流域水文、气象站点一览表

站名	站别	面积 /km²	年　限	观　测　内　容				
				水位	流量	降水量	蒸发	泥沙
太极村	水文	291	1954—1997 年	√	√	√		
梁河	水文	1525	1971—1997 年	√	√	√		
盏西	水文	1548	1959—2002 年	√	√	√		
下拉线	水文	4012	1955—1979 年	√	√			√
拉贺练	水文	4225	1979—2006 年	√	√	√	√	√
虎跳石	专用	5377	1987 年 5—10 月	√	√			
盈江	气象		1955—2002 年				√	√

下拉线水文站为大盈江干流控制站，观测项目有水位、流量、泥沙等，该站于 1980 年撤销，移至下游 10km 处改由拉贺练水文站继续进行水文项目观测。

拉贺练水文站距下拉线水文站下游约 10km，自 1979 年始，有连续的水位、流量、泥沙、降水量、蒸发量等观测资料。

虎跳石水文专用站由云南省水利水电勘测设计研究院、盈江县水利电力局联合于 1987 年 5 月中旬设立，至同年 10 月中旬撤销，观测项目有水位、流量等。

拉贺练水文站和下拉线水文站为大盈江干流控制站，两站集水面积接近，均为国家基本水文测验站点，水文观测资料可靠。拉贺练水文站控制面积占太平江水电开发研究河段坝址控制面积的 70.3%，且其水文资料系列可以采用下拉线站的资料进行延长，可以满足水电开发研究水文设计要求。

1.1.3　径流

1. 流域径流规律分析

太平江水电开发研究河段无实测水文资料，根据大盈江流域内的水文测站分布及资料情况，选择本流域水文气候成因相同、下垫面条件相似的拉贺练水文站为太平江水电站坝址径流设计的主要依据站。

河段开发研究阶段收集到拉贺练站 1979—2002 年实测径流资料系列，其上游下拉线

水文站具有 1955—1978 年实测径流资料系列，两站区间集水面积仅占拉贺练站的 5%，采用水文比拟法将下拉线水文站的实测径流系列转换到拉贺练水文站，可得到拉贺练站 1955—2002 年共 47 年的径流系列。

根据虎跳石站和拉贺练站 1987 年 5—10 月同期月、旬径流量建立关系分析，其点据密集呈直线型分布，计算相关系数为 0.976，过点据中心目估定线，可得虎跳石站与拉贺练站径流关系：

$$Q_h = 1.143 Q_l \tag{1.1-1}$$

式中：Q_h 为虎跳石月（旬）平均流量，m^3/s；Q_l 为拉贺练站月（旬）平均流量，m^3/s。

经大盈江流域内有关水文站［如盏西、梁河（其中 1967—1970 年径流量由拉贺练站插补）、太极村站］实测或插补延长的年平均流量系列统计分析可知，大盈江流域的年径流深具有中上游大于下游、右岸大于左岸，南底河支流相对较小等特点，与流域降水量分布的特点相同。

式（1.1-1）中系数即虎跳石与拉贺练站平均流量比值，小于两者面积比（1.273），符合大盈江流域年降水量空间分布，也符合大盈江流域产水模数上游大于下游的规律，因此该关系式是基本合理的。大盈江流域各站年平均流量及径流特征参数成果见表 1.1-2。

表 1.1-2　　　　　大盈江流域各站年平均流量及径流特征参数成果表

站名	集水面积 /km^2	平均流量 /(m^3/s)	C_v	C_s/C_v	年径流深 /mm	径流模数 /[L/(s·km^2)]
太极村	291	8.76	0.16	2	949.3	30.1
梁河	1525	45.2	0.22	2	934.7	29.6
盏西	1548	91.7	0.18	2	1868.1	59.2
拉贺练	4225	187	0.2	2	1395.8	44.3
虎跳石	5377	212	0.20	2	1243.4	39.4
太平江水电站上坝址	6217	245	0.20	2	1243.4	39.4

2. 坝址径流计算

太平江水电开发研究河段从 37 号界桩至谬德（新城镇）段，长约 22km，总落差约 130m，根据实地查勘情况，初步拟定该河段为一级开发和两级开发两个方案并进行技术经济比较。两级开发方案中的一级电站坝址初步选择在距 37 号界桩下游约 2.5km 的位置处（距大盈江四级电站厂址下游 3km），坝址以上集水面积为 6217km²；两级开发方案中的二级电站坝址初步选择在距研究河段的出口处，距一级电站坝址下游约 17km 的位置处，二级电站坝址以上集水面积为 6427km²。一级开发方案电站坝址与两级开发方案中的第一级电站坝址相同。

太平江一级水电站坝址距虎跳石站下游约 30km，该河段为峡谷河段，区间面积为 840km²，占太平江一级水电站坝址集水面积的 13.5%，考虑到该区间面积占坝址以上集水面积相对较小，可认为该区间径流模数及规律与虎跳石站以上流域相同，因此一级电站坝址年、月径流系列按面积比从虎跳石站进行转换得到，坝址年、月径流计算公式为：

$$Q_{坝} = Q_{虎} \times F_{坝}/F_{虎} = 1.143 \times Q_{拉} \times F_{坝}/F_{虎} \tag{1.1-2}$$

式中：$Q_坝$、$Q_虎$、$Q_拉$ 分别为电站坝址、虎跳石、拉贺练站月（旬）平均流量，m^3/s；$F_坝$、$F_虎$ 分别为电站坝址、虎跳石站集水面积，km^2。

经计算可得到太平江一级水电站坝址 1955—2002 年共 47 年的年、月径流系列。统计可得坝址多年平均流量为 245m^3/s，径流年际年内变化均较大，最大年（水文年）平均流量 376m^3/s，是最小年平均流量 173m^3/s 的 2.17 倍，系列中最大月平均流量 1030m^3/s，是最小月平均流量 41.7m^3/s 的 24.7 倍，雨季 6—11 月的径流量占年径流量的 79.39%，枯水季 12 月至次年 5 月的径流量占年径流量的 20.61%。

据太平江一级水电站坝址年平均流量系列累计平均过程线、差积曲线及 10 年滑动平均过程线分析，该系列包含有 3 个周期为 8～10 年的丰枯水年组及若干个周期为 2 年的丰枯水年组，其中 1972—1973 年、1983—1985 年、1997—2002 年为丰水年组，1957—1965 年、1967—1970 年、1978—1982 年为枯水年组，因此该系列具有一定的代表性。

对一级水电站坝址 47 年年平均流量系列进行频率分析计算，求得其多年平均流量为 245m^3/s，$C_v=0.2$，$C_s/C_v=2$。多年平均径流深为 1243.4mm，径流模数为 39.4$L/(s \cdot km^2)$。

太平江二级水电站坝址年平月径流系列计算方法与一级水电站坝址年平月径流计算方法相同，经计算，二级水电站坝址多年平均流量为 254m^3/s。

3. 坝址设计代表年日径流过程

根据电站水能设计要求，需提出坝址设计代表年日径流过程。

据一级水电站坝址年平均流量系列及连续最枯 5 个月平均流量系列频率计算成果分析，1983 年、1963 年、1972 年（水文年）在年径流系列中分别属于丰、平、枯水年，其年径流量与 $P=10\%$、50%、90% 的设计值接近，该 3 年枯水期径流量也与设计值相近；从径流量年内变化情况看，各代表年径流年内分配与多年平均情况基本相同，因此有较好的代表性。故选择 1983 年作为丰水年（$P=10\%$）、1963 年作为平水年（$P=50\%$）、1972 年作为枯水年（$P=90\%$）的典型日平均流量过程。

太平江一级、二级水电站坝址设计代表年日平均流量过程计算方法与式（1.1-2）相同。

1.1.4　洪水

1. 暴雨成因及洪水特性

太平江（大盈江）流域位于高黎贡山以西南，属亚热带季风湿润气候区域，其暴雨主要受西南暖湿气流影响，多集中于 6—10 月，具有明显季节性。特别在 7—8 月，太平洋副高西伸北移，高空低涡与地面峰系出现频繁，该时期又正值西南季风强盛，携带大量水气倾向内陆，覆盖面积广大，常常形成阻塞性暴雨天气过程，其间暴雨频繁，雨势猛、强度大，持续时间一般不长，受局部地形影响，雨区可遍及全流域，但多以区域性局部暴雨为主，暴雨中心多位于西南暖湿气流迎风面的昔马、铜壁关、达海一带，尤以昔马最多，其中昔马（气象）站实测最大一日降水量为 359.4mm（1997 年 6 月 21 日），日降水量大于 50mm 的暴雨每年均超过 15 次（场），暴雨量级较大；槟榔江达海站多年平均最大 24h 暴雨量为 111.2mm，大盈江流域暴雨总体自西南向东北递减。9—10 月因西风带南支急流建立，太平洋副高减弱而南退，其间暴雨次数明显减少，最大暴雨量级一般为年第二、第三位，但持续时间相对较长，若遇特殊天气系统时，也会出现年最大暴雨量，如 1979 年、1982 年、1986 年、1992 年等。10 月后汛期结束，其间降水量变化虽有起伏，但总趋势是递减的。经统计，本流域在 6—8 月出现暴雨的概率为 71.3%，9 月、10 月出现暴雨的概率为 16.7%。

大盈江流域洪水均由暴雨产生，从洪水年内变化情况看，与降水发生时间一致。大盈江虎跳石河段为峡谷河段，河道窄，水流湍急、比降大，河槽调蓄作用小，大盈江洪水在虎跳石河段严重受阻，虎跳石站至下拉线站河段为宽浅式河道，两岸河堤较低，大洪水时漫滩极其严重，盈江坝子对洪水调蓄显著，滞洪区可波及整个盈江坝子，往往形成虎跳石断面一次洪水过程呈涨落缓慢单峰肥胖型，其中涨洪段历时 3～5d，次洪段历时一般为 15d，因此，大盈江干流虎跳石站洪水特性与上游拉贺练站差异较大。

2. 依据站设计洪水

太平江水电站坝址处无实测洪水资料，根据流域内水文站网分布及资料条件，本次选择拉贺练水文站为水库坝址设计洪水的依据站。

拉贺练站实测洪水资料系列为 1979—2002 年（其中 1988 年、1989 年缺），其上游下拉线水文站有 1954—1978 年实测洪水系列（其中 1954 年为盈江站实测），并有较可靠的 1903 年和可靠的 1946 年历史洪水调查成果。鉴于拉贺练站与下拉线站同属于大盈江干流站，且两站控制面积仅相差 5%，将下拉线站实测的 1954—1978 年最大洪峰流量按面积比的 0.667 次方转换到拉贺练站，可得到拉贺练站 1954—2002 年共 47 年的年最大洪峰流量系列。

下拉线水文站调查有 1903 年、1946 年的历史洪水资料，是由成都水力发电学校和原德宏州水文分站马文学等人组成联合洪调小组于 1966 年 6 月在下拉线水文站河段调查得到。洪水调查时据当地岳大爷（当时年龄 75 岁）介绍："涨第一次洪水（清光绪二十九年即 1903 年）离现在已经 60 多年了，那年为虎年，连续下了两天暴雨，那天从太阳落山起涨到深夜就落平了，槟榔江先涨，南底河后涨，那时河床比现在低得多，听我父亲说，也是他见过的一次最大洪水；第二次大洪水（民国三十五年即 1946 年）刚好淹到我家的门槛上，当时河床比以前抬高了许多，所以，比第一次洪水还大，从起涨到最高为半天时间。"从访问调查结合《云南省洪旱灾害史料》及大盈江流域其他站的历史洪水调查情况分析，该两次洪水发生年份可靠；指认洪痕点分别为基上左岸 355.00m 处的一家门槛、岳大爷自家猪棚墙壁上，评价为较可靠和可靠，过水断面及比降用皮尺丈量、五等水准仪施测，洪痕高程用经纬仪测平面图；采用站址延长后的水位流量关系曲线推流。历史洪水重现期参照《云南省洪旱灾害史料》，结合访问记录及大盈江流域其他站的历史洪水，综合确定为 100 年。又经多方分析查证，自 1903 年以来未出现比上述该两次更大的洪水，即无遗漏情况。据此，1946 年洪水排位为 1903 年以来的第二位，经验频率为 2.0%。

将下拉线站 1903 年、1946 年历史洪水洪峰流量也按面积比的 0.667 次方转换到拉贺练站，可得到拉贺练站 1903 年、1946 年历史洪水洪峰流量。将拉贺练水文站实测及延长的洪峰流量系列加入调查的历史洪水（1903 年、1946 年）组成的不连序系列样本进行频率计算，采用经验适线法确定统计参数，频率曲线线型采用 P-Ⅲ型。拉贺练水文站年最大流量频率曲线见图 1.1-1。

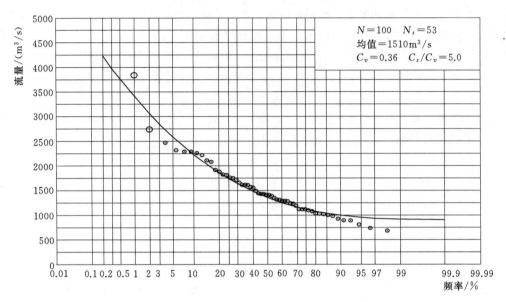

图 1.1-1 拉贺练水文站年最大流量频率曲线图

3. 虎跳石站与拉贺练站洪峰流量关系分析

研究虎跳石站与拉贺练站洪水之间的关系，可使开发研究河段能更准确地利用其上游水文站设计洪水成果。根据虎跳石站与拉贺练站 1987 年 5—10 月同期同次洪水资料，建立洪峰流量关系，可见关系点据较密集，其趋势基本呈线性分布且无明显特殊点据，通过点据中心目估定线，可得关系公式（1.1-3）：

$$Q_{虎} = 1.04 Q_{拉} \qquad (1.1-3)$$

式中：$Q_{虎}$、$Q_{拉}$ 分别为虎跳石、拉贺练站洪峰流量，m^3/s。

从式（1.1-3）可看出，其斜率较面积比的 2/3 次方（1.17）小 13 个百分点，其原因主要是虎跳石站位于盈江坝子末端出口峡谷河段，水面宽仅为坝子河段水面宽的 1/60～1/20，大洪水时平坦的坝子滞洪严重，造成洪水波坦化变形加剧，从而使出口断面洪水（即虎跳石站观测值）过程较为平缓，洪峰流量增大的幅度小于时段洪量，致使虎跳石站洪峰流量仅为拉贺练站洪峰流量的 4%左右，两者洪峰流量关系式是符合实际的。

4. 电站坝址设计洪水

根据太平江水电站工程的洪水调节性能，工程设计洪水以设计洪峰流量为主。太平江一级水电站坝址处无实测洪水资料，根据拉贺练水文站实测及插补延长的洪水系列以及上述分析的虎跳石站与拉贺练水文站洪峰流量关系，采用水文比拟法计算坝址洪峰流量系列。根据虎跳石河段至本工程河段情况分析和洪峰流量的一般规律，其洪峰面积比指数采用2/3。电站坝址洪峰流量按公式（1.1-4）计算：

$$Q_{坝} = Q_{虎} \times (F_{坝}/F_{虎})^{2/3} = 1.04 Q_{拉} \times (F_{坝}/F_{虎})^{2/3} \qquad (1.1-4)$$

式中：$Q_{坝}$、$Q_{虎}$、$Q_{拉}$ 分别为电站坝址、虎跳石、拉贺练站洪峰流量，m^3/s；$F_{坝}$、$F_{虎}$ 分别为电站坝址、虎跳石站集水面积，km^2。

根据式（1.1-4）将拉贺练站 1954—2002 年和调查的 1903 年、1946 年最大洪峰流量转换到坝址，可得到太平江一级水电站坝址 1955—2002 年共 47 年的年最大洪峰流量系列及 1903 年、1946 年的历史洪水洪峰流量。由该不连序样本系列进行频率计算，采用经验适线法确定统计参数，频率曲线线型采用 P-Ⅲ 型。太平江二级电站坝址至一级电站坝址区间集水面积仅为 210km²，占一级电站坝址集水面积的 3.38%，因此二级电站坝址设计洪峰流量采用两个坝址面积比的 2/3 次方进行计算而得，太平江水电站坝址设计洪峰流量成果见表 1.1-3。

表 1.1-3　　　　　　　　太平江水电站坝址设计洪峰流量成果表　　　　　　单位：m³/s

站名	均值	频　率								
		0.05%	0.10%	0.20%	0.50%	1%	2%	3.33%	5%	10%
拉贺练	1520	6790	6200	5530	4860	4300	3720	3310	2990	2440
虎跳石	1580	7060	6440	5840	5050	4460	3870	3440	3100	2540
一级电站坝址	1740	7760	7090	6430	5560	4910	4260	3780	3410	2790
二级电站坝址		7930	7240	6580	5680	5010	4360	3870	3490	2850

　　为便于分析比较，用同样方法分析盏西（历史洪水年份为 1907 年、1946 年）、梁河（历史洪水年份为 1946 年）、太极村（历史洪水年份为 1946 年、1953 年）各站年最大洪峰流量统计参数，成果见表 1.1-4。经比较分析，设计洪峰流量参数符合一般流域规律，认为上述设计洪峰流量是基本合理的。

表 1.1-4　　　　　　　　大盈江流域各站和最大洪峰流量统计参数成果表

站名	集水面积 /km²	统　计　参　数			洪峰均值模数 /[m³/(s·km²)]
		均值/(m³/s)	C_v	C_s/C_v	
太极村	291	55.0	0.70	5.0	0.19
梁河	1525	376	0.45	5.0	0.25
盏西	1548	959	0.38	5.0	0.62
拉贺练	4225	1520	0.48	5.0	0.36
虎跳石	5377	1580	0.48	5.0	0.29
一级电站坝址	6217	1740	0.48	5.0	0.28

1.1.5　电站厂址、坝址断面水位流量关系

　　太平江水电站河段无水文观测资料，厂、坝址断面天然状况下的水位流量关系曲线，采用水力学方法利用厂址、坝址断面资料、河段同时水位资料进行分析计算。

　　据设计电站坝址河段勘察，厂址、坝址河段河道断面呈平底的 V 形，两岸陡峻，河床由乱石、块石、鹅卵石组成，两岸灌木丛生。故河床糙率参照有关书籍中的"天然河道糙率表"确定为 0.06；水面比降根据 2007 年 5 月和 7 月实测的河段同时水位分析确定。各级水位对应的流量按曼宁公式计算。

1.2 工 程 地 质

1.2.1 区域稳定及地震动参数

太平江水电站处于为青藏滇缅印尼"歹"字形构造体系中段，主要构造呈北东向展布，地质构造背景较复杂。区内构造运动强烈，分布有腾冲火山活动区、腾冲-盈江活动断裂、恩梅开江断裂、龙陵-瑞丽活动断裂、畹町-瑞丽活动断裂，本工程场址区属区域构造稳定性较差地区，近场地及坝址区分布的断裂主要为大盈江活动断裂，其对下坝址场地稳定影响较大。

据《中国地震动参数区划图》（GB 18306—2015）推定，地震动峰值加速度为 0.15g，地震动反应谱特征周期为 0.45s，工程区地震基本烈度为Ⅶ度。

1.2.2 库区

库区无低邻谷，两岸地下分水岭水位高于正常蓄水位，除下坝址大盈江断裂存在渗漏问题外，水库不存在其他永久渗漏问题。水库蓄水后对库岸不会产生太大影响，库岸总体稳定，无淹没损失，也不存在水库浸没问题。水库区岸坡固体径流来源不多。固体径流主要为上游江水携带的泥沙，故水库存在一定淤积问题。

1.2.3 坝址区

上坝址地质条件相对较为简单，大盈江断裂离左坝肩约 500m，下坝地质条件复杂，大盈江断裂从左坝肩通过，且规模大。综合两个坝址的地层岩性、地质构造、水文地质、坝基稳定、开挖深度、防渗帷幕深度及断层带处理难度等诸条件综合分析，下坝址工程地质条件差，上坝址虽存在不利地质因素，但不存在制约工程建设的工程地质问题。上坝址工程地质条件明显优于下坝址。

1.3 开 发 方 案

1.3.1 河段开发规划方案

大盈江四级电站尾水渠出口位于 37 号界桩处，设计尾水位为 255.50m，研究开发河段即太平江 37 号界桩至谬德（新城镇）段长约 22km，谬德位置点水面高程为 118.97m，根据河段水面线及拟建的太平江水电站水库回水分析计算，以基本不影响大盈江四级电站发电尾水位进行控制，拟定太平江水电站正常蓄水位为 255.00m，开发研究河段可利用毛水头约 136m。根据开发研究河段地形查勘情况，拟定该河段一级开发和两级开发两种开发方案进行分析比较。

1. 两级开发方案

全河段分两级开发，一级水电站开发该河段 37 号界桩以下 5.0km 河段的水力资源，坝址初步选在 37 号界桩以下 2.5km 位置处，一级水电站厂房布置在坝址以下 3.9km 处，在河道右岸布置引水隧洞至厂房位置，引水隧洞长约 3.5km，洞径为 11.3m。厂房位置处常水位约为 179.20m，拟定一级水电站正常蓄水位为 255.00m，利用毛水头约 76m。

一级电站坝址以上控制流域面积为 6217km²，多年平均流量为 245m³/s，初步拟定装机容量为 240MW，年平均发电量为 10.65 亿 kW·h，装机利用为 4415h。根据工程投资估算，一级电站工程静态总投资为 110633.37 万元。

二级水电站开发下游河段水力资源，坝址初步选在一级水电站坝址以下 17km 位置处，二级电站坝址处常水位约 128.00m，采用坝后式厂房。二级水电站正常蓄水位与一级电站厂房尾水位相衔接，拟定正常蓄水位为 179.00m，利用毛水头 51m。二级水电站坝址以上控制流域面积为 6427km²，多年平均流量为 253m³/s，初步拟定装机容量为 160MW，年平均发电量为 7.18 亿 kW·h，装机利用 4487h，估算二级电站工程静态总投资为 88839.00 万元。太平江两级开发方案示意图见图 1.3-1。

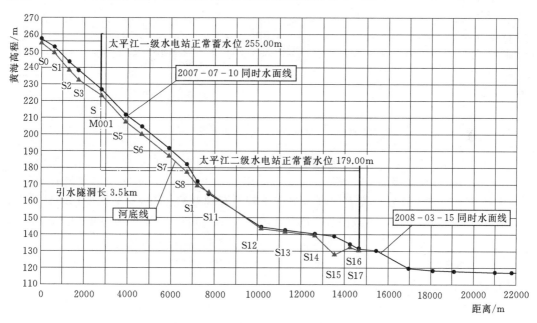

图 1.3-1　太平江两级开发方案示意图

2. 一级开发方案

太平江开发研究河段一级开发方案拦河坝初步选择在 37 号界桩以下 2.5km 位置处（与两级开发方案的一级电站坝址位置相同），水电站厂房布置在下游河段峡谷出口处（新城镇 CS19 点），厂房位置水位约为 120.00m。在河道右岸布置长引水隧洞至厂房位置，长引水隧洞长约 12km。拟定一级开发方案水电站正常蓄水位为 255.00m（与大盈江四级水电站尾水位相衔接），利用毛水头 135m。一级水电站坝址以上控制流域面积为 6217km²，多年平均流量为 245m³/s，初拟装机为 400MW，年发电量约 17.76 亿 kW·h，装机利用 4440h，估算工程静态总投资为 201488.91 万元。

太平江一级开发方案示意图见图 1.3-2。

1.3.2　水利动能计算

太平江拟建电站坝址河段为峡谷河段，各开发方案的水库容积较小，电站均为径流式电站，现以太平江一级水电站为主，对电站径流调节计算方法进行说明。

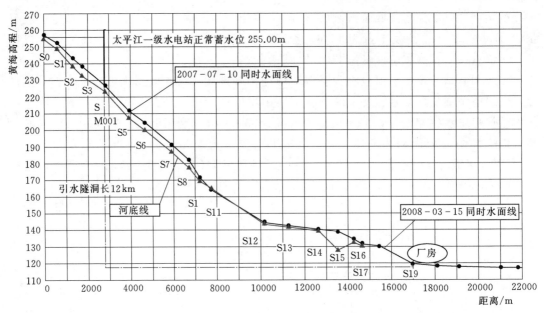

图 1.3 - 2　太平江一级开发方案示意图

一级电站正常蓄水位 255.00m，相应容积约为 500 万 m^3，而坝址以上多年平均水量为 77.26 亿 m^3，电站装机 240MW，机组额定流量为 390m^3/s，水库基本上没有调节性能，电站宜为径流式开发。根据《水电工程水利计算规范》（DL/T 5105—1999）规定，日调节或无调节的水电站，径流调节计算宜采用日为时段进行。太平江两级开发方案中的一级、二级电站均为中型电站，其电力将东送至南方电网，因此拟定电站设计保证率为 90%。

（1）基本资料。①坝址径流，电站径流调节采用代表年进行计算，据坝址 1955—2002 年径流系列分析，选择 1983 年为丰水年（$P = 10\%$）、1963 年为平水年（$P = 50\%$）、1972 年为枯水年（$P = 90\%$），太平江各级电站坝址代表年日平均流量过程采用拉贺练站实测流量资料，按水文比拟法计算，计算方法详细说明见 1.1.3 节；②厂址尾水位流量关系，厂址尾水位流量关系详见 1.1.6 节说明；③电站水头损失，经分析计算，太平江两级开发方案中的一级电站引水系统水头损失采用 $\Delta h = 5.4m$；二级电站引水系统水头损失采用 $\Delta h = 2.0m$；一级开发方案电站引水系统水头损失采用 $\Delta h = 15.6m$。

（2）计算方法。径流调节计算以日为时段进行，坝上水位恒定为正常蓄水位，当坝址来水量大于发电额定流量时，多余水量即为弃水，发电水头主要随来水多少而变化。水能计算按公式（1.3 - 1）：

$$N = AQH \qquad (1.3 - 1)$$

式中：A 为出力系数，根据所选水轮发电机组的情况分析，出力系数取 8.7；Q 为发电流量，当坝址来水量大于发电额定流量时采用额定流量，m^3/s；H 为净水头，由来水流量查厂址尾水位流量关系并扣除水头损失而得，m。

（3）水能计算成果。根据以上确定的基本资料和计算原则，采用丰、平、枯 3 个代表年日平均流量过程，以日为时段进行径流调节计算，太平江一级水电站差额投资经济指标见表 1.3 - 1。

表 1.3-1　　　　　　　　太平江一级水电站差额投资经济指标表

项　目	方案 1	方案 2	方案 3	方案 4	方案 5
装机容量/MW	180	210	240	270	300
年发电量/(亿 kW·h)	9.365	10.055	10.648	11.135	11.533
静态投资/万元	92711.10	101410.94	110633.37	119930.86	132175.03
年发电量差额/(亿 kW·h)	0.690		0.593	0.487	0.398
效益差额/万元	1242.00		1067.40	876.60	716.40
投资差额/万元	8699.840		9222.43	9297.49	12244.17
运行费差额/万元	174.00		184.45	185.95	244.88
差额投资经济内部收益率/%	10.62		8.30	6.07	1.62
差额单位电能投资/[元/(kW·h)]	1.261		1.555	1.909	3.076

1.3.3　水库特征水位

1. 正常蓄水位

太平江一级水电站坝址上游约 3km（中缅两国交界处 37 号界桩位置）为大盈江四级电站厂房尾水渠出口，大盈江四级电站总装机容量 700WM，电站设计尾水位为 255.50m，校核洪水位（$P=0.5\%$）为 265.30m。太平江一级水电站坝址至大盈江四级电站厂房河段为无人居住的峡谷河段，根据水库回水计算成果分析，太平江一级水电站正常蓄水位采用 255.00m，按额定流量正常发电时，在大盈江四级电站厂房尾水渠出口处仅抬高了 0.15m 左右，当遭遇 5 年一遇洪水时，在大盈江四级电站厂房尾水渠出口处抬高水位约 1.2m。从充分利用水力资源并基本不影响上级电站的发电考虑，拟定太平江一级水电站正常蓄水位为 255.00m。

2. 水库设计洪水位和校核洪水位

太平江一级水电站正常蓄水位为 255.00m，相应库容约 500 万 m^3，属小（1）型水库中型电站，水库最大坝高 40 余米，大坝采用混凝土重力坝。据《水电枢纽工程等级划分及设计安全标准》（DL 5180—2003）规定，水库设计洪水标准采用 50 年一遇，校核洪水标准采用 1000 年一遇。由于水库为河道型水库，水库对洪水的调节作用与天然情况基本相同，因此水库设计、校核洪水位根据水库坝址设计、校核洪峰流量查水库泄流曲线而得。据工程设计布置，太平江一级水电站水库坝上设置 5 孔溢洪道，每孔净宽 10m，溢洪道堰顶高程为 241.00m，经查算水库泄流曲线，水库设计洪水位为 255.00m，校核洪水位为 257.00m。

1.3.4　装机容量

根据电站水能计算成果，初步拟定一级电站装机容量为 180WM、210WM、240WM、270WM、300WM 等 5 个方案进行技术经济比选。各装机方案差额投资经济指标见表 1.3-1。由表 1.3-1 可知，装机容量从 180MW 增加到 210MW，或装机容量从 210MW 增加到 240MW，各方案间差额投资经济内部收益率均大于社会折现率 8%，说明太平江一级水电站装机容量从 180WM 增加到 240WM，在经济上是有利的；当装机容量从 240MW 增加到 270MW，或再增加到 300MW，方案间差额投资经济内部收益率均小于社会折现率

8%，说明装机容量从240MW往上再增加，从经济上来说是不利的。从各装机容量方案的差额单位电能投资指标分析，当装机容量增加到240MW以上时，差额单位电能投资已接近或超过2元/(kW·h)，从现阶段的上网电价分析来看，已无利可图。经综合分析，初步选定太平江一级水电站装机容量为240MW。

1.3.5　开发方案经济技术比较

太平江水电站河段各开发方案动能经济成果比较见表1.3-2，由表1.3-2可知：太平江河段水量丰富，一级电站坝址多年平均流量为245m³/s，二级电站坝址多年平均流量为253m³/s，但由于无调节能力，天然径流量丰枯悬殊较大，水能指标具有保证出力较低，而年发电量指标较好的特点。

表1.3-2　　　　　太平江水电站河段各开发方案动能经济成果比较

项　　目	两 级 开 发 方 案			一级开发方案
	一级电站	二级电站	合计	
坝址以上集水面积/km²	6217	6427		6217
正常蓄水位/m	255.00	179.00		255.0
最大水头/m	77.19	50.56	127.75	135.57
最小水头/m	67.17	43.80	110.97	115.3
加权平均水头/m	70.20	47.05	117.25	118.48
多年平均水头/m	70.69	47.52	118.21	118.95
水头损失/m	5.40	2.00	7.40	15.60
装机容量/MW	240	160	400	400
多年平均发电量/(亿 kW·h)	10.65	7.18	17.83	17.76
6—11月发电量/(亿 kW·h)	7.96	5.35	13.31	13.33
12月至次年5月发电量/(亿 kW·h)	2.69	1.83	4.52	4.52
保证出力（P=90%）/MW	37.82	25.81	63.63	63.34
平均出力/MW	121.33	81.80	203.13	203.32
多年平均流量/(m³/s)	245	253		245
多年平均发电流量/(m³/s)	199	205		197
水量利用率/%	80.63	80.32		80.04
装机利用时/h	4437	4487		4440
静态投资/万元	110633.37	88839.00	199472.37	201488.91
单位装机容量投资/(元/kW)	4610	5552		5037
单位电能投资/[元/(kW·h)]	1.039	1.238		1.135

太平江两种开发方案的动能经济指标比较接近，两种开发方案的总装机容量相同，一级开发方案比两级开发方案的水头多利用了8.0m，但一级开发方案比两级开发方案的水头损失多了8.2m，因此两种开发方案总利用净水头基本相同。

太平江两级开发方案总装机容量为400MW，年总发电量为17.83亿 kW·h，保证出力为 63.63MW，装机年利用小时 4987h，静态总投资 199472.37 万元，单位装机容量投资 4987 元/kW，单位电能投资 1.119 元/（kW·h）。其中一级电站装机容量为 240MW，年发电量为 10.65 亿 kW·h，保证出力为 37.82MW，装机年利用小时 4437h，静态总投资 110633.37 万元，单位装机容量投资 4610 元/kW，单位电能投资 1.039 元/（kW·h）。

太平江一级开发方案装机容量为 400MW，年总发电量为 17.76 亿 kW·h，保证出力为 63.34MW，装机年利用小时 4440h，静态总投资 201488.91 万元，单位装机容量投资 5037 元/kW，单位电能投资 1.135 元/（kW·h）。

由上述两种开发方案的动能经济指标来看，太平江两级开发方案比一级开发方案经济指标略优，尤其是一级电站动能经济指标更好，为便于尽快开发太平江的水力资源，推荐两级开发方案，近期先开发一级电站。

1.4 坝 址 选 择

根据电站所在地的地形地质条件以及工程枢纽布置、施工组织、对外交通条件等，初拟了两个坝址（即上、下坝址）进行比选。上坝址位于中缅 37 号界桩以下约 2km 处的峡谷河段，下坝址位于中缅 37 号界桩以下约 5.5km 处的峡谷河段，上坝址河床宽约 56m，两岸山体雄厚，岸坡较陡，初拟采用混凝土重力坝；下坝址河床宽约 121m，右岸山体雄厚，岸坡较陡，左岸凸出山脊有一鞍部，鞍底高程为 253.00m，初拟采用混凝土面板堆石坝。两个坝址的枢纽总布置分别叙述如下：

1.4.1 上坝址枢纽总布置

太平江一级水电站上坝址位于中缅 37 号界桩下游约 2km 河段内，河流流向在坝轴线附近为由南西向，坝址上游河流较顺直，下游河流呈 V 形河湾。坝址区属侵蚀构造低山地貌，河谷呈不对称的 V 形，右岸山体雄厚，地形较完整，仅在上游有一较大冲沟切割；左岸地形完整性稍差，坝轴线上游为一较大冲沟切割，下游为河流切割，形成一凸出的山脊。坝址河床宽约 56m，水深 1.6~2.0m，左右岸河床以上约 10m 基岩裸露。受多期构造影响，河谷下切侵蚀较强，两岸山坡均较陡，山坡下部坡度局部为直立，上部相对较缓，平缓地带有第四系残坡积层。两岸山坡森林植被发育。

坝址区未见崩塌及滑坡等不良物理地质现象。坝址地层单一，除第四系覆盖外，基岩为元古界高黎贡山群第二段的黑云角闪斜长片麻岩、眼球状混合岩化黑云角闪斜长片麻岩、夹花岗质片麻岩。

拦河闸坝布置于中缅 37 号界桩以下约 2km 处，电站装机容量为 240MW，工程规模为中型，工程等别为Ⅲ等，其主要建筑物为 3 级。电站为有压引水式电站，工程由首部枢纽、引水系统和厂区枢纽等部分组成。其中首部枢纽由混凝土重力坝（包括冲沙泄洪孔、排漂孔、溢流坝段和非溢流坝段）、下游消力池、电站进水口、左岸泄洪冲沙洞兼导流洞等建筑物组成；引水系统由有压引水隧洞、上游调压室、压力钢管道等组成；厂区枢纽由电站厂房、升压站等组成。各建筑物初步布置如下：

1. 首部枢纽

大坝正常蓄水位 255.00m，设计洪水位（$P=2\%$）255.00m，校核洪水位（$P=$

0.2%）257.00m，采用混凝土重力坝，坝顶高程 259.00m，最大坝高 46.0m，坝顶宽 6.0m，坝顶长 205.0m。大坝自左至右依次布置为左岸非溢流坝、溢流坝、排漂表孔、冲沙泄洪底孔和右岸非溢流坝。

开敞式溢流坝布置于河床中部，采用 WES 型实用堰，设有 4 孔，单孔净宽 12.0m，堰顶高程 244.00m，全长 64.0m。工作闸门为弧形钢闸门，采用液压启闭机启闭，按一门一机布置，在工作门上游设平面检修闸门，由双向门机启闭。消能方式采用底流消能，消力池长度 75.0m，并在消力池内布设消力墩和排水孔。

排漂表孔布置在溢流坝和冲沙泄洪底孔之间，全长 16.0m，采用 WES 型实用堰，孔口净宽 12.0m，堰顶高程 248.00m。设平面检修闸门和平面工作闸门各一道，和溢流坝检修闸门共用门机。

冲沙泄洪底孔布置在右岸非溢流坝和排漂表孔之间，全长 11.0m，进口底板高程 225.00m，孔口尺寸为 6.0m×6.0m。在上游进口设平面检修闸门，与溢流坝检修闸门共用门机启闭；在下游出口设弧形工作钢闸门，采用液压启闭机启闭。

左、右岸非溢流坝布置于大坝左右岸，左岸非溢流坝长 43.0m，左侧与左岸山坡相连，右侧与溢流坝相连；右岸非溢流坝长 40.0m，右侧与右岸山坡相连，左侧与冲沙泄洪底孔相连。大坝垂直，下游在高程 251.00m 以下坝坡为 1∶0.8，251.00m 高程以上垂直。左、右岸非溢流坝中设有溢流坝检修闸门门库。

两个电站进水口位于引水隧洞前沿，紧靠冲沙泄洪底孔布置以便于冲沙，进水口底板高程为 230.00m，启闭平台高程 259.00m。进水口前沿设置 2 孔 2 扇拦污栅，拦污栅为斜栅，倾角为 75°，每扇孔口尺寸为 8.0m×17.0m（净宽×净高）。拦污栅后设置 1 扇 8.0m×8.0m（宽×高）的工作闸门和事故检修门，其后通过 12m 长的进口渐变段（方变圆），与引水隧洞相接。

导流洞结合水工左岸永久泄洪冲沙洞布置于左岸，由引渠、隧洞、出口明渠三部分构成。洞前引渠长约 75m，隧洞长约 296m，出口明渠长约 119m。隧洞洞径为 10.0m，底坡 i＝0.012，进口底板高程为 225.00m，设一扇检修平板闸门，孔口尺寸为 8.5m×10.5m（宽×高），启闭平台高程为 259.00m；出口底板高程为 221.50m，设一扇平板工作闸门，孔口尺寸为 8.5m×9.5m（宽×高），启闭平台高程为 250.00m。

2. 引水系统布置

引水隧洞采用双洞，并行布置于右岸，洞中心线距为 40.0m，为有压圆形洞，隧洞 I 长 3178.38m，隧洞 II 长 3127.34m，纵向底坡为 0.3%，洞径均为 8.0m。全线设有 1 个水平弯道，隧洞末端与调压室相连。

调压室为阻抗式，井筒直径为 20m，调压室 I 筒底高程为 220.465m，调压室 II 筒底高程为 220.618m，筒顶高程为 290.00m，高约 70.0m。阻抗孔直径为 3.6m。

压力管道主要从调压室后开始，至岔管起点止，由两段平管和一段斜井组成。供水方式为一管二机，两个主管末端接"丫"字形月牙岔管分岔成 4 条支管，主管直径 8000mm，支管直径 5000mm，明管设计，设计压力为 1.2MPa，选用板材为 16MnR。

3. 厂区枢纽

电站厂房、升压站位于坝址以下约 4.38km 处，太平江右岸的河边滩地上，为引水式地面厂房。主要建筑物包括主厂房、副厂房、升压开关站等，副厂房、升压开关站均布置于主厂房上游侧。

电站主厂房全长 88.07m，宽 27.00m，最大高度为 46.6m，采用钢筋混凝土框架结构。主厂房由主机段和安装场段组成，主厂房内主要布置 4 台立轴混流式水轮发电机组及相关配套机电设备。机组中心距为 14.5m，机组纵轴线距厂房下游外边墙 10.0m，距上游外边墙 17.0m，机组安装高程为 178.70m。

主厂房主机段长 66.05m，宽 27.0m，最大高度 46.6m，地面以上高度 22.60m，分三层布置，分别为发电机层、水轮机层和蝶阀层。发电机层楼面高程 189.30m，屋顶高程 211.90m，吊车梁轨顶高程 202.30m。水轮机层层高 7.40m，地面高程 181.90m，主机段尾水道底板高程为 167.362m，基础开挖高程为 165.30m，厂房坐落在微风化的片麻岩地基上。安装场长 22.00m，宽 27.00m，分两层布置，上层为安装场，地面高程为 189.30m，吊车梁轨顶高程为 202.30m，下层地面高程为 181.90m。

发电尾水归入太平江，尾水室设计底板高程为 167.362m，设计尾水位为 178.36m。一个尾水室出口设一道事故检修闸门，闸门尺寸为 6.48m×6.48m。

电站副厂房位于主厂房上游侧，长 66.05m，宽 13.24m，高 30.80m，地面以上高度为 22.60m，采用钢筋混凝土框架结构，四层布置。副厂房与主厂房间设沉降缝，缝宽为 20.0mm。

1.4.2 下坝址枢纽总布置

太平江一级水电站下坝址位于中缅 37 号界桩下游约 5.5km 处河段内，河流流向在坝轴线附近为由南西向，在坝段内河流呈 S 形河湾。坝址区属侵蚀构造低山地貌，右岸山体雄厚，地形较完整，仅在下游有一较大冲沟切割，山坡坡度较陡；左岸地形完整性稍差，坝轴线上游和下游均冲沟切割，形成一凸向河中的山脊，在山脊中部有一鞍部，底高程为 253.00m。坝址河床宽约 121m，水深 1.6～2.0m，在坝址上游有一江心洲，坝址下游左右岸滩地相对较宽。左右岸河床以上约 10m 基岩裸露。受多期构造影响，河谷下切侵蚀较强，两岸山坡下部较陡，局部呈陡崖，上部相对较缓，平缓地带分布有第四系残坡积层。两岸山坡森林植被发育。

坝址区未见崩塌及滑坡等不良物理地质现象。坝址地层单一，除第四系覆盖外，下伏基岩划为寒武系混合岩化花岗片麻岩，局部夹石英片岩等。

坝址区主要的地质构造为大盈江区域性断裂，从左坝肩顺河向通过，宽达 170m 左右，断裂总体走向为 N45°～60°E，倾向 NW，倾角为 70°～80°，左岸凸向河中的山脊几乎全为断裂带，上游有近 2km 断裂展布在上游库盆内。构造破碎带主要由角砾岩、碎裂岩、断层泥等组成，性状较差，有大理石化现象。从断层岩的成分分析，断裂具多期活动性，前期为压扭性，挤压现象明显，沿断裂带糜棱岩化强烈，后期为张扭性。据压水试验，断裂带透水性较强。

电站装机容量为 240MW，工程规模为中型，工程等别为Ⅲ等，在项目建议书阶段大坝采用混凝土面板堆石坝，最大坝高 82.5m，坝高超过 80m，大坝及泄洪建筑物为 2 级，其他主要建筑物为 3 级。电站为有压引水式电站，工程由首部枢纽、引水系统、厂区枢纽等组成。

1. 首部枢纽

(1) 大坝。下坝址正常蓄水位 255.00m，设计洪水位（$P=1\%$）255.00m，校核洪水位（$P=0.05$）257.00m，采用混凝土面板堆石坝，坝顶高程 259.00m，最大坝高 82.50m，坝顶宽 8m，坝顶长 301.0m。堆石坝上下游坝坡均取 1∶1.4，坝顶高程为 259.00m，坝顶宽 8m，在坝顶以上设 1.0m 高的防浪墙。河床及下部混凝土趾板坐落在弱风化基岩下部，左岸 200.00m 高程以上混凝土趾板坐落在强风化基岩上，最大宽度为 6～8m，最小宽度为 3.0m，强风化基础设 20m 长喷混凝土保护带，混凝土面板厚度为 0.3～0.5m，垫层水平宽度为 3.0m，过渡层水平宽度为 4.0m，过渡层以下依次为主堆石区、下游堆石区和堆石棱体。堆石棱体顶高程为 198.00m，宽度为 5.0m，上游坡 1∶1.4，下游坡 1∶1.5。在大坝下游坡高程 240.00m、220.00m 处设有二级宽为 3.0m 的马道，大坝下游坡设有 1.0m 厚的干砌石护坡，坝顶设混凝土路面。

(2) 泄洪建筑物。溢洪道布置在大坝左岸山脊鞍部，设有 5 孔溢洪道，溢洪道由进水渠、控制段、泄槽和挑流鼻坎组成。控制段长 38.0m，单孔泄流净宽 10m，堰顶高程 241.00m，为开敞式溢流孔，采用 WES 曲线型实用堰。控制段下接坡度为 1∶2.6 的泄槽，泄槽长 104.4m，宽 70.0m，下接挑流鼻坎。冲沙泄洪洞布置于溢洪道和发电洞之间，进口底板高程为 201.00m，孔口尺寸为 4.0m×6.0m，由施工导流洞改造而成，洞长 452.0m。

(3) 电站进水口。两个电站进水口布置于左岸，位于引水隧洞前沿，紧靠冲沙泄洪底孔布置以便于冲沙，进水口底板高程为 230.00m，启闭平台高程为 259.00m。进水口前沿设置 2 孔 2 扇拦污栅，拦污栅为斜栅，倾角为 75°，每扇孔口尺寸为 8.0m×17.0m（净宽×净高）。拦污栅后设置 1 扇 8.0m×8.0m（宽×高）的工作闸门和事故检修门，其后通过 12m 长的进口渐变段（方变圆），与有压引水隧洞相接。

2. 引水系统布置

引水隧洞采用双洞，并行布置于左岸，洞中心线距 40m，为有压圆形洞，隧洞Ⅰ总长 809.5m，隧洞Ⅱ总长 739.5m，纵向底坡为 0.3%，洞径均为 8.0m。全线设有 1 个水平弯道，隧洞末端与调压室相连。

调压室采用简单式，隧洞Ⅰ调压室布置在桩号 0+473.0 处，隧洞Ⅱ调压室布置在桩号 0+432.0 处，调压室内径为 16.0m，顶高程为 280.00m。

压力管道主要从调压室后开始，至岔管起点止，由两段平管和一段斜井组成。供水方式为一管二机，两个主管末端接"丫"形月牙岔管分岔成 4 条支管，主管直径为 8000mm，支管直径为 5000mm，明管设计，设计压力为 1.2MPa，选用板材为 16MnR。

3. 厂区枢纽

厂区位于坝址以下约 580m 处，太平江左岸，为引水式地面厂房，主要建筑物包括主厂房、副厂房、升压开关站等，副厂房、升压开关站均布置于主厂房上游侧。

电站主厂房全长 88.07m，宽 27.0m，最大高度 46.60m，采用钢筋混凝土框架结构。主厂房由主机段和安装场段组成，主厂房内主要布置 4 台立轴混流式水轮发电机组及相关配套机电设备。机组中心距为 14.5m，机组纵轴线距厂房下游外边墙 10.0m，距上游外边墙 17.0m，机组安装高程为 181.40m。

主厂房主机段长 66.05m，宽 27.0m，最大高度 46.60m，地面以上高度 22.60m，分三层布置，分别为发电机层、水轮机层和蝶阀层。发电机层楼面高程 192.00m，屋顶高程 214.60m，吊车梁轨顶高程 205.00m。水轮机层层高 7.40m，地面高程 184.60m，主机段尾水道底板高程为 170.062m，基础开挖高程为 168.00m，厂房坐落在微风化的片麻岩地基上。安装场长 22.00m，宽 27.00m，分两层布置，上层为安装场，地面高程为 192.00m，吊车梁轨顶高程为 205.00m，下层地面高程为 184.60m。

发电尾水归入太平江，尾水室设计底板高程为 170.062m，设计尾水位为 180.93m。一个尾水室出口设一道事故检修闸门，闸门尺寸为 6.48m×6.48m。

电站副厂房位于主厂房上游侧，长 66.05m，宽 13.24m，高 30.80m，地面以上高度 22.60m，采用钢筋混凝土框架结构，四层布置。

1.4.3 坝址的选择

太平江水电站坝址方案比较见表 1.4-1。

表 1.4-1　　　　　太平江水电站坝址方案比较表

坝　址	上　坝　址	下　坝　址
坝型	混凝土重力坝	混凝土面板堆石坝
砂卵石开挖/m³	85450	275610
土方开挖/m³	163230	221150
石方明挖/m³	375260	784350
石方洞（井）挖/m³	457000	147290
C20 混凝土/m³	175540	61415
隧洞衬砌 C25 混凝土/m³	84850	26970
C25 混凝土/m³	43800	128850
C30 混凝土/m³	12500	386
垫层料/m³		56500
过渡料/m³		117950
主堆石料/m³		861650
下游堆石料/m³		692950
堆石棱体/m³		88250
钢筋/t	14890	14066
固结灌浆/m	66720	18675
帷幕灌浆/m	3250	7508
回填灌浆/m²	65430	14820
接缝灌浆/m²	2650	2940
钢板/t	2580	1048
年发电量/(亿 kW·h)	10.60	10.81
建筑总投资/万元	81314.05	87869.07
施工期/月	30	27

经比较可知：①下坝址枢纽建筑工程投资较上坝址大 6500 万元；②上坝址厂房布置在下坝址厂房下游约 300m 处，发电毛水头较下坝址高 2.5m，但其隧洞洞线长达 3300m 以上，水头损失大（为 5.4m），所以上坝址的发电净水头较下坝址少，其年发电量较下坝址少 0.21 亿 kW·h；③上坝址河道狭窄，施工布置和组织难度大，施工干扰大；④上坝址方案施工工期长于下坝址方案，下坝址方案能提前 3 个月发电，可多发电约 1.878 亿 kW·h，提前投产效益大；⑤上坝址地质条件相对较为简单，大盈江断裂离左坝肩约 500m，下坝地质条件复杂，大盈江断裂从左坝肩通过，且规模大。综合两个坝址的地层岩性、地质构造、水文地质、坝基稳定、开挖深度、防渗帷幕深度及断层带处理难度等诸条件综合分析，下坝址工程地质条件差，上坝址虽存在不利地质因素，但不存在制约工程成立的工程地质问题。而下坝址左岸存在区域性断层为制约因素，位于左岸的导流洞和发电引水隧洞要向左移，其长度要增加，且由于天气等原因，下坝址的地质问题查明和分析要较长时间，对大断裂等地质不利因素的处理的工程量大，技术难度高，其费用现在难以估算准确。

根据以上综合比较，为满足主体工程在 2007 年 10 月全面开工建设的要求，建议以上坝址为推荐坝址。

1.5 项目开发建议

（1）太平江两级开发方案中一级电站经济指标最优，二级电站经济指标略差；一级开发方案电站的经济指标居中。两种开发方案的经济指标相差不大，两级开发方案的经济指标略优。为便于尽快开发太平江的水力资源，推荐两级开发方案，近期先开发一级电站。

（2）根据河流情况，地形地质条件，前期勘测设计情况，为满足主体工程在 2007 年 10 月开工的要求，太平江两级开发方案中一级电站建议以上坝址为推荐坝址。

第2章 区域构造稳定性分析

2.1 区域地质背景

2.1.1 大地构造背景

1. 区域大地构造单元划分

研究区位于青藏高原东南部，包括缅甸北部和中国云南部分地区。区内地质构造的发展演化始终受全球两大板块——欧亚板块与印度板块相对运动的影响，位于板块间强烈挤压和活动地带，曾经历过多次构造运动，构造变形和岩浆活动强烈，形成了以措勤-嘉黎断裂为界的一级大地构造分布格局。研究区域横跨两个一级大地构造单元，即冈底斯-念青唐古拉褶皱系（Ⅰ）和印缅-苏门答腊褶皱系（Ⅱ），其内又分布有若干个二级和三级构造单元。工程场地位于冈底斯-念青唐古拉褶皱系的二级构造伯舒拉岭-高黎贡山褶皱带（$Ⅰ_1$）中的三级构造铜壁关褶皱束（$Ⅰ_1^1$）之南缘，与泸水-陇川褶皱束（$Ⅰ_1^3$）相毗邻。

2. 大地构造与地震活动的关系

以区内大地构造为背景，各构造单元所属部分的地震活动具有较大程度的差异。

在冈底斯-念青唐古拉褶皱系内，强震活动又可进一步分为两区。以怒江断裂和龙陵-瑞丽断裂为界，北西侧6.0级左右的地震活动频繁，原地重复率较高，部分地震具有火山地震的性质；南东侧以7.0级左右的地震活动为主，双震型构造地震活动显著。

印缅-苏门答腊褶皱系的强震活动，主要集中在抗巴-勃固凹陷带（$Ⅱ_1$）和望濑-勃生褶皱带（$Ⅱ_2$）内，特别是靠近那加-若开山褶皱带北部边缘地带和印巴坳褶带北部靠近印度板块与欧亚板块中央碰撞带的地区。许多地震为深度大于70km的深震，属于板块俯冲带性质的地震。

发生于大地构造单元分区边界断裂带（包括一级、二级构造单元）上或附近的 $M \geqslant$ 6.0级地震约占全部地震的60%以上。而且，发生 $M \geqslant$ 6.0级强震的大地构造分区边界断裂大多是晚更新世以来有过活动的断裂，而晚更新世以来没有继续活动的大地构造分区的边界断裂带，则发生6.0级以上地震的概率很小。

2.1.2 区域新构造运动

1. 新生代地质地貌概述

研究区地势总体上北高南低，东高西低，北部属于青藏高原南缘，东部为云南高原，西部为缅甸中央盆地，南部为缅甸掸邦高原。山脉、河流走向近南北，怒江、萨尔温江、恩梅开江、伊洛瓦底江河流经其中，横断山脉、怒山、高黎贡山等山脉与之相间排列，构成高山峡谷和山间盆地地貌。

北部山体高度大多为 3000～4000m，向南逐渐降低，至掸邦高原山体高度一般在 1000～1500m，总体上显示出由北向南逐渐倾斜的特征，其间有若干个不连续的阶梯状层状地貌。

高原面之下发育的谷地、盆地、湖泊大多具有明显的方向性，它们的形成与断裂活动密切相关。其中盆地规模最大的是缅甸中央盆地，其西部为印缅山脉（那加-若开山脉），东部为缅甸掸邦高原，盆地呈近南北展布，南北长 1100km，东西宽 400km，盆地高度为 1000～200m，一般在 500m 左右，盆地内地势相对平坦，分布有高差小于 50m 的丘陵地貌，伊洛瓦底江蜿蜒流经其中，沉积了巨厚的新生代堆积物。

研究区上述地貌的形成，不仅与地壳的强烈隆起、夷平和准平原面的解体与变形关系密切，而且也与强烈流水作用密切相关。

太平江水电站位于缅甸掸邦高原和云南高原两个大型地貌单元交界地区，地貌形态复杂，山顶高程 1600.00m 左右，河流呈 V 形。

2. 新构造运动特征及分区

研究区新构造运动的总体特征主要有五个特点：①大面积整体掀斜抬升运动；②断块间的差异升降运动；③块体的侧向滑移与转动；④断裂的新活动；⑤强烈的火山活动。

在大面积整体间歇性抬升的基础上，受断裂活动的影响，还存在着显著的断块差异运动。这些断裂围限的断块，其地貌特征、新活动强度各不相同，具有鲜明的分区性。根据研究区地形地貌特征、新构造运动活动方式及活动强度的差异，研究区内可划分出 3 个一级新构造区和 6 个二级新构造区。

(1) 怒山-掸邦高原掀斜隆起区（Ⅰ）。由怒江-龙陵-瑞丽断裂带、澜沧江断裂带和实皆断裂带所夹持的强烈上升区，近南北向的怒山、崇山和北东向的老别山、大雪山分布其间。保山以北山地海拔 3600m 以上，以南海拔 3000m 以下。区内主要发育 1500m、1800～2500m、2800～3400m 和 3500m 以上的四级夷平面。古近纪，在永德以北曾发育南北向的凹陷盆地，新近纪和第四纪与周围山地一起隆起。以南汀河断裂为界，可分为保山-木姐掀斜凸起区（Ⅰ₁）和掸泰隆起区（Ⅰ₂）两个二级新构造区。

保山-木姐掀斜凸起区（Ⅰ₁）：为较强隆起区，隆起幅度东北高西南低，由东北向西南倾斜。东北隆起强烈，怒江强烈下切，江面与山顶面的高差达 3000m 以上，形成高山峡谷地貌；西南部隆起相对较弱，以整体隆起为主。保山、施甸一带有 5.0～6.0 级地震分布。

掸泰隆起区（Ⅰ₂）：掸泰隆起由掸邦高原和泰国北部高原所组成，主要由前寒武纪、古生代和中生代地层构成，除了在德林达依地区出现少部分油页岩和在掸泰隆起区发育一些湖相沉积外，新生代地层在该区是基本缺失的，中生代末期之后转为相对稳定的地块，以整体抬升为主，差异活动不明显。地貌上呈现出北部略高，向南部逐渐降低的高原地貌，山地高度为 1000～1500m，最高达 2000m 左右，萨尔温江深切，形成中山峡谷地貌。区内地震活动稀少，无晚更新世以来活动断裂分布。

(2) 高黎贡山掀斜隆起区（Ⅱ）位于怒江-龙陵-瑞丽断裂带以西地区。地貌上东北高西南低，南北向的槟榔江、龙川江均由北向南纵贯全区。高黎贡山等山脉呈南北向展布。山脉、水系受控于南北向的断裂，如怒江断裂、苏典断裂等的控制作用。东北部地形高度一般为 3000～4000m，最高的高黎贡山达 4219m。向西南地势逐渐降低，潞西、瑞丽一带已降为 2000m 以下，最低 1500m。南部地势变为北东，河流流向由北东向南西，如龙川江、大盈江等。本区构造运动强烈，致使岩层褶皱变形，断裂发育，北部区域变质作用普遍，变质岩系发育，南部岩浆活动强烈，近现代火山活动强烈。根据构造差异运动，大致以大盈江断裂为界可分为滇西火山活动区（Ⅱ₁）和槟榔江凹陷区（Ⅱ₂）两个二级新构造区。

滇西火山活动区（Ⅱ₁）：为龙川江及其以西地区，该区新构造活动以强烈的火山活动为其主要特征。自新近纪上新世以来，火山活动十分强烈，在腾冲、梁河、盈江一带，南北长约 90km，东西宽约 50km 范围内，现今有明显山体的第四纪火山 60 座。其中有 25 座火山保存完整。全新世火山有 4 座，其中打鹰山在 300 多年前曾有喷发活动。该区断裂第四纪以来活动强烈，沿断裂形成一系列断陷盆地。腾冲断裂、大盈江断裂、瑞丽-龙陵断裂均为晚更新世以来活动断裂，是云南新构造运动强烈地区之一。该区地震活跃，历史上曾发生多次 6.0～7.0 级地震。

槟榔江凹陷区（Ⅱ₂）：为滇西火山活动区以西的中国境内区域与缅甸北部地区，该区山地地貌和水系均成南北向展布，断裂走向也近南北向。地形东高西低，不仅有由北而南的掀斜，也具由东往西掀斜的特点。东部山脉高度为 2500～3000m，向西很快进入低地和盆地，地势高度变为 1000～1300m。区内地震活动较弱。

（3）缅甸中央盆地拗陷区（Ⅲ）。缅甸中央盆地拗陷区（Ⅲ），有人称为印巴-缅甸沟、弧、盆系。北部紧邻青藏高原南缘，那加-若开山山脉耸立于缅甸中央盆地和印巴盆地中间，伊洛瓦底江河流自北流向南，盆地中堆积了巨厚的新生代沉积，整个区域由北向南倾斜，南西部为孟加拉湾海域，西侧有近南北的孟加拉海沟。该区受印度和欧亚碰撞带影响强烈，同时受孟加拉海洋地壳向东俯冲推挤的作用。该区域有多次强震发生，多数属于俯冲带附近的深源地震。根据构造运动的差异和地貌单元类型的不同，可分为伊洛瓦底凹陷区（Ⅲ₁）和因道支湖凹陷区（Ⅲ₂）两个二级新构造区。

伊洛瓦底凹陷区（Ⅲ₁）：该带为孟加拉海洋地壳向东俯冲形成的弧后盆地。其西部为若开山褶皱山脉，盆地西部边缘受若开山断裂控制，东部为掸邦高原。凹陷区呈近南北向展布，盆地高度 500～200m，一般在 300m 左右，盆地内地势相对平坦，分布有高差小于50m 的丘陵地貌。盆地内主要发育有始新统至中新统以巨厚海相复理石层沉积及第四系河流相砂层堆积，新生界沉积厚度大于 10km。本区新构造运动强烈，以凹陷为主，同时使得新生代地层普遍形成近南北向褶皱，靠近实皆断裂附近地区全新世地层也有褶皱发育。

因道支湖凹陷区（Ⅲ₂）：位于伊洛瓦底凹陷区（Ⅲ₁）以西，二者以实皆断裂东部边缘为界。盆地东部边缘发育的实皆断裂，其为全世界著名的全新世活动断裂，沿断裂历史上曾发生多次强烈地震。因道支湖就是沿实皆断裂发育的拉分盆地。地貌上为丘陵和盆地。凹陷区沉积地层与伊洛瓦底江凹陷区相似，同时沉积物具有磨拉石特征，为板块碰撞边缘形成的岛弧相沉积。在吉灵庙、望濑、博巴山等地有大量火山喷发中心和泥火山分布，喷出物含超基性、基性、中性和酸性多种火山岩类。该区地震活动强烈，历史上多有中深源强震发生。

太平江水电站位于槟榔江凹陷区（Ⅱ₂）内，属于中山峡谷地貌区。

3. 新构造运动与地震关系分析

地震活动与新构造运动关系十分密切。新构造运动强烈的地区，地震活动的强度和频次也高，反之亦然。从历史地震活动的实际情况看，缅甸中央盆地中的伊洛瓦底江凹陷区和因道支湖凹陷区地震活动最为强烈，这与它们强烈的差异运动有关，如伊洛瓦底江凹陷区以强烈的造山运动和大规模的断陷（裂陷）活动为主，差异运动强烈，并伴有强烈的多期次岩浆活动和地震活动，7.0 级以上地震主要分布在造山带与凹陷之间的断裂带及附近，6.0 级左右地震集中分布在凹陷的中部。1931 年曾发生 7.6 级地震。

强烈地震主要发生在活动块体的边界，反映活动块体之间差异运动与地震有关，实际上也是与断裂的新活动有关。研究区各级新构造分区的边界多为活动断裂带，沿其两侧是块体之间差异运动强烈的地带，因此活动断裂带既是新构造分区界线，又是强震活动带。如龙陵-瑞丽断裂带、实皆断裂带、南汀河断裂带既是新构造区的分界线，又是历史和现今的强震发生带。

第四纪以来火山活动强烈的地带是强震、中强震群发生的地带，腾冲火山群分布区、缅甸望濑火山区即是这类地震群活动的地区。

2.1.3　主要断裂活动特征

1. 概述

研究区地处青藏高原东缘，断裂构造十分发育，其中许多断裂带规模宏大，第四纪，甚至全新世活动强烈，强震和中强震发生与断裂活动关系密切（表 2.1-1）。可以看出，研究区内主要分布有北东向、南北向、东西向三组断裂构造。根据活动程度可分为全新世活动断裂、晚更新世活动断裂和早第四纪活动断裂。

表 2.1-1　　　　　　　　　研究区主要断裂构造特征一览表

编号	断裂名称	产　状	区内长度/km	活动时代	活动速率/(mm/a) 水平	活动速率/(mm/a) 垂直	活动性质	地震活动	距坝址距离/km
F₁	怒江断裂带	350°～360°W∠50°～70°	260	Q₁₋₂			压性	发生过中强地震	150
F₂	龙川江断裂带	340°～350°E∠70°～80°	180	Q₃₋₄			张性	4 次 6.0～6.9 级地震	130
F₃	腾冲断裂带	345°～350°W∠50°～70°	150	Q₃₋₄			张性	6 次 6.0～6.9 级地震	100
F₄	苏典断裂	0°W∠70°	110	Q₁₋₂			压性	有 5.0 级以上地震	30
F₅	大盈江断裂	35°～45°NW∠50°～70°	140	Q₃₋₄	2		左旋走滑	有多次中强地震	1
F₆	瓦德龙断裂	50°～60°NW∠50°～60°	90	Q₃			左旋走滑	有多次中强地震	20
F₇	龙陵-瑞丽断裂	50°NW∠65°～75°	320	Q₃₋₄	3.4～4.5		左旋走滑	多次 5.0 级以上地震	50
F₈	畹町断裂	80°NW∠65°～75°	100	Q₃	3.4～4.5		左旋走滑		55
F₉	南汀河断裂	40°～80°NW∠50°～75°	300	Q₄	2.7～4.0		左旋走滑	有两次 7.0 级地震发生	145
F₁₀	措勤-嘉黎断裂	20°～50°NW∠50°～75°	180	Q₃			左旋走滑		30
F₁₁	实皆断裂	走向近南北，倾向西，倾角陡	300	Q₄	18～20		右旋走滑	有多次 7.0 级地震和 6.0 级地震	145

不同新构造区断裂的走向和活动性质不同。缅甸中央盆地拗陷区内，断裂的走向以近南北向为主，最新活动性质以右旋走滑为主。高黎贡山掀斜隆起区，断裂的走向以近南北和北东向为主，南北向断裂和北东向断裂均以左旋走滑为主，二者均有明显的拉张性质。怒山-掸邦高原掀斜隆起区，断裂走向有近南北向、北东向和东西向等，北东向断裂如南汀河断裂以左旋走滑为主，近南北向断裂以压性为主。这些断裂具有如下特征：①大多数断裂带延伸长、切割深，属于区域性大断裂或深大断裂带；②各断裂带大多经历了较长的地质发育历史，大多属继承性活动断裂，它们对不同时代地层、岩浆岩起控制作用；③区域活动断裂与地震密切相关，许多强震震中都位于晚更新世活动的断裂附近。

2. 断裂活动与地震的关系

研究区是缅甸和中国地震活动最强烈的地区之一。有记载以来，已发生不小于 7.0 级地震多次，6.0～6.9 级地震数十次。研究区内的地震活动特别具有明显的板缘地震和板内地震的特征（云南地区）。$M \geqslant 6.0$ 级地震活动与晚更新世以来活动断裂十分密切，大多数不小于 6.0 级地震发生在晚更新世活动断裂带上。例如，南汀河断裂带、实皆断裂带、龙陵-瑞丽断裂带、腾冲断裂带等都是研究区内的地震密集分布带。

一般来说，晚更新世以来活动强度大的断裂带地震震级也大。例如南汀河断裂带不但规模大，而且晚更新世以来的活动强度也大，发生的地震震级较大，历史上发生过 $M \geqslant$ 7.0 级地震。又如实皆断裂带，全新世以来水平位移速率达 18～20mm/a，历史上发生过多次 7.0 级以上地震。

晚更新世以来活动强度相对较弱的断裂带，发生的地震震级相对较小。陇川盆地东缘断裂、龙川江断裂等晚更新世以来水平位移速率为 0.5～3.0mm/a，沿断裂发生的地震震级在 6.0 级左右，没有超过 7.0 级的。

晚更新世以来不活动的断裂或断裂段，一般不发生 $M \geqslant 6.0$ 级的强震。如苏典断裂，晚更新世不活动，沿这些断裂历史上没有记载过发生 $M \geqslant 6.0$ 级地震，5.0 级左右的地震也相对较少。

沿断裂带分布的第四纪断陷盆地往往是断裂带上最活动的地段，沿活动断裂发生的强震多位于活动盆地内，如缅甸中央盆地内的多次发生 6.0～7.0 级地震。

2.1.4 区域地震构造

1. 强震发生的构造环境

对区内 $M \geqslant 6.0$ 级地震中一些具有典型意义的历史强震发生的地质构造环境进行分析，以便从中总结区域地震构造环境特征与归纳强震发生的构造标志，进而确定研究区内的强震构造。为了丰富历史地震发生的地质构造环境资料，将邻区的一些地震一并研究。

由上述可以看出，在研究区内，伊洛瓦底江凹陷以强烈的造山运动和大规模的断陷活动为主，并伴有强烈的多期次岩浆活动，7.0 级以上地震主要分布在造山带与凹陷之间的全新世活动的弧后盆地断裂带上，6.0 级左右地震集中分布在与弧后凹陷活动有关的断裂。喜马拉雅-冈底斯逆断山地的造山运动和岩浆活动突出，断陷活动次之，并主要与晚第四纪活动的北东向走滑断裂和近南北向火山断裂活动有关；6.0～7.0 级左右地震活动频繁，原地重复程度高，部分地震具有火山地震的性质。

2. 强震构造环境综合分析

研究区域内有史载以来记录的破坏性地震，特别是6.0级以上地震，在空间分布上具有明显的不均匀性特征：在一些地区强震集中分布，形成强震的密集分布带，如研究区中部的缅甸中央盆地区、研究区东部的腾冲-龙陵地区。而研究区内的大部分地区，历史强震记载则稀少。显然强震的这种空间分布上的不均匀性，与强震发生的地震构造环境有关。对研究区强震构造环境分析归纳如下：

（1）从区域大地构造特征看，研究区地质构造复杂，涉及的大地构造单元有冈底斯-念青唐古拉褶皱系、印缅-苏门答腊褶皱系两个一级大地构造单元。各构造单元都具有自身的发育历史和特征，且各一级构造单元间多以深大断裂带为其边界，但共同特点是在中、新生代时期都有不同程度的活动。历史强震绝大部分仅与晚更新世以来有明显活动的各级大地构造边界断裂带或构造单元内部的晚更新世以来有明显活动的断裂带有关，前者如实皆断裂带，后者如腾冲断裂带等。

（2）从研究区内强震发生的地震构造环境实例分析，强震震中区存在地球物理场重力、航磁、地壳厚度的"畸变"（如等值线转折、扭曲等）特点。

（3）研究区新构造运动强烈，总体上表现为大面积的间歇性抬升运动，且具有由南而北抬升幅度逐渐增大的掀斜抬升运动与断块间的差异运动特点。各断块之间新构造运动的主要特征具有明显的差异，因此可分成不同的新构造单元。历史地震活动，特别是6.0级以上强震活动，主要分布于以晚更新世以来活动断裂带为边界的新构造分区边界断带内或断裂带附近，或新构造分区内部的晚更新世以来的活动断裂带上或附近。前者如实皆断裂带、南汀河断裂带、瑞丽-龙陵断裂带等，后者如腾冲断裂带、龙川江断裂带等。一般来说，这些新构造分区边界断裂带或分区内部的断裂带，晚更新世以来的活动强度（水平运动或垂直运动）越大，则发生的历史地震的震级也大。

（4）沿活动断裂带发育第四纪断陷盆地的地段往往是断裂带上新构造运动最强烈的地段，也是历史强震活动最为集中的地段。如研究区中部缅甸中央盆地和印巴盆地，由于实皆断裂和西隆断裂的强烈活动，盆地内历史强震活动亦强烈。

（5）晚更新世以来强烈活动的断裂往往是强震的发震断裂，如实皆断裂、南汀河断裂、腾冲断裂等。

（6）腾冲地区和缅甸中央盆地内部，火山活动强烈。这些地区的历史强震亦十分强烈，形成强震空间分布的密集带。

3. 区域地震地质环境与地震构造综合评价

研究区域横跨两个一级大地构造单元，即冈底斯-念青唐古拉褶皱系（Ⅰ）和印缅-苏门答腊褶皱系（Ⅱ），工程场地位于三级构造铜壁关褶皱束（I_1^2）之南缘，与泸水-陇川褶皱束（I_1^3）毗邻。

研究区新构造运动十分强烈，主要表现整体性抬升、沿断裂强烈的差异活动和火山活动。区域地震活动水平与新构造运动强度关系密切，强震常发生在差异运动强的断隆区，尤其新构造分区的边界断裂上。大型第四纪断陷盆地与断裂的断陷、走滑活动有关，往往是强震活动区。构造闭锁区，即主边界断裂或次级边界断裂的交叉点、枢纽、转折部位，以及与它组断裂交会区，多是6.0级以上强震发生地区。

根据以上区域断裂活动性和不同级别地震构造标志分析，区域内存在如下 6.0 级以上发震构造：南汀河断裂带、实皆断裂带、龙陵－瑞丽断裂带为全新世活动强烈的断裂，这类发震构造多构成活动块体的边界，晚更新世以来活动强烈，其水平位移速率为 3.0mm/a 以上，最大达 20mm/a，具有发生 7.0 级及其以上地震的构造条件；腾冲断裂带、大盈江断裂带、龙川江断裂带、瓦德龙断裂带等，这些断裂多分布在块体内部，晚更新世以来活动速率达 1.0～2.0mm/a，少数为 2.5～3.5mm/a，活动相对较强，据地震构造标志对比，它们具备发生 6.5 级左右强震的构造条件。

2.2 近场及场址区活动断裂

2.2.1 近场区地貌

在近场区第四系发育有冲积、洪积、冲洪积、坡积、残积和残坡积等不同成因类型的堆积物，其形成时代分别为更新世和全新世。冲积、洪积、冲洪积集中分布在盈江、陇川、户撒、芒东等第四纪断陷盆地及边缘，坡积、残积、残坡积广泛分布在盆地周缘的山地及山坡地带。

（1）近场区分布的地形地貌有构造侵蚀地貌、河流堆积地貌、断陷盆地等。

1）构造侵蚀地貌。区内山体为高黎贡山的余脉，总体呈北东—南西向延伸，且以中山为主，海拔一般在 1000～2500m，平均为 1500m 左右。大盈江和龙江自北东向南西斜穿近场区，河道迂回曲折，切割深度逾百米。在谷缘及其远离河谷的河间地带，广泛发育有四级剥夷面，由下自上的高度分别为 800～1000m、1200～1400m、1600～1800m 和 2000～2200m。

2）河流堆积地貌。由于新构造运动的间歇性抬升，区内大盈江和龙江河谷广泛发育有多级阶地，连续性较好的是Ⅰ～Ⅱ级阶地。Ⅰ级阶地为堆积阶地，拔河高度 3～4m，阶地面较为宽阔平坦。Ⅱ级阶地多为基座阶地，局部地段为堆积阶地，拔河高度 6～17m，阶地面较为连续、平坦。大盈江一级支流盏达河发育有连续性较好的Ⅳ级阶地，$T_1 \sim T_4$ 阶地拔河高度分别为 10m、30m、70m 和 100m。T_1、T_2 为堆积阶地，阶地面较宽，T_3、T_4 属于基座阶地，阶地面较窄且高差大，说明阶地发育早期地壳抬升较快，晚期地壳抬升相对较慢。

3）断陷盆地。区内新生代盆地较为发育，大规模的盆地有盈江盆地、户撒盆地和陇川盆地芒东盆地。这些盆地明显地受北东向大盈江断裂、瓦德龙断裂等控制，盆地的长轴呈北东—南西向，与断裂走向一致。盆地常呈箕状不对称发育，盆地内广泛发育有新近系及第四系地层，厚数百至千余米，并发生褶皱和断裂，为新近纪以来形成的新生代盆地。盈江盆地呈北东—南西向延伸，宽 7～14km，长约 56km，盆地地形开阔平坦，素有"小平原"之称。新生界沉积厚度达上千米，盆地受断裂控制明显。

（2）近场区新构造运动主要特征如下：

1）整体掀斜隆起与断块差异升降。近场区大河流河谷两岸，普遍发育有多级阶地和阶地之上的多级剥夷面，说明新构造运动具有间歇性抬升的特点。山区地貌表现出由东北向西南掀斜的特征。从近场区北东隅至西南角，大盈江横贯整个近场区，河床高度也由

830m 降至 200m 左右。

由北东向断裂分割的若干北东向断块，断块之间差异升降运动明显，如盈江盆地海拔约为 800～820m，而东南侧山区高度为 1800～2500m。

2）断裂的走滑运动与断块拗陷。北东向断裂表现为明显的左旋走滑运动，由于其规模大，活动时代新，活动强度大，成为控制该区新构造运动的主体。断裂强烈的新构造运动，沿断裂形成了一系列串珠状的断陷或拉分盆地，如盈江盆地、户撒盆地和陇川盆地。

2.2.2　近场区活动断裂

根据前人已有的研究和野外现场实地考察结果，并结合 ETM 卫星影像资料，近场区内的断裂构造主要有北东向和近南北向两组，北东向断裂最为发育，其中活动性较强的有北东向的袍龙亚断裂和大盈江断裂带。现将这些断裂的基本特征分述如下。

1. 袍龙亚断裂（F_1）

区域地质中称之为苏典断裂。北起缅甸昔马、南经大石坡、苏典等地，总长大于70km。断裂由数条断层组成，呈舒缓波状，在苏典以北与南北向断裂重接复合，组成近南北向的断裂带。在黄草坝以南被北西向断层分割为不连续的数段。沿断裂糜棱岩带宽数十米至 1km，岩石挤压破碎明显，矿物被压扁、拉长、片理、片麻理及构造透镜体发育，挤压特征明显。断裂东侧显强烈的热动力变质作用，变质岩中发育大量红柱石、矽线石；断裂西侧有海西期基性岩分布，说明该断裂形成时代早，主要活动时代在海西期、印支期及燕山期，喜马拉雅期也有活动，沿断裂有喜马拉雅期花岗岩侵入。

该断裂由袍龙亚南进入近场区，然后顺南奔河谷向南延伸，止于卡隆卡附近下坝址一带，断裂走向近南北，倾向西或东，倾角较陡，区内长 26km。

新生代以来的强烈活动主要表现为：断裂的北东端有大面积的上新统基性火山岩分布，断裂对昔马盆地和松园盆地具有一定的控制作用。因此，第四纪早期有一定的活动表现。

近场区外南岭村盈江-那邦公路旁见两条断层发育于花岗岩中，断层产状分别为 30°SE∠60°和 20°SE∠62°，破碎带以角砾岩和碎裂岩为主，角砾岩和碎裂岩基本胶结。断层泥呈灰白色半胶结状，断层泥热释光年龄 198.35ka±19.86ka，属中更新世。破碎带发育明显的挤压片理带，角闪石等暗色矿物呈定向排列，断面上可见光滑的摩擦镜面，擦痕指示断层的水平右旋走滑。

由此看来，断裂曾经历了多次活动，早期具明显的挤压性质，后期转变为水平走滑性质。

在近场区外盈江-那邦公路 84 界碑附近，见断层发育于花岗岩和混合花岗岩中，断层产状 30°SE∠70°，破碎带以角砾岩和碎裂岩为主，断层泥呈灰白色半胶结状，较坚硬，断层泥热释光年龄为 161.73ka±5.25ka，属中更新世。

下坝址附近见断层发育于古老的花岗片麻岩和混合花岗片麻岩之间，断层产状25°NW∠52°，破碎带以角砾岩和碎裂岩为主，宽约 10m，角砾岩和碎裂岩胶结紧密，构造岩热释光年龄为 125.76ka±13.83ka，表明中更新世期间断层曾有过活动。

综合以上分析可知，断裂的最新活动时代为中更新世，属于早第四纪断裂。该断裂从下坝址附近通过，距上坝址为 1500m，距厂房为 400m。

2. 大盈江断裂带（F_2）

总体呈北东向延展。北端始于腾冲以西，经梁河、盈江后延入缅甸，止于八莫附近，全长约 140km。断裂在航、卫片上线形清晰，呈直线状延伸。梁河、盈江新生代盆地明显受此断裂控制。断裂带由 2～3 条次级断层组成，彼此呈左阶羽列式排列。根据断裂的活动情况，大致以曼线街附近的横向断层为界，大盈江断裂带（F_2）可分为南、北两段。北段（F_{2-1}）为梁河盆地、盈江盆地边缘断裂，对梁河盆地、盈江盆地有明显控制作用，为全新世活动断裂；南段（F_{2-2}）北东始于曼线街一带，南东经芭蕉寨、卡隆卡、桑刚、西帕河，止于八莫盆地边缘，为晚更新世活动断裂。

F_{2-1}：属于断裂的北段，主要沿梁河和盈江盆地发育，对梁河和盈江第四纪盆地沉积有明显的控制作用。断裂走向 30°～50°，倾向北西或南东，倾角为 55°～75°，长约 90km。断裂具左旋滑动性质，为全新世活动断裂。

沿断裂有一系列的洪积扇裙、洪积锥（晚更新世和全新世）发育，并有串珠状的温泉出露，盈江盆地的北东边缘沿断裂有喜马拉雅期花岗岩侵入。在弄璋街和曼冈一带发育一系列的断层三角面、阻塞脊（shutter bridge）和线性山脊等断层地貌。断层三角面坡度为 30°～45°，坡度较陡。

下濑东一带阻塞脊地貌非常清晰，由于断层的左旋运动，使得山脊和溪流同步左旋位错，错距约 100m。

断层左旋运动迹象十分明显，断层错断供另河、户宗河、芒南河等，断距 80～100m、200m、400m、600m、1200m 不等。在近场区外的芒广以西断层切割新近纪地质体，左旋断距大于 1000m，同时断错中更新统，断距为 600m。

在上弄贯附近又见小冲沟被断层左旋位错，沿冲沟发育的 I、II 级阶地同被位错，I 级阶地错距约 10m，II 级阶地错距大于 10m。沿断裂，现代小震活动频繁，其具有较好的线性分布。据研究，晚更新世滑动速率为 2.0～3.0mm/a，全新世滑动速率为 2.7～3.5mm/a。

根据在盆地段全新世地貌面上发育有小规模的地形陡坎以及小位移量的现代冲沟左旋扭动情况，推测该断裂的盆地段在历史上可能发生过与 7.0 级左右地震有关的位错活动。

吊弄村附近见断层发育于古生界片岩和燕山期混合花岗岩之间，并错断盈江支流 IV 级阶地沉积（Q_2），表明该断裂至少在中更新世晚期或晚更新世早期有过活动。

拐另附近发育有长 1km，宽 2km 的大型洪积扇，洪积扇位于大盈江 II 级阶地上缘，从地貌部位推断其形成年龄为晚更新世。在大型洪积扇及其上部基岩之中的断裂通过地带，沿董永河发育有 5 级跌水，跌水高 2～3m，表明晚更新世以来沿断裂至少发生了 5 次垂直差异运动。

顿列附近发育一系列断层三角面，坡度为 35°～40°。在花岗岩风化强烈的盈江地区，保持如此坡度的断层三角面，一般指示断裂在晚第四纪期间有过活动。附近发育的老洪积扇顶部叠置有新洪积扇，老洪积扇自然坡度为 10°左右，新洪积扇自然坡度为 28°左右。一般而言，新扇位于老山上部，且新扇比老扇坡度大，表明断层有过最新差异抬升运动，是由于断层的最新活动形成的加积作用所致；相反，如果断层不再活动，新扇一般位于老扇下部边缘，且老扇坡度较大，主要是由于老扇的减积作用形成。顿列村南—洪积扇位错20m，洪积扇沉积物热释光年龄为 8.45ka±0.72ka，表明全新世以来断层曾有过活动，由此计算的滑动速率为 2.4mm/a。

濑东南 200m 冲沟中见断层破碎带宽约 50m，断层产状 30°/SE/70°，破碎带以角砾岩和挤压片理带为主，断层泥厚 5cm，松软并沾手。断层错断了上部的晚更新世冲积黏土层，其热释光年龄为 28.80ka±2.45ka，表明晚更新世晚期以来断层曾有过活动。断层附近形成 3m 高的跌水，沿赖东河向下 50m 形成 8m 高的另一跌水，表明断层兼具有垂直滑动的特征，根据黏土层的错距推算，晚更新世晚期以来其垂直滑动速率为 0.1mm/a。

综合以上分析，大盈江北支断裂（F_{2-1}）属全新世活动断裂，走向 30°～50°，倾向北西或南东，倾角 55°～75°，长约 90km，破碎带宽度 50m 以上。断裂以水平左旋滑动为主，垂直运动次之，晚更新世水平滑动速率为 2～3mm/a，全新世水平滑动速率为 2.7～3.5mm/a，垂直滑动速率为 0.1mm/a。

F_{2-2}：大盈江南支断裂，北东始于曼线街一带，南东经芭蕉寨、卡隆卡、桑刚、西帕河，止于八莫盆地边缘，为晚更新世活动断裂。断裂走向 50°～80°，倾向北西或南东，倾角为 45°～75°，长约 50km。断裂具左旋滑动性质，为晚新世活动断裂。

沿断裂发育一系列的断层三角面和线性山脊等断层地貌，断层三角面坡度为 30°～45°，坡度较陡。在大的断层三角面中还存在着坡度较陡的小型三角面，小型三角面坡度为 35°～40°，大型三角面坡度为 30°左右，反映出大型三角面是早期断层活动的产物，由于流水的切割侵蚀，坡度逐渐变得较缓，而大型三角面之中的小型三角面则是断层最新活动留下的痕迹。

断层左旋运动迹象明显，在勐俄-曼面一带，大盈江左岸多条支流发生同步轴状弯曲位错，断层错断户撒河、枯利河等河流，断距为 80～100m、350m、1200m 不等，表明断层具有左旋运动的性质。

断裂西南段，断层对桑刚、西帕河等第四纪盆地有着明显的控制作用。这些盆地作北东向长条状线性延伸，盆地边缘平直，显示出受构造控制明显，是沿大盈江断裂发育的拉分盆地，尤其是西帕河盆地的拉分形态最为典型。在桑刚第四纪盆地北东方向，太平江呈直线形延伸，长 4～5km，经实地测量其弯曲系数（河流长度/河流两端的距离）为 1.05，接近 1。弯曲系数一般大于 1，断层活动程度与河流弯曲系数密切相关，弯曲系数越小，表明断层最新活动越强。河流呈直线型延伸，说明断层新活动后河流顺断层破碎带下蚀而成，河流还未进行侧蚀作用或河流侧蚀作用很弱，断层破碎带对河流的约束作用仍然较强。

桑刚、西帕河附近沿断裂发育有 3 条线性山脊。在西帕河盆地Ⅱ级阶地的后缘尚发育一系列断层三角面、断层沟槽和断层陡坎。断层三角面坡度为 20°～30°，虽然有明显的人工改造的痕迹，但其三角面形态基本完整，是断层新活动的结果。对于由松散层构成的三角面而言，此坡度的三角面已经足以显示断层新活动特征。断层沟槽长 500m，宽 12～16m，深 5～8m。通过对断层沟槽边缘的Ⅱ级阶地取样进行热释光鉴定分析，其形成时代为 10.13ka±0.86ka，表明断层晚更新世晚期以来曾有活动。

西帕河附近公路旁见到该断层剖面，剖面上发育 3 条断层，产状分别为 50°/NW

$\angle 80°$、$50°/NW\angle 75°$ 和 $50°/NW\angle 70°$，断层破碎带宽 40 余米，破碎带以角砾岩、碎裂岩和挤压片理带为主，断层泥厚 2cm，半胶结。断面上有斜向擦痕，侧伏角 20°，指示断层以水平左旋运动为主。断层泥热释光年龄为 37.65ka±3.20ka，表明晚更新世晚期以来断层曾有过活动。断层上覆全新世坡积层未见构造变形或被切穿。断层附近形成 10m 高的跌水。

桑刚村太平江边见断层陡立带宽约 20m，产状 $50°\sim 70°/NE\angle 85°$，断层附近小溪左旋位错 30m，小溪堆积物热释光年龄为 24.80ka±2.11ka，表明晚更新世晚期以来断层曾有过活动，由此计算其水平滑动速率为 1.2mm/a。

下坝址下游多条太平江支流同步左旋位错，错距 50m 左右，此支流堆积物形成年龄为 23.97ka±2.04ka，由此计算其水平滑动速率为 2.2mm/a。

上坝址太平江左岸洪崩河-八莫的公路上见断层剖面，断层产状 $60°/SE\angle 68°$，断层破碎带宽约 100m，破碎带以角砾岩和挤压片理带为主，揉曲现象强烈。断层泥热释光年龄为 38.24ka±3.25ka，表明晚更新世期间断层曾有过活动。断层上覆全新世残积层未见构造变形或被切穿。

综上所述，该断裂为晚更新世活动断裂，破碎带宽度为 40～100m，具有左旋水平滑动性质，其滑动速率为 1.2～2.2mm/a。该断裂距上坝址、下坝址和厂房的最近距离约分别为 1100m、100m 和 96m。

2.2.3 近场及场址区断裂活动性综合评价

近场区东邻龙陵-腾冲地震构造活动带，西接缅甸弧形地震构造活动带，周边地震活跃，中强以上地震时有发生。近场区新构造运动特征主要表现在两个方面：一是整体掀斜隆起与断块差异升降运动，二是断裂的走滑运动与断块拗陷运动，北东向断裂表现为明显的左旋走滑运动，沿断裂形成了一系列串珠状的断陷或拉分盆地，如盈江盆地、户撒盆地和陇川盆地。

根据前人已有的研究和野外现场实地考察结果，近场区内的断裂构造主要有袍龙亚断裂和大盈江断裂带 2 条。其中，活动性较强的有北东向的大盈江断裂带，为晚更新世以来活动断裂，以左旋运动为主，北段属于全新世活动断裂，南段属于晚更新世活动断裂，沿断裂曾发生 2000 年 10 月 16 日的 5.8 级地震和 2000 年 11 月 16 日的 4.7 级地震。袍龙亚断裂第四世有一定的活动迹象，但均属于早第四世活动断裂，晚第四世活动迹象不明显，不具备发生强震的构造条件。

袍龙亚断裂和大盈江断裂带在上坝址附近交会，一般断裂交叉点、交会处常是应力易于集中的地段，因此，此交会处是易于发生地震的地段，对此应引起足够的重视，并尽量避开此处建坝。

2.3 场地地震动参数的确定

影响地震动的主要因素包括震源机制、地震波传播路径和场地条件等。在前面对区域地震活动性、地震地质背景研究的基础上，用相应的基岩地震动加速度峰值衰减关系和反应谱衰减关系，计算的基岩地震动加速度峰值与反应谱值包含了震源和地震波传播路径对场区地震动的影响。本节考虑局部场地条件的影响，对场地地震反应进行分析，确定场地地震动参数。

2.3.1　场地概况

太平江水电站位于缅甸东北克钦邦境内紧邻中缅边境的太平江上，三个工程场地均处于构造侵蚀低山地貌区，地层分布分述如下。

1. 上坝址

上坝址地层单一，由新到老为：第四系漂石及砂卵砾石层，分布于坝址河床内；第四系全新统残坡积砂壤土，局部夹孤石，广泛分布于枢纽区两岸山坡上部；下伏基岩为元古宇高黎贡山群片麻岩及石英岩。

2. 下坝址

坝址地层单一，由新到老为：第四系漂石及砂卵砾石层，分布于坝址河床内；第四系全新统残坡积砂壤土，夹碎石、孤石、块石，广泛分布于河谷岸坡表部的斜坡、缓坡地带。下伏基岩为元古宇高黎贡山群片麻岩及石英岩。

3. 厂房

厂房位于太平江右岸河流 Ⅰ 级阶地上，地形平缓。场地地层单一，由新到老为：第四系全新统冲积层卵砾石，下伏基岩地层为元古宇的高黎贡山群片麻岩及石英岩。

2.3.2　地震输入界面的确定

强震地面运动实际上是基岩输入波经土层滤波作用的结果。从土动力学的观点，土层的滤波作用主要由三个因素决定，即覆盖层厚度或基岩埋深、岩土阻抗比和覆盖层深度范围内剪切波随深度的变化特征。

基岩面以上的土层厚度即为严格意义上的覆盖层厚度。这一意义普遍超出了工程上允许考虑的尺度。另外，对建筑物的破坏作用主要是地震波中的中短周期成分，深层介质对这些成分的影响并不显著，故覆盖层厚度不必考虑得很大。理论研究表明，当下层波速远大于上层波速时，由上而下传播的 SH 波到达岩土界面时只有很少一部分能量向下透射，即可把下卧土层当作地震输入界面。而这样理解的覆盖层厚度可能会很大，实际应用中困难不少。还有学者建议，当相邻两土层剪切波速 $V_{S\text{下}}/V_{S\text{上}} \geqslant 2$（相对标准），且下面无更软弱层时，这样的土层界面深度定为覆盖层厚度，在工程实际应用中，相对标准很难掌握。

本书根据厂房场地岩土工程勘察资料，取弱风化基岩顶面作为场地土层地震反应计算的地震输入界面。

2.3.3　地震反应计算与场地地震动参数

1. 一维等效线性波动法

工程场地的地震反应用一维等效线性波动法求解，基本步骤为：①确定地震输入面，并对土层进行分层；②确定各层的初始剪切模量 G_j 和阻尼比 $\zeta_j (j=1, 2, \cdots, n)$，并由边界条件计算剪切应变传递函数；③对输入地震动 $a(t)$ 进行付氏变换得 $\upsilon(\omega, Z_m)$，m 为地震动输入层号，Z_m 为该层内深度；④根据剪应变传递函数和输入地震动 $\upsilon(\omega, Z_m)$，确定土层中各点的剪切应变的频域表示 $\Gamma(i_\omega, Z_m)$，经付氏逆变换得到其时域过程 $\gamma_j(t,$

Z_j），并根据简谐振动概念，将其等效为平均应变振幅 $\gamma_j = C\gamma_{j,max}$，$C$ 通常取 0.65；⑤对比计算得到的 γ_j 与假设的等效模量 G_j 与阻尼比 ζ_j 是否相符，若不相符，则由计算结果重新假定 G_j 与 ζ_j，迭代求解，直至 G_j 与 ζ_j 全部满足给定的精度要求为止。

2. 地震反应计算

用一维等效线性波动法，对 3 场地（厂房）的 3 个典型钻孔进行土层地震反应计算。给出各孔地表面三种概率水准下的加速度时程和峰值加速度，计算相应的加速度反应谱。由于每个孔在同一概率水准下有 3 条地震动输入波，所以每个孔有 3 组地面运动参数，取平均值作为控制点的输出，得到地面峰值加速度和加速度反应谱。

3. 工程场地地震动参数

根据场地岩土工程勘察资料，计算得到 3 场地（厂房）各典型钻孔的地震动加速度峰值，见表 2.3-1。对于 1 场地和 2 场地给出基岩地震动参数计算值，见表 2.3-2 和表 2.3-3。

表 2.3-1 3 场地（厂房）各典型钻孔地震动加速度峰值 单位：m/s²

孔号	输入波								
	1a	1b	1c	2a	2b	2c	3a	3b	3c
ZK01	1.6575	1.6431	1.6073	2.0752	1.9878	2.0184	3.5816	3.6119	3.2805
ZK02	1.6897	1.6597	1.6942	2.016	2.1411	2.2509	3.1558	3.5086	3.6003
ZK03	1.803	1.6129	1.7089	2.106	2.2328	2.4134	3.2233	3.6016	3.795
平均值	1.6751			2.1380			3.4843		

表 2.3-2 1 场地（上坝址）基岩地震动参数计算值

设计地震动参数	50 年超越概率		100 年超越概率
	10%	5%	2%
A_{max}/gal	146	192	318
β	2.25	2.25	2.00
T_g/s	0.30	0.30	0.30
a_h/g	0.15	0.20	0.32

表 2.3-3 2 场地（下坝址）基岩地震动参数计算值

设计地震动参数	50 年超越概率		100 年超越概率
	10%	5%	2%
A_{max}/gal	141	186	307
β	2.25	2.25	2.00
T_g/s	0.30	0.30	0.30
a_h/g	0.14	0.19	0.31

第3章 首部枢纽布置

3.1 工程建设条件

3.1.1 首部枢纽概况

太平江一级水电站为有压引水式电站，工程由首部枢纽、引水系统和厂区枢纽等部分组成。其中首部枢纽由混凝土重力坝（包括冲沙泄洪底孔、排漂孔、溢流坝段和非溢流坝段）、下游消力池、导沙涵、电站进水口、左岸导流洞等建筑物组成；引水系统由有压引水隧洞、调压室、压力管道等组成；厂区枢纽由电站厂房、升压站等组成。

太平江一级水电站水库正常蓄水位为 255.00m，相应库容为 472 万 m³，$P=2\%$ 设计洪水位为 255.00m，$P=0.2\%$ 校核洪水位为 256.06m，相应库容为 533 万 m³，属小（1）型水库中型电站，水库最大坝高 46.0m，大坝采用混凝土重力坝，据《水电枢纽工程等级划分及设计安全标准》（DL 5180—2003）规定，水库设计洪水标准采用 50 年一遇，校核洪水标准采用 500 年一遇，厂房设计洪水标准采用 50 年一遇，校核洪水标准采用 200 年一遇。

3.1.2 河流开发条件

太平江在缅甸境内河段未进行过规划，早期仅针对太平江上游河段开发水电站项目展开考察工作。2005 年华中电力国际经贸有限责任公司（CCPG）经过现场考察，认为开发太平江上游 5～6km 河段水电资源有一定的经济吸引力，由此开始与缅甸电力部开始接触。

2006 年 2—4 月，CCPG 与江西省水利规划设计研究院签订合作意向书并组织各专业人员进行了现场勘察、交通调查、材料调查、环境调查、现场测量、水文资料搜集等工作；由于条件所限，未能进行钻探工作，也未能对全河段进行考察，仅仅勘察了靠国境的6km 河段。在此基础上编制了《缅甸太平江水电站项目建议书》，即开发太平江上游段太平江一级水电站。

2006 年 5—10 月，江西省水利规划设计研究院配合 CCPG 与缅甸政府（前期是缅甸电力部，后期是缅甸电力一部）进行项目洽谈，并按初步确定的商务条件完善了经济评价部分，且完成《缅甸太平江水电站工程预可行性研究报告》初稿，推荐开发上游河段的太平江一级水电站；并据英制 1∶63000 地图编制了太平江下游河段（二级站）开发方案，同时开展了全河段开发的研究。

项目区的交通条件比较差，由盈江县城到红崩河口岸距离 90km，为弹石路和石渣路，位于太平江右岸；经铁索桥（限载 5t）可以进入缅甸太平江左岸，沿河有土路通向工程区；由一座人行索桥跨过红崩河可以进入缅甸太平江右岸，没有道路通向工程区。在勘测工作基础上，提出开发方案和坝址选择专题报告。

目前，在中国境内的23km河谷中已经有4个水电站建成或即将建成，利用水头520多米（平均坡降约21‰）。

太平江在缅甸境内尚未进行过规划，本次可开发河段为大盈江四级电站厂房以下段，长约23km。该河段流域植被良好，主要以云南松为主，河谷地带以丛生林为主，森林覆盖率达到60%以上。自大盈江四级电站厂房以下7km河段相对较陡，落差约76m，河段比降约为10.7‰，该河段内没有村寨，是水力资源开发利用的优良河段。下游16km河段相对平缓，落差约60m，河段比降约为3.8‰，其间桑岗是相对较大的一个村寨，情况较复杂。

3.1.3 水文条件

1. 流域概况

太平江一级水电站坝址位于太平江中缅边境37号界桩下游约2.0km缅甸境内，坝址地理坐标为东经97°31″，北纬24°25′，坝址控制太平江流域集水面积为6010km²。

2. 暴雨成因及洪水特性

流域位于高黎贡山以西南，属亚热带季风湿润气候区域，其暴雨主要受西南暖湿气流影响，多集中于6—10月，具有明显季节性。特别在7—8月，太平洋副高西伸北移，高空低涡与地面峰系出现频繁，该时期又正值西南季风强盛，携带大量水气倾向内陆覆盖面积广大，常常形成阻塞性暴雨天气过程，期间暴雨频繁，雨势猛、强度大，持续时间一般不长，受局部地形影响，雨区可遍及全流域，但多以区域性局部暴雨为主，暴雨中心多位于西南暖湿气流迎风面的昔马、铜壁关、达海一带，尤以昔马最多，其中昔马（气象）站实测最大一日降水量为359.4mm（1997年6月21日），日降水量大于50mm的暴雨每年均超过15次（场），暴雨量级较大；槟榔江达海站多年平均最大24h暴雨量为111.3mm，大盈江流域暴雨总体自西南向东北递减。9—10月因西风带南支急流建立，太平洋副高减弱而南退，其间暴雨次数明显减少，最大暴雨量级一般为年第二、三位，但持续时间相对较长，若遇特殊天气系统时，也会出现年最大暴雨量，如1979年、1982年、1986年、1992年等。10月后汛期结束，期间降水量变化虽有起伏，但总趋势是递减的。经统计，本流域暴雨在6—8月出现次数占统计数的71.3%，9—10月暴雨出现的概率仅占16.7%。

大盈江流域洪水均由暴雨产生，从洪水年内变化情况看，与降水发生时间一致。大盈江虎跳石河段为峡谷河段，河道窄，水流湍急、比降大，河槽调蓄作用小，大盈江洪水在虎跳石河段严重受阻，虎跳石站至下拉线河段为宽浅式河道，两岸河堤较低，大洪水时漫滩极其严重，盈江坝子对洪水调蓄显著，滞洪区可波及整个盈江坝子，往往形成虎跳石断面一次洪水过程呈涨落缓慢单峰肥胖型，其中涨洪段历时3～5d，次洪历时一般为15d左右。

3. 基本水文资料

太平江缅甸境内无水文、降水量资料，中国境内大盈江流域内的水文测站主要有太极村、梁河、盏西、下拉线、拉贺练等站，各站水文观测项目与资料使用年限长度详见表1.1-1。

根据电站设计需要，2007 年 7 月江西省水利规划设计研究院在电站坝址、厂房位置上游 600m 处和厂房位置处共设置了 3 个临时水位观测站，分别简称 1 号水位站、2 号水位站和 3 号水位站，2 号水位站距 1 号水位站下游 3.9km，3 号水位站距 2 号水位站下游 600m，1 号水位站和 2 号水位站有 2007 年 7 月至 2008 年 1 月的水位观测资料，3 号水位站水位观测时间较短。同时委托云南省德宏水文分局在大盈江四级电站厂房位置处的太平江干流洪崩河桥和支流洪崩河出口处施测了 8 次水位和流量，实测最大流量为 703m³/s，实测最小流量为 192m³/s，实测最高、最低水位分别为 257.90m 和 256.80m。

　　拉贺练水文站和下拉线水文站为大盈江干流控制站，两站集水面积接近，均为国家基本水文测验站点，水文观测资料可靠，本次采用拉贺练水文站作为太平江一级水电站水文设计的主要依据站。

　　4．泥沙

　　大盈江流域内仅有下拉线站和拉贺练站有悬移质泥沙观测资料，下拉线站泥沙资料不连续，有部分缺测；拉贺练站自设站以来有连续的泥沙观测资料。据调查了解，流域泥沙主要来自南底河浑水沟一带，致使槟榔江与南底河交汇口以下的大盈江干流下拉线、拉贺练站悬移质多年平均含沙量明显较流域森林植被好、人类活动影响小的槟榔江大。

　　根据实测资料分析，下拉线站多年平均悬移质输沙量为 392 万 t（1967—1980 年），相应含沙量为 0.707kg/m³、悬移质输沙模数为 977t/km²；拉贺练站多年平均悬移质输沙量为 254.4 万 t（1980—2006 年），含沙量为 0.44kg/m³、悬移质输沙模数为 602t/km²。

　　根据拉贺练站 1980 年以来实测年输沙量、径流过程进行对照可看出，年输沙量与年径流量关系基本对应，泥沙主要集中于汛期 6—10 月，占年输沙量的 89.93%。实测最大年输沙量为 817 万 t（2004 年），实测最小年输沙量为 98.6 万 t（1994 年），最大年输沙量是最小年输沙量的 8.3 倍。拉贺练站多年平均水沙特征值见表 3.1－1。

表 3.1－1　　　　　　　　　拉贺练站多年平均水沙特征值表

月　份	1	2	3	4	5	6	7
平均流量/(m³/s)	78.8	69.1	62.8	54.9	87.3	240	416
流量比例/%	3.61	3.17	2.87	2.51	4.00	10.99	19.07
含沙量/(kg/m³)	0.083	0.082	0.091	0.132	0.531	0.678	0.640
输沙量/万 t	1.7	1.5	1.5	1.9	12.4	43.6	71.4
输沙量比例/%	0.69	0.60	0.60	0.76	4.84	17.01	27.87
月　份	8	9	10	11	12	平均（合计）	
平均流量/(m³/s)	370	295	258	153	97.7	182.0	
流量比例/%	16.96	13.52	11.83	7.00	4.47	(100.0)	
含沙量/(kg/m³)	0.528	0.467	0.348	0.164	0.074	0.441	
输沙量/万 t	52.4	36.9	24.0	6.7	1.9	(254)	
输沙量比例/%	20.46	14.42	9.38	2.62	0.76	(100.0)	

　　太平江一级水电站河段缺乏泥沙观测资料，考虑到下拉线站的实测泥沙资料反映的是 1980 年以前产沙较多的情况，拉贺练站自 1979 年设站，1980 年 1 月开始测沙，至今已有

27 年连续的泥沙测验资料，可较好地代表流域产沙情况，因此设计阶段采用拉贺练站作为电站来沙设计的依据站。

拉贺练站以下至太平江一级水电站坝址区间河段及各支流森林植被较好，进入干流的泥沙基本为细砂，因此采用面积比方法，根据拉贺练站悬移质泥沙统计成果推算电站坝址悬移质沙量。经计算，太平江一级水电站坝址多年平均悬移质输沙量为 361 万 t。

太平江一级水电站坝址以上至虎跳石约 25km 的河段内，2000 年以来已建成了四级电站，虽然该四级电站均为无（日）调节径流式电站，并设置有冲沙孔（洞），但其大坝均有几十米高，对推移质有较大的阻挡作用，而第四级电站坝址至太平江一级水电站坝址约 20km 的河段为峡谷河段，两岸林木茂密，植被非常好，泥沙粒径较小，因此太平江一级坝址以上推移质年输沙量按悬移质输沙量的 5% 进行估算为 18.1 万 t，太平江一级水电站上游各水库拦沙率按年输沙量的 10% 估算。若泥沙干容重取 1.3t/m³，则水库 50 年淤积量为 13119 万 m³，远大于水库正常蓄水位相应库容，因此太平江一级水电站水库必须设置冲沙设施。

3.1.4 工程地质条件

1. 地形地貌

工程区位于云南高原西部，横断山脉南西端，高黎贡山的南延部分。山岭呈北东向延伸，总体地势东南坡陡，西北地形略缓。

太平江属伊洛瓦底江水系，为其左岸一级支流，自虎跳石到谬德为 45km 峡谷段，水流湍急，落差集中。河谷两岸阶地不发育，存在至少四级以上剥蚀夷平面。区域地势处于抬升阶段，地貌类型属"强烈切割的构造侵蚀，剥蚀中山峡谷地貌"。

不良地质现象主要有滑坡、崩塌、危石、水土流失及水库淤积，泥石流等。

2. 区域地质及地震

工程区位于东南亚板块与印度板块碰撞带附近，地质构造十分复杂。位于冈底斯-念青唐古拉褶皱系内的二级构造带之龙陵-高黎贡山褶皱带的南西端中，为青藏滇缅印尼"歹"字形构造体系中段。区内褶皱轴向均呈北东 35°～50° 延伸，沿轴部的岩石均有较强烈的混合岩化作用。大盈江断裂分布在河左岸，呈东北向弧形展布，由腾冲伸向八莫，断裂总体走向为 N45°～60°E，倾向西北（在下坝址倾向东南），倾角为 70°～80°，断裂带宽度不一，一般宽 50～100m，下坝址宽达 170m 左右。断裂具多期活动性，前期为压扭性，后期为张扭性，构造破碎带主要由角砾岩，碎裂岩等组成，性状较差，有大理石化现象。

据 1∶400 万《中国地震动参数区划图》（GB 18306—2015），工程区地震动峰值加速度为 0.15g，动反应谱特征周期 0.45s，地震基本烈度为Ⅶ度。

3. 水库区工程地质

库区河段总体由北东流向南西，河流近直线，在上坝址附近约为弧形。河谷一般为大体对称的 V 形谷，一般河槽深切，水面狭窄。库区谷坡一般为 40°～50°，局部陡达 60° 左右。

库区两岸支流、冲沟发育。右岸主要支流有洪崩河、二条大冲沟，左岸仅在上坝址附近一条大冲沟，规模比右岸支流小，左右岸冲沟长年有水流。两岸主要支流一般沟口狭窄，沟内开阔，平缓。

库区属山区峡谷地貌型水库，两岸阶地不发育。零星分布有 I 级阶地，I 级阶地高出河水面 3～5m，多为基座阶地。

4. 坝址工程地质条件

太平江一级水电站坝址位于中缅第 37 号界碑以下约 2.0km 河段内，河流流向在坝轴线附近为南西向，坝址上游河流较顺直，下游河流呈 V 形河湾。坝址区属侵蚀构造低山地貌，河谷呈不对称的 V 形，右岸山体雄厚，地形较完整；左岸地形完整性稍差，为一长条缓坡状山脊，坡度一般为 20°～35°。坝址河段水流湍急，河床宽约 56m。左岸大部分被覆盖层所覆盖，植被发育；右岸多见基岩裸露，植被不发育，仅分布杂草或灌木。

坝址区主要分布有中元古界高黎贡山群第三段（Pt_2g^3）之变质岩系及第四系全新统（Q_4）松散堆积物。第四系可分全新统冲积层（alQ_4）、残坡积层（$el+dlQ_4$）、崩塌堆积层（$colQ_4$）等。中元古界高黎贡山群第三段（Pt_2g^3）分布于整个坝址区。冲积层（alQ_4）主要为漂石及砂卵砾石层，分布于坝址河床。残坡积层（$el+dlQ_4$）广泛分布于左岸山坡之上。崩塌堆积层（$colQ_4$）主要分布右岸坝轴线上、下游约 50m 小冲沟处及河床附近岸坡之上。

坝址区内无区域性断裂通过，大盈江区域性断裂离左坝肩约 500m，对坝址枢纽建筑物无直接的影响。但工程地质条件受到此断裂影响和控制。

坝址处岩体中缓倾角节理裂隙不甚发育，无大的不利结构面组合，坝基深层抗滑稳定不突出。片麻岩中隐裂隙发育，坝基将可能存在沿表层岩体破坏，在开挖过程中需有相应的处理措施。

坝基、坝肩岩性不均一，具各向异性。坝基部位主要分布为 III$_{2A}$ 类岩体，其岩体较完整至完整性差，强度仍较高；左岸坝基及坝肩部分主要分布 IV 类岩体，其岩体较破碎至破碎，强度较低。

左岸相对隔水层（$q\leqslant5.0Lu$）埋深为 22.97～32.20m，河漫滩及河床相对隔水层埋深约为 180m，右岸相对隔水层埋深为 25.33～29.97m。

5. 引水隧洞进水口工程地质条件

进水口开挖边坡最大坡高约 82m，洞脸边坡主要为土质边坡，255.00m 高程以下为岩质边坡；进口引渠多为左侧且为土质边坡，右侧多为岩质边坡。进水口开挖边坡的岩体片麻理产状 N40°～55°E/NW∠40°～55°，发育属 IV 级结构面的断层 f_{204}，破碎带宽 0.5～1m，由糜棱岩、碎块岩等组成，呈全风化散体结构。

进水口边坡 V 级结构面发育有 5 组。

残坡积层及其下的全风化岩体主要分布于进口洞脸 255.00m 高程以上部位，在引渠左边坡有残坡积层及少量全风化带岩体沿斜坡分布。残坡积层及全风化岩体为含砾黏土、粉质黏土、粉土等夹块石、碎石组成，结构松散。其边坡稳定性受土体的抗剪强度、地下水及地表水下渗等因素影响较大，一般稳定性较差，边坡失稳的主要型式为圆弧形坍滑。

岩质边坡中强风化岩体一般厚 5～12m，其中发育的节理裂隙普遍张开夹泥，且节理裂隙发育，块度小，完整性差，为碎裂状结构，又处于地下水变幅带范围内，边坡易坍塌，稳定性差。

弱风化带岩质边坡，其主要结构面的走向与边坡斜交，倾向坡内，边坡稳定性较好。进水口引渠右边坡为顺向坡，又处于地下水位变幅带内，受不利地质结构面组合切割、施工期强降雨、地下水活动剧烈、施工强度高等综合因素影响，边坡稳定性较差。

进水口开挖边坡稳定性受岩体风化、不利结构面组合，以及地下水及地表水下渗等综合因素影响较大。特别是土质边坡（坡残积层及全风化），在地下水及地表水下渗作用下，易产生边坡失稳。建议对土质边坡进行加固处理，对引渠右侧岩质边坡进行锚固喷混凝土处理，边坡建议值：覆盖层及全风化取 1：1.25～1：1.50，弱风化上部取 1：0.5～1：0.75，弱风化下部取 1：0.3～1：0.5，坡高及马道的设置需满足有关规范要求。并应完善边坡的截、防、排水等措施，加强变形监测，确保边坡长期安全。

6. 导流洞工程地质条件

导流洞由引渠、隧洞、出口明渠三部分构成。洞前引渠长约 104m，隧洞长约 245.63m，出口明渠长约 88m。隧洞设置于左岸，洞径为 8.0m，进口底板高程为 225.00m，出口底板高程 221.00m，底坡 $i＝0.012$。隧洞前 154.6m 洞轴向为 S36°W，后段洞轴向为 N3°E。

进口位于坝轴线上游约 100m，地形坡度为 21°～30°，出口位于坝轴线下游 200m，地形坡度为 20°～30°，洞线沿左岸山脊方向布置，地形起伏较小，进口段右侧分布有一大冲沟。山坡全部为第四系全新统残坡积层所覆盖，厚 11.1～19.4m。

隧洞沿线穿越岩层为中元古界高黎贡山群第三段（Pt_2g^3）之变质岩系，其岩性为眼球状角闪斜长片麻岩、黑云角闪斜长片麻岩，夹条带状混合片麻岩、花岗质片麻岩，片麻理产状一般走向北东，倾向北西，倾角为 60°～70°，片麻理走向与段隧洞轴线的交角均较大，有利于洞身稳定。

隧洞进口段分布有Ⅲ级结构面 f_{208} 断层，明渠段分布有Ⅲ级结构面 F_{201} 断层。隧洞洞身岩体较新鲜坚硬，一般是弱风化带下部至微新鲜带的岩体，进口段为弱风化带上部岩体，但是隧洞上覆岩体厚度较薄，均小于 3 倍洞径，且局部岩体质量较差，呈强风化状，岩性软弱。

该隧洞沿线地下水位埋深为 12.2～17.6m，地下水位高于隧洞的设计顶高程，相对隔水层埋深为 25～35m，根据隧洞设计高程，洞室一般为潮湿至滴水状。

桩号 0＋000～0＋062，上覆岩体厚度大于 1 倍洞径小于 2 倍洞径，岩体由上至下分别为全风化、弱风化上部、弱风化下部、微风化、弱风化下部、微风化岩体，较为完整，岩体以次块状结构为主。围岩类别为Ⅲ～Ⅳ类，属稳定性差、仅局部稳定，围岩强度不足、局部会产生塑性变形，不支护可能产生塌方或变形破坏。

桩号 0＋062～0＋102，上覆岩体厚度约为 3 倍洞径，岩体由上至下分别为全风化、弱风化上部、强风化，由于受断层影响，该段洞身之上为强风化岩体，其岩性软弱，强度低。属Ⅳ类围岩，不稳定，围岩自稳时间很短，规模较大的各种变形和破坏都可能发生。

桩号 0＋102～0＋237，上覆岩体厚度大于 1 倍洞径小于 2 倍洞径，岩体由上至下为全风化、弱风化上部、弱风化下部，其中弱风化上部岩体节理较发育，岩体完整性差，弱风化下部岩体较完整，岩性较坚硬。围岩类别为Ⅲ～Ⅳ类，稳定性差（仅局部稳定），围岩强度不足，局部会产生塑性变形，不支护可能产生塌方或变形破坏。

进出口段稳定性评价：进、出口洞脸边坡由残坡积物和全、弱上风化岩体组成，其中残坡积层及全风化层，厚 11.0～15.5m，由含砾黏土、粉质黏土、粉土夹块石、碎石及孤石等组成，结构松散至稍密。其边坡稳定性受土体的抗剪强度、地下水及地表水下渗等因素影响较大，一般稳定性均较差，边坡失稳主要形式为圆弧形坍滑。

岩质边坡中强风化岩体一般厚 3.1～4.1m，其中发育的节理裂隙普遍张开夹泥，且节理裂隙发育，块度小，完整性差，为碎裂状结构，边坡易坍塌，稳定性差。弱风化带岩质边坡，边坡稳定性受结构面产状、性状及其组合形态控制。进水口边坡为顺向坡，受 N30°～50°W、NE∠70°～80°横节理的侧向切割，又处于地下水位变幅带内，受不利地质结构面组合切割、施工期强降雨、地下水活动剧烈、施工强度高等综合因素影响，边坡稳定性较差。

7. 天然建筑材料

工程所需的土料为坝址围堰的黏土心墙的防渗土料，经在坝址区附近对防渗土料进行勘察，各土料源的开采厚度、范围分布极不稳定，并且其植被发育，根植土层较厚，含砾、碎、块石，土料质量较差，均不满足规范对防渗土料的要求，因此建议选择其他的防渗处理方案。

混凝土细骨料选择了厂房区砂料场、太平江下游的谬德料场，其中前者砂的孔隙率、含泥量大于规范值，细度模数部分不满足规范要求，其余指标满足规范要求，砂的质量一般，作为混凝土的细骨料需做适当的加工处理；后者除砂的孔隙率大于规范值、平均粒径部分不满足规范要求外，其余指标均满足规范要求，砂的质量较好，储量远远大于设计需要量，开采条件较好，料场位于下坝址下游约 36km，距坝址较远，有公路直达料场，开采运输均较方便。开采受太平江江水的影响较大，需提前储存。

建议将引水发电隧洞、导流洞的弃渣料作为混凝土粗骨料的主要料源进行人工轧制。弃渣料以微、弱风化岩石为主，强度高，岩石饱和抗压强度均大于 60MPa，其物理力学性质指标满足规范的质量技术要求。经类比，石料为非碱活性骨料，可用于混凝土建筑物的粗骨料。储量经估算超过 30 万 m³。

3.2　工　程　布　置

3.2.1　可研阶段大坝布置

1. 坝址、坝型及总体布置

坝址位于大盈江四级电站厂房下游约 2.5km 处，坝址河床宽约 56m。大盈江断裂从左岸坝肩 500m 处穿过，坝址地层岩性为中粒花岗质混合片麻岩、眼球状混合片麻岩、条痕状片麻岩及石英岩。挡水建筑物为混凝土重力坝。

大坝总体布置自左至右依次为左岸非溢流坝段、溢流坝段、排漂孔坝段、冲沙泄洪底孔坝段和右岸非溢流坝段。大坝正常蓄水位为 255.00m，设计洪水位（$P=2\%$）255.00m，校核洪水位为（$P=0.2\%$）257.00m，坝顶高程为 259.00m，坝轴线处坝顶全长 205m，最大坝高约 46.0m。

2. 大坝建筑物结构布置

溢流坝闸室采用开敞式结构，共3孔，布置于河床中部，沿坝轴线方向桩号为坝纵0+073.0～坝纵0+124.5，闸室前沿总宽度51.5m。堰顶高程为241.00m，单孔净宽为12.0m。堰体采用WES曲线实用堰型，溢流堰曲线为 $Y=0.053X^{1.85}$。在堰前趾设有2.5m×3.75m（宽×高）的灌浆排水廊道，廊道底板高程为215.00m，廊道中心线桩号坝横0+004.0。闸墩顺水流方向长48m，闸墩顶部设有交通桥、门机轨道桥、人行桥、液压管道桥各一座。工作闸门为弧形钢闸门，采用液压启闭机启闭，按一门一机布置，在工作门上游设平面检修闸门，由门机启闭。

排漂孔坝段，排漂孔闸室采用开敞式结构，共1孔，布置在溢流坝和冲沙泄洪底孔之间，沿坝轴线方向桩号为坝纵0+124.5～坝纵0+142.0，闸室前沿总宽度为17.5m。堰顶高程为250.00m，单孔净宽12.0m，堰体采用WES曲线实用堰型溢流堰，曲线为 $Y=0.08X^{1.85}$。廊道、闸室、闸墩及坝顶结构布置形式与溢流坝段相同。闸室设弧形闸门控制，弧形闸门尺寸为12.0m×5.0m（宽×高），液压启闭机启闭。

冲沙泄洪底孔坝段，冲沙泄洪底孔闸室采用胸墙式结构，共1孔，布置在右岸非溢流坝和排漂表孔之间，沿坝轴线方向桩号为坝纵0+142.0～坝纵0+157.0，闸室前沿总宽度15m，进口底板高程为225.00m，孔口尺寸为7.0m×7.0m（宽×高），胸墙底高程232.00m。闸室顺水流方向长度为48.0m。在堰体坝踵设有灌浆排水廊道，其断面尺寸、底板高程和中心线桩号均与溢流坝段相同。闸墩为实体式，其前部墩顶高程为259.00m，后部244.00m；闸墩顶部设有交通桥及启闭机房。

消力池，溢流坝段、排漂孔、冲沙泄洪底孔闸室下游消能方式采用底流消能，下挖式消力池深度为17.0m，消力池长度为75.0m，池底高程为216.00m。在消力池内布设消力墩，底板布置排水孔和锚筋。消力池末端设有浆砌石和干砌石海漫。

非溢流坝段，左岸非溢流坝段分4个坝段，右岸非溢流坝段分3个坝段。坝型为实体混凝土重力坝，坝顶宽度为8.0m，坝顶高程为259.00m。

为提高基础的整体性和承载力，对坝基进行固结灌浆处理。为降低基础扬压力、减小坝体渗漏、防止坝基渗透变形破坏和绕坝肩的渗漏，对坝基和坝肩采取单排防渗帷幕灌浆处理，孔距为2.5m，孔深为20～25m。帷幕灌浆相对隔水层标准为 $q \leqslant 5$Lu。

3. 坝体材料

非溢流坝段坝体采用C15素混凝土，外包C20钢筋混凝土（基础厚3.0m，其余部位厚2.0m）；溢流坝段、排漂坝段、冲沙泄洪底孔坝段堰体采用C15素混凝土和C20钢筋混凝土（基础厚3.0m，上游迎水面厚2.0m），堰面采用2.0m厚的抗冲耐磨C30钢筋混凝土，墩体采用C25钢筋混凝土，消力池采用C25钢筋混凝土。同时为了避免由于大体积浇筑而产生温度裂缝，必须对堰体混凝土和非溢流坝段混凝土采取必要的温控措施。

3.2.2 整体模型试验成果

设计单位委托武汉大学水资源与水电工程科学国家重点实验室进行首部枢纽整体模型试验研究，研究项目主要有冲沙、排漂、泄洪、消能等。根据模型试验成果进行结构布置优化。

根据试验成果，左岸冲沙导流洞排沙效果差，在冲沙泄洪底孔前增设导沙涵，排沙效果很好，基本能保证电站进水口"门前清"。设计经过泄流能力复核计算，溢流坝、排漂孔和冲沙底孔联合泄洪过校核洪峰流量 5350m³/s（$P=0.2\%$）时的坝前水位为256.06m，因此校核洪水位采用256.06m。根据模型实验成果，溢流坝、排漂孔和冲沙底孔联合泄流能力比设计计算的泄流能力略大；整体模型试验对设计消能工，消力池深度、长度的项目进行了验证。

3.2.3　优化后的大坝布置

根据可研阶段泄流能力复核计算及模型试验成果，大坝校核洪水位（$P=0.2\%$）由257.00m调整为256.06m。各坝段优化设计后的布置情况如下。

1. 溢流坝段

溢流坝闸室采用开敞式结构，共3孔，布置于河床中部，沿坝轴线方向桩号为坝纵0+076.0～坝纵0+124.0，闸室前沿总宽度为48.0m。堰顶高程为241.00m，单孔净宽为12.0m，闸墩厚度为3.0m。坝基坐落在弱风化岩层上，地质条件较好，优化设计对大坝的横缝位置进行了调整，在中孔的堰面中间位置设置一条横缝，每一孔半为一坝段，每个坝段长24m。堰体采用WES曲线实用堰型，溢流堰曲线为$Y=0.053X^{1.85}$，其上游与半径R分别为2.8m、7.0m，中心角分别为42°、20°组成的两段圆弧线连接，其下游与$R=12m$、圆心角为51°的反弧线段连接。闸室顺水流方向长度为48.0m。堰体坝踵和坝趾的底部建基面高程分别是212.00m、211.50m，中部建基面高程为213.00m。在堰体坝踵设有2.5m×3.0m（宽×高）的灌浆排水廊道，廊道底板高程215.00m，廊道中心线桩号坝横0+001.75，廊道距上游面距离3m。

闸墩为实体式，墩顶高程前部为257.50m，中部为257.00m，在弧形门铰支座的位置局部增加一顶高程为259.00m的拱起平台，后部为245.00m；顺水流方向长47m。闸墩顶部自上游往下游方向分别设有交通桥、门机轨道桥、电缆沟兼人行桥、液压管道桥各一座。工作闸门为弧形钢闸门，采用液压启闭机启闭，按一门一机布置，在工作门上游设平面检修闸门，由门机启闭。

与可研阶段方案相比，主要优化设计内容如下：

（1）闸室可研阶段为单孔单体结构，共3个坝段，左侧第一个闸墩厚度为3.0m，其余闸墩厚度为2.5m，闸室前沿总宽度为51.5m。优化后共2个坝段，设置一条横缝，减少了分缝数量，相应减少2个闸墩，边中墩厚度全部为3.0m。闸室前沿总宽度为48m。

（2）调整溢流堰的坝踵形式，在堰体坝踵设有2.5m×3.0m（宽×高）的灌浆排水廊道，廊道底板高程为215.00m，廊道中心线桩号向上游偏移了2.25m，增强了帷幕排水效果，提高了大坝稳定性。

（3）坝顶交通桥可研阶段为T形梁，采用了预应力预制混凝土空心板，可降低施工难度。

2. 排漂孔坝段

排漂孔闸室采用开敞式结构，共1孔，布置在溢流坝和冲沙泄洪底孔之间，沿坝轴线方向桩号为坝纵0+124.0～坝纵0+142.0，闸室前沿总宽度18.0m。堰顶高程250.00m，单孔净宽 12.0m，闸室为单孔单体结构，闸墩厚度 3.0m。堰体采用 WES 曲线实用堰型，溢流堰曲线为 $Y=0.08X^{1.85}$，其上游半径 R 分别为 2.8m、7.0m，中心角分别为 42°、20° 组成的两段圆弧线连接，其下游与 $R=12$m、圆心角为 51° 的反弧段连接。廊道、闸室、闸墩及坝顶结构布置形式与溢流坝段相同。闸室设弧形闸门控制，弧形闸门尺寸为 12.0m×5.0m（宽×高），液压启闭机启闭。

与可研阶段方案相比，对廊道的优化设计与溢流坝段相同；对原来不同的闸墩厚度进行了统一，坝段长度相应增加了 0.5m；坝顶交通桥可研阶段为 T 形梁，采用了预应力预制混凝土空心板。

3. 冲沙泄洪底孔坝段

冲沙泄洪底孔闸室采用胸墙式结构，共 1 孔，布置在右岸非溢流坝和排漂表孔之间，沿坝轴线方向桩号为坝纵 0+142.0～坝纵 0+155.0，闸室前沿总宽度为 13m，进口底板高程为 225.00m，孔口尺寸为 7.0m×6.0m（宽×高），胸墙底高程 231.00m。闸墩厚 3.0m。堰体采用平段与下游正、反弧线段连接，圆弧半径 $R=22$m，圆心角为 37°。建基面高程为 213.00m，坝趾高程为 211.50m。闸室顺水流方向长度为 55.80m。在堰体坝踵设有灌浆排水廊道，其断面尺寸、底板高程和中心线桩号均与溢流坝段相同。闸墩为实体式，其前部墩顶高程为 257.50m，后部为 244.00m；闸墩顶部设有交通桥一座及启闭机房。

冲沙泄洪底孔的边墩厚度比可研阶段减薄了 1m，孔口尺寸由 7.0m×7.0m（宽×高）改成了 7.0m×6.0m（宽×高）。

根据冲沙模型试验成果，在冲沙泄洪底孔前设一钢筋混凝土导沙涵，导沙涵长 83.26m，正向进水采用左低右高的形式，宽 22.3m，高 11.6～9.0m，设 4 个导流墩；左侧一前一后设两个侧向进水口，进口尺寸分别为 7.8m×6.0m、4.1m×6.0m（宽×高），导沙涵出口与冲沙泄洪底孔进口相接，孔口尺寸为 7.0m×6.0m（宽×高）。

4. 消力池

溢流坝段、排漂孔、冲沙泄洪底孔闸室下游消能方式采用底流消能，下挖式消力池深度为 5.0m，消力池长度为 65m，池底高程为 216.00m。前两块底板厚度为 2.5m，后三块底板厚度为 1.5m。在消力池内布设消力墩，底板布置排水孔和锚筋，排水孔直径为 70mm，锚筋深入基岩 5m。消力池末端设有干砌石海漫与下游河床相接，其顺河水平长度 30m。

与可研阶段相比，消力池长度减少了 10m，消力池后三块底板的厚度较可研阶段减薄了 0.5m。因泄流消能整体模型试验的工作正在进行，目前消力池的结构和布置调整不是最终的，在泄流消能整体模型试验完成后确定最终的优化方案。

5. 非溢流坝段

左岸非溢流坝段分 5 个坝段，其中 4 号、5 号两个坝段为门库坝段，自左至右各坝段长度依次长 16.0m、16.0m、16.0m、18.0m、18.0m；右岸非溢流坝段分 3 个坝段，自右至左依次长 19.0m、16.0m、14.0m。坝型为实体混凝土重力坝，大坝断面分标准断面和门库断面两种：标准断面的坝顶宽度为 8.5m，坝顶高程为 257.50m。上游坝坡为铅直面，下游坝面折坡点高程为 250.00m，以上为铅直面，以下为 1∶0.8 的斜面，坝体内设有灌浆排水廊道，断面尺寸为 2.5m×3.0m（宽×高）、廊道底板厚度为 3m，中心线桩号为坝横 0+001.75，廊道距上游面距离 3m，不同高程的廊道间交通采用斜坡踏步。靠上游坝面设置一排无砂混凝土排水孔，间距 2.0m，上端通至坝顶，下通至基础排水廊道，廊道内每隔约 4m 设一通气孔，通气孔出气口设在大坝背水坡折坡点上方；门库断面在坝顶设一门库用于存放溢流坝检修闸门，坝顶宽度为 13.0m，坝顶高程为 257.50m。上游坝坡为铅直面，与标准断面齐平，下游坝面折坡点高程为 244.375m，以上为铅直面，以下为 1:0.8 的斜面，坝体内设有灌浆排水廊道，灌浆排水廊道布置与标准断面相同。两种断面坝顶均设坝顶公路、人行道、电缆沟和坝顶栏杆。

经优化设计后的大坝断面，降低了坝顶高程；简化了坝头布置，提高了大坝的抗震性；使大坝的迎背水面齐平，外形更美观；坝顶公路通畅顺直。大坝分缝段长度结合坝基开挖的要求进行了调整，在基础折坡点分缝。大坝基础开挖布置使大坝基础均落在地质建议开挖线以下，并保证每个坝段底部有一宽度不小于 4.5m 的平台，提高大坝侧向稳定性。对左岸的坝肩防渗采用帷幕灌浆和黏土回填铺盖相结合的方式，防止绕坝渗流破坏的产生。

6. 优化后大坝工程量变化

经优化设计后，主要工程量变化如下：减少闸墩 C25 混凝土 9320m³，减少堰面 C40 混凝土 933m³，减少堰体 C20 混凝土 182m³，减少堰体 C15 混凝土 2753m³，减少非溢流坝 C20 混凝土 3077m³，增加非溢流坝 C15 混凝土 4101m³，减少消力池 C25 混凝土 5108m³。根据 2008 年第二季度的物价水平，共节约投资约 800 万元。

3.2.4　导流洞布置

1. 可研阶段导流洞布置

冲沙导流洞前期用于导流，后期改造为冲沙洞，冲沙导流洞按永久建筑物设计，建筑物级别为 3 级。

冲沙导流洞位于大坝左岸，由引水渠、进水闸段、压力隧洞段、出口工作闸室段和出水渠段组成。

引水渠长 104.65m，底坡 $i=2.8\%$，底宽 8.234m。

进水闸段包括喇叭口段及闸室段，顺水流方向长 14.9m。喇叭口段顺水流方向长 7.8m，宽 9.0m，底板高程为 225.00m，顶板曲线方程为 $\dfrac{x^2}{10500^2}+\dfrac{y^2}{3500^2}=1$。闸室段顺水流方向长 7.1m，宽 11.0m，孔口尺寸为 7.0m×7.0m，底板高程为 225.00m，闸顶高程为 259.00m。进水闸设有一扇 7.0m×7.0m 的平板事故检修门。

压力隧洞洞身段全长 245.63m，进口底板高程 225.00m，隧洞断面形状为圆形，内径 $D=7.0$m，底坡 $i=1.2\%$。冲沙导流洞进、出口渐变段采用 1.2m 厚 C25 混凝土衬砌，其他段采用 0.5m 厚 C25 混凝土衬砌。冲沙导流洞桩号 0+000～0+045、0+085～0+245.63 围岩为 Ⅲ～Ⅳ 类，0+045～0+085 围岩为 Ⅳ 类，稳定性差。所以冲沙导流洞全线进行固结灌浆处理，固结灌浆孔深 4.5m，排距 3.0m，每排 6 个孔。顶拱 120° 范围内进行回填灌浆。

冲沙导流洞出口工作闸室段顺水流方向长 7.1m，宽 11.0m，孔口尺寸为 7.0m×5.7m，底板高程为 222.05m，闸顶高程为 240.00m。出水闸设有一扇 7.0m×5.7m（宽×高）工作闸门。

冲沙导流洞出水渠长 88.05m，底坡 $i=3.5\%$，底宽 7.00～19.29m。

2. 导流隧洞优化布置

根据原可研阶段布置方案，设计单位委托武汉大学水资源与水电工程科学国家重点实验室进行"缅甸太平江一级水电站工程首部枢纽水工、泥沙及导流整体模型试验研究"，研究结果表明：利用导流隧洞改建为冲沙洞的排沙能力很有限，不能解决电站进水口的"门前清"问题。

排沙试验研究成果出来之后，设计单位及时研究调整原设计方案，编制完成《缅甸太平江一级水电站优化设计专题报告》，建议取消改建导流隧洞为冲沙洞的设计方案，中国水利水电建设工程咨询公司对本专题报告的咨询意见为"经模型试验验证，原设计的导流隧洞排沙效果差，取消改建导流隧洞为冲沙洞的设计方案是合适的"。

设计根据中国水利水电建设工程咨询公司对《缅甸太平江一级水电站优化设计专题报告》的咨询意见，取消改建导流隧洞为冲沙洞的设计方案，导流隧洞仅承担导流任务，后期封堵。由于取消改建导流隧洞为冲沙洞的设计方案，相应取消进水闸、拦污栅及其配套内容，这将大大降低导流隧洞的投资，加快施工进度。

导流隧洞的布置：在满足枢纽建筑物总布置要求的前提下，主要考虑地形地质条件、分流条件、洞内水力条件、施工条件、与邻近建筑物的相对关系等因素。

导流隧洞全长 438.33m，包括进口明渠段、进水闸段、洞身段、出口明渠段。

导流隧洞进口明渠长 89.73m，梯形断面，底净宽 8.234m，底高程为 227.50～225.00m，底坡 $i=2.8\%$，在进口明渠末端设置有 10m 长的渐变段，有利于进口明渠与进水闸段的平顺衔接。

进水闸段长 14.92m，由拦污栅和进水闸组成。

洞身段长 245.63m，进口底板高程为 225.00m，出口底板高程为 222.05m，纵坡 $i=1.2\%$。全长采用钢筋混凝土衬砌，标准过流断面为直径 7m 的圆形，过水面积 38.48m²。进口长 16.05m 范围为渐变段，洞身进口直线段长 138.56m，转弯段长 51.02m，转弯半径为 74.29m，转角为 39°，出口直线段长 40m。

导流隧洞出口明渠长 88.05m，梯形断面，扩散角 6°，底宽 7.0～19.29m，底高程 222.05～219.00m，底坡 $i=3.5\%$。

3.2.5 电站进水口布置

本水电站装机 4 台，总装机规模为 240MW，总引用流量为 386m³/s（单机引用流量为 96.5m³/s），布置 2 条引水隧洞，每条隧洞洞径为 8.0m，两个电站进水口布置在首部枢纽大坝右岸上游 50m 处，位于引水隧洞前沿，紧靠冲沙泄洪底孔布置以便于冲沙，由拦污栅闸段和进水闸段组成。由于引用流量较大，引水隧洞为有压洞，为防止贯通性旋涡带气进洞，影响电站正常运行，根据结构布置，经核算孔顶以上水深至少需有 6.07m，水库死水位为 250.00m，满足进水口淹没要求。

3.3　导沙涵布置

3.3.1　原设计冲沙建筑物布置

原可研阶段设计冲沙建筑物由冲沙泄洪底孔和冲沙导流洞组成，冲沙建筑物布置图见图 3.1-1。

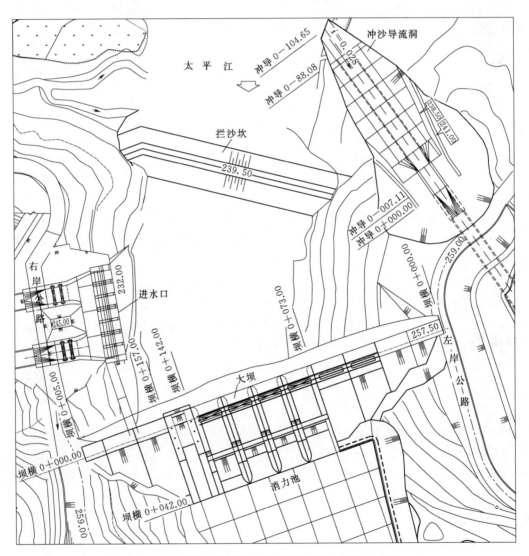

图 3.3-1　原可研阶段设计方案冲沙建筑物布置图（高程：m）

1. 冲沙泄洪底孔

冲沙泄洪底孔闸室采用胸墙式结构，共 1 孔，布置在右岸非溢流坝和排漂表孔之间，沿坝轴线方向桩号为坝纵 0+142.0～坝纵 0+157.0，闸室前沿总宽度为 15m，进口底板高程为 225.00m，孔口尺寸为 7.0m×7.0m，胸墙底高程 232.00m。闸墩厚 4.0m。堰体采用平段与下游正、反弧线段连接，圆弧半径 $R＝22$m，圆心角为 $37°$。建基面高程为 213.00m，坝踵高程为 211.50m。闸室顺水流方向长度 48.0m。在堰体坝趾设有灌浆排水廊道，其断面尺寸、底板高程和中心线桩号均与溢流坝段相同。闸墩为实体式，其前部墩顶高程为 259.00m，后部为 244.00m；闸墩顶部设有交通桥一座及启闭机房。

2. 冲沙导流洞

冲沙导流洞前期用于导流，后期改造为冲沙洞。冲沙导流洞位于大坝左岸，由引水渠、进水闸段、压力隧洞段、出口工作闸室段和出水渠段组成。

引水渠长 104.65m，底坡 $i＝2.8\%$，底宽 8.234m。

进水闸段包括喇叭口段及闸室段，顺水流方向长 14.9m。喇叭口段顺水流方向长 7.8m，宽 9.0m，底板高程为 225.00m，顶板曲线方程为 $\dfrac{x^2}{10500^2}+\dfrac{y^2}{3500^2}=1$。闸室段顺水流方向长 7.1m，宽 11.0m，孔口尺寸为 $7.0m×7.0m$，底板高程为 225.00m，闸顶高程为 259.00m。进水闸设有一扇 $7.0m×7.0m$ 的平板事故检修门。

压力隧洞洞身段全长 245.63m，进口底板高程为 225.00m，隧洞断面形状为圆形，内径 $D＝7.0$m，底坡 $i＝1.2\%$。冲沙导流洞进、出口渐变段采用 1.2m 厚 C25 混凝土衬砌，其他段采用 0.5m 厚 C25 混凝土衬砌。冲沙导流洞桩号 $0＋000～0＋045$、$0＋085～0＋245.63$ 围岩为Ⅲ～Ⅳ类，$0＋045～0＋085$ 围岩为Ⅳ类，稳定性差。所以冲沙导流洞全线进行固结灌浆处理，固结灌浆孔深 4.5m，排距为 3.0m，每排 6 个孔。顶拱在 $120°$ 范围内进行回填灌浆。

冲沙导流洞出口工作闸室段顺水流方向长 7.1m，宽 11.0m，孔口尺寸为 $7.0m×5.7m$，底板高程为 222.05m，闸顶高程为 240.00m。出水闸设有一扇 $7.0m×5.7m$（宽×高）工作闸门。

冲沙导流洞出水渠长 88.05m，底坡 $i＝3.5\%$，底宽为 7.0～19.29m。

3.3.2 泥沙模型试验研究结论与建议

（1）以推移质运动为主进行模型设计是得当的，模型选用与原型沙特性相近的白矾石粉沙为模型试验沙是可行的。这些是保证水、沙运动相似，特别是坝区流态及泥沙运动相似的最基本的前提。

（2）原初拟设计方案没有达到电站取水"门前清"的主要原因在于：主流贴近右岸，泥沙随主流先运动到电站以后，才能到达冲沙底孔；冲沙底孔距电站进水口较远，其漏斗范围无法涵盖电站进水口。

（3）试验结果表明，原工程布置方案要达到"门前清"的电站取水目的，必须考虑辅以必要的工程措施。试验采用的增设丁坝或冲沙底孔前伸两种措施均可明显地改善电站取水进沙问题，可以达到电站取水"门前清"，满足工程运行要求。

（4）经与业主及设计单位讨论，考虑到投资等因素，确定冲沙底孔前伸方案为推荐方案。

（5）建议将冲沙底孔右侧加设的冲沙洞设置成两根，一根伸至电站进水口下游侧边墙前，另一根伸至电站进水口前约中间位置；将电站口门内沉沙池两格变成一格，尽量增加其宽度，排沙可借鉴自来水厂或污水处理厂沉沙池的排沙方式。或根据实际运行监测的情况采用疏浚等运行管理措施。

（6）导流冲沙洞的运行，可使靠左岸的部分泥沙通过导流冲沙洞排至下游，有助于延缓左侧的坝前淤积进程；但并不能解决电站进水口的"门前清"问题，也不能改变坝前的最终淤积形态。

（7）应对冲沙底孔前的淤积情况进行定期监测，小流量时，冲沙底孔应定期开启，尽量避免推移质泥沙淹没冲沙底孔进口并进入电站。汛前、汛末必须开启冲沙底孔，或采用疏浚等运行管理措施，以确保冲沙底孔箱涵的通畅。

（8）有弃水时，排漂孔和冲沙底孔应优先开启，再多余的水通过泄洪表孔下泄。泄洪表孔的开启顺序推荐为从左到右顺序开启（仅对改善坝前淤积形态而言）。该运行调度方案仅供运行参考，建议水库运行过程中加强对库区淤积形态的监测，根据实际情况调整运行调度方案和采取疏浚措施。

（9）冲沙底孔的排沙能力是有限的，不适合水位短时大幅度下降的运行方式。建议水库排沙方式采用正常蓄水位运行排沙，运行中尽量避免坝前水位突降情况的发生。

（10）校核洪峰流量时，试验观测的坝前水位达到了255.85m。考虑库前淤积影响，设计采用的校核水位为256.06m，设计采用校核水位值高于试验值是安全的。

3.3.3 优化调整后的冲沙建筑物布置

根据冲沙模型试验成果，冲沙底孔要达到电站取水"门前清"的效果，冲沙底孔前伸辅以人工清淤，需在冲沙泄洪底孔前设一座冲沙涵。因此，冲沙建筑物优化调整为：取消原冲沙导流洞，改为冲沙泄洪底孔前设冲沙涵。优化调整后的冲沙建筑物布置图见图3.3-2。

冲沙泄洪底孔闸室采用胸墙式结构，共1孔，为9号坝段，布置在右岸非溢流坝和排漂表孔之间（坝纵0+142.00～坝纵0+155.00），闸室前沿宽度为13m，进口底板高程为225.00m，孔口尺寸为7.0m×7.0m（宽×高），出口段设6m压坡段，压坡坡度1∶6，出口孔口尺寸为7.0m×6.0m（宽×高），事故检修闸门为平板钢闸门，卷扬机启闭，工作闸门为弧形门，启闭杆启闭。弧门承受的水头为30m，闸室跨度为7m，为改善闸墩受力，弧形门支座采用梁式支座，梁的截面尺寸为2.8m×2.0m（高×宽），两端设1.5m×1.5m的贴角。闸墩厚3.0m，实体闸墩。堰体采用平段与抛物线段堰面，堰面方程为$y=0.01045x^2$。建基面高程为213.00m，坝趾高程为211.50m。闸室顺水流方向长度55.80m。在堰体坝踵设有灌浆排水廊道，廊道的断面尺寸、底板高程和中心线桩号均与溢流坝段相同。闸墩前部墩顶高程为257.50m，后部为244.00m；闸墩顶部设有交通桥一座及启闭机房启闭平台高程为265.50m，平面尺寸为6m×13m。

冲沙涵长79.32m，采用钢筋混凝土结构，正向进水采用左低右高的形式，宽24.16m，高12.6～10.27m，设4个导流墩；左侧一前一后设两个侧向进水口，进口尺寸分别为6.8m×7.0m、3.08m×7.0m（宽×高），冲沙涵出口与冲沙泄洪底孔进口相接，孔口尺寸为7.0m×7.0m（宽×高）。冲沙涵边墙底板顶板厚均为1.0m×1.5m，导流墩厚0.6m，顺水流方向每隔15m左右分一条缝，缝内设橡胶止水。增加冲沙涵后，电站进水口"门前清"问题基本得到解决。

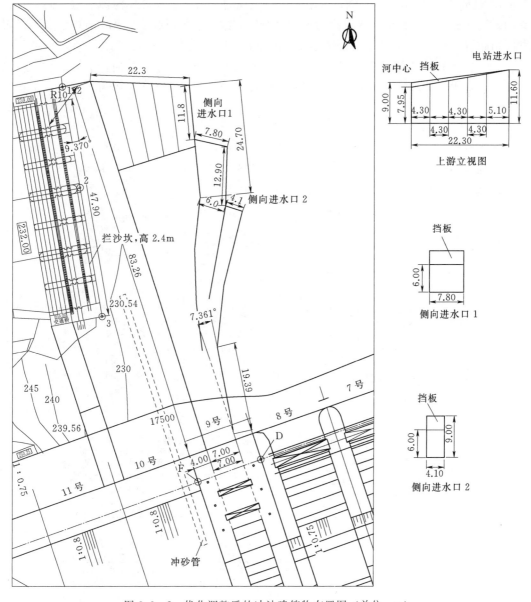

图 3.3－2 优化调整后的冲沙建筑物布置图（单位：m）

3.4 进水口设计

3.4.1 结构布置

发电隧洞进水口依次布置有拦污栅、沉沙槽及进水闸，进水闸闸顶高程为 257.50m，底板高程为 232.00m，进水口顺水流方向总长 36.8m。

（1）拦污栅闸采用通仓式布置，顺水流方向长 15.3m，宽 50.9m；共 7 孔，每孔净宽

5.0m，过栅流速 0.63m³/s，满足规范对进口流速的要求。中部设拦污栅一道，闸顶布置移动式清污栅一部，机械清污；拦污栅闸左侧 4 孔进口底板设高为 2.4m 的拦沙坎；拦污栅闸顶布置有宽 4.75m 的 C30 现浇混凝土交通桥。

（2）拦污栅后设有一道宽 37.6m、深 1.7m 的沉沙槽，顺水流方向长 7.5m。

（3）进水闸顺水流方向 14m，上游段 6m 长为喇叭口段，曲线方程为

$$\frac{x^2}{8^2} + \frac{y^2}{2.667^2} = 1 \tag{3.4-1}$$

喇叭进口宽 12.087m；下游段 8.0m 长为直线段，孔口尺寸为 8.0m×8.0m，该段设有事故检修闸门一道。闸室下游接引水发电隧洞渐变段，渐变段长 12.0m。

进水口结构布置图见图 3.4-1 和图 3.4-2。

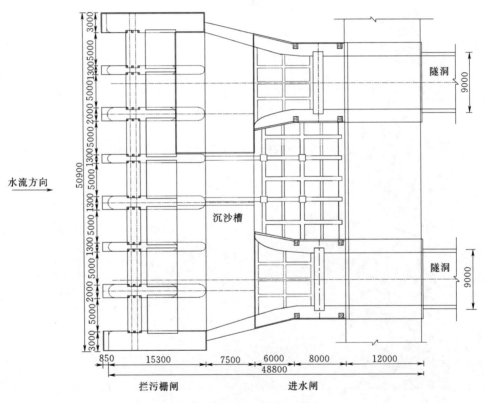

图 3.4-1　进水口平面布置图（单位：mm）

3.4.2　开挖后工程地质条件

进水口闸室揭露的地层为中元古界高黎贡山群第三段（Pt_2G^3），岩性为黑云角闪斜长片麻岩、条带状斜长角闪片麻岩及眼球状混合岩化黑云角闪斜长片麻岩。分布有 f_{301}、f_{302} 等断层，发育有 J_1、J_2、J_3、J_4、J_5 等节理裂隙。进口闸室地基岩体大部分为弱风化岩石，岩质较致密坚硬，其中在引Ⅰ拦污栅地基分布有弱风化上部岩体，其余地基岩体均为弱风化下部；断层影响带岩石呈强风化状。闸室岩体完整性较差，节理裂隙密集带及断层影响带岩体破碎。

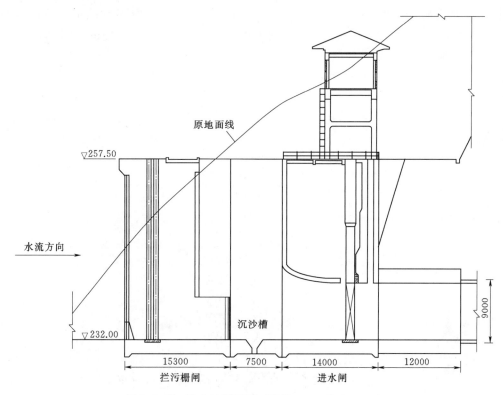

图 3.4-2 进水口剖面图（高程：m；尺寸：mm）

依据《水利水电工程地质勘察规范》（GB 504287—2008），以岩体结构类型、岩体完整程度、结构面发育及组合情况等对闸基岩体进行工程地质分类，坝基岩体为Ⅲ₂类岩体，断层破碎带为Ⅳ类岩体；对断层破碎带进行了深挖处理，对节理裂隙密集带松动岩石进行了清除。

3.4.3 设计计算

1. 最小淹没深度计算

根据《水利水电工程进水口设计规范》（SL 285—2003），从防止产生贯通式漏斗漩涡角度考虑，最小淹没深度 S 按戈登公式（3.4-2）计算：

$$S = cv\sqrt{d} \tag{3.4-2}$$

式中：c 取 0.73，$v=2.93\text{m/s}$（闸孔流速），$d=8.0\text{m}$（闸门高度），计算得 $S=6.07\text{m}$。

2. 抗滑稳定及承载力计算

荷载组合包括以下几种：①基本组合（正常水位）：自重、静水压力、扬压力、浪压力等。②特殊组合1（正常水位＋地震）：自重、静水压力、扬压力、浪压力、地震荷载等。③特殊组合2（校核洪水位）：自重、静水压力、扬压力、浪压力等。

（1）抗滑稳定计算。根据《水利水电工程进水口设计规范》（SL 285—2003），抗剪断强度计算公式为

$$K'_c = \frac{f'\sum w + c'A}{\sum p} \tag{3.4-3}$$

式中：K'_c 为抗剪断强度计算相应抗滑安全系数；f'、c' 分别为建基面抗剪断摩擦系数、黏聚力；$\sum w$、$\sum p$ 为建基面上作用的法向力和切向力；A 为建基面面积。

（2）抗倾覆稳定计算。根据公式（3.4-4）计算：

$$K_0 = \frac{\sum M_s}{\sum M_0} \tag{3.4-4}$$

式中：K_0 为抗倾覆稳定安全系数；$\sum M_s$ 为建基面上稳定力矩总和；$\sum M_0$ 为建基面上倾覆力矩总和。

（3）抗浮稳定计算。根据公式（3.4-5）计算：

$$K_f = \frac{\sum V}{\sum U} \tag{3.4-5}$$

式中：K_f 为抗浮稳定安全系数；$\sum V$ 为建基面上垂直力总和；$\sum U$ 为建基面上扬压力总和。

（4）地基应力计算。根据公式（3.4-6）计算：

$$P_{max} = \frac{\sum G}{A} + \frac{\sum M}{W} \tag{3.4-6}$$

$$P_{min} = \frac{\sum G}{A} - \frac{\sum M}{W} \tag{3.4-7}$$

式中：P_{max}、P_{min} 分别为地基应力的最大值和最小值，kN/m^2；$\sum G$ 为作用在进水口的竖向荷载之和，kN；$\sum M$ 为作用在进水口的全部竖向和水平向荷载对于基础地面垂直水流向的形心轴的力矩之和，$N \cdot m$；A 为底板底面面积，m^2；W 为地基面对于该底面垂直水流方向的形心轴的截面距，m^3。

计算结果见表 3.4-1 及表 3.4-2。

表 3.4-1   进水口稳定计算结果

拦 污 栅 闸					
荷载组合	抗滑稳定安全系数 K_c		抗倾覆稳定安全系数 K_0		抗浮稳定安全系数 K_f	
荷载组合	计算值	规范允许值	计算值	规范允许值	计算值	规范允许值
基本组合	11.73	3.0	1.50	1.30	1.50	1.10
特殊组合1	10.54	2.5	1.53	1.15	1.50	1.05
特殊组合2	11.20	2.5	1.48	1.15	1.45	1.05
进 水 闸					
荷载组合	抗滑稳定安全系数 K_c		抗倾覆稳定安全系数 K_0		抗浮稳定安全系数 K_f	
荷载组合	计算值	规范允许值	计算值	规范允许值	计算值	规范允许值
基本组合	10.64	3.0	—	1.30	1.98	1.10
特殊组合1	10.02	2.5	—	1.15	1.98	1.05
特殊组合2	10.07	2.5	—	1.15	1.91	1.05

表 3.4-2 进水口基底应力计算结果

拦 污 栅 闸				
荷载组合	基底应力/(kN/m²)		允许承载力/(kN/m²)	
	P_{max}	P_{min}	地基允许最大压应力	规范允许拉应力
基本组合	292.69	−74.32	4000~4500	−100
特殊组合 1	322.75	−104.38		−200
特殊组合 2	309.83	−102.18		−200
进 水 闸				
荷载组合	基底应力/(kN/m²)		允许承载力/(kN/m²)	
	P_{max}	P_{min}	地基允许最大压应力	规范允许拉应力
基本组合	345.90	95.18	4000~4500	−100
特殊组合 1	364.09	76.99		−200
特殊组合 2	344.34	86.32		−200

3.4.4 技术经验总结

（1）针对电站树枝、生活垃圾等污物多的特点，在拦污栅闸前增设了一道钢筋混凝土拦污网格，丰水期电站运行过程中将外形尺寸较大的污物与拦污栅分隔开来，减轻了清污压力，起到了很好的效果。

（2）进水口结构底部结构设计过程中，针对本工程泥沙含量多的特点，在拦污栅闸左侧 4 孔底板前增设一道高 2.4m 的钢筋混凝土拦沙坎，以减少（推移质）泥沙通过进水闸进入水轮发电机组从而减轻对叶片的磨损。但该项措施很难在短期内通过对比分析来说明是否达到了一定的效果。

3.5 水 工 模 型 试 验

3.5.1 试验概况

本试验研究包括泄水建筑物运行时的流速、流态，泄流能力以及大坝下游的消能、冲刷等问题研究。

泄洪建筑物的运行原则是：冲沙底孔（或排漂孔）优先开启，泄洪表孔（对称开启或左右孔均匀开启）。

1. 试验目的

（1）验证枢纽泄洪建筑物的泄流能力，对泄洪建筑物的流量分配、运行组合提出意见及建议。

（2）观测泄洪消能时的上、下游流态（包括泄水建筑物上下游、电站进水口及下游消能区），对下游河岸、河床的冲刷淤积情况，提出改善措施，并对设置消能工及消能工结构布置形式提出建议。

（3）根据上游流态及下游冲淤情况，提出校核、设计洪水及常年洪水工况的泄洪建筑物泄流运行方式。

2. 试验内容

观测各泄水建筑物单独运行和组合运行时的泄流能力。校核洪水时，泄水建筑物全部运行的最高水位。库区和溢流坝及泄洪冲沙底孔流态、出口消能的各种水力参数测试；各泄水建筑物在各种泄洪流量组合时过流部分的水面线、流态、压力和流速测试；下游河道的纵向水面线和典型断面的流速分布测试。

3. 试验方法与设备

试验采用恒定流的试验方法，用矩形薄壁堰控制模型流量。

堰前水位采用测针进行控制，尾水位采用尾门插板控制。采用直读式旋桨流速仪测量各测点的流速及流向，沿程水位采用水准仪测量，水深采用活动测针结合钢尺测量。

动床部分河床冲坑采用水准仪和自动地形测量仪量测冲刷范围和冲深，并用数字摄像机记录冲刷地形等情况。人工观察记录水流流态，并用数字摄像机记录。

3.5.2　泄流能力试验

泄流试验是在不同的泄水建筑物开启的情况下分别测试的。按建筑物开启情况不同将泄流试验分为 6 个工况，见表 3.5 - 1。泄流试验结果见图 3.5 - 1～图 3.5 - 6。

表 3.5 - 1　　　　　　　　　　泄 流 试 验 工 况 说 明

工况	泄水建筑物开启情况
1	1 号泄洪表孔全部开启，其他泄水建筑物关闭
2	1 号、2 号泄洪表孔全部开启，其他泄水建筑物关闭
3	1 号、2 号、3 号泄洪表孔全部开启，其他泄水建筑物关闭
4	冲沙底孔全部开启，其他泄水建筑物关闭
5	1 号、2 号、3 号泄洪表孔和排漂孔全部开启，其他泄水建筑物关闭
6	1 号、2 号、3 号泄洪表孔、排漂孔和冲沙底孔全部开启

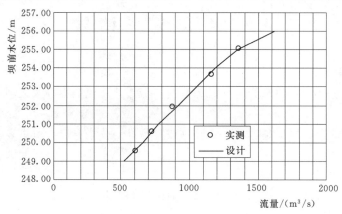

图 3.5 - 1　工况 1 的泄流曲线

由图 3.5 - 1～图 3.5 - 6 可以看出，同一水位下，工况 1 的实测泄流能力与设计泄流能力基本相当；工况 4 的实测泄流能力较设计偏大，经分析认为系冲沙底孔加长加盖后形成的管嘴效应所致；工况 3、工况 5 和工况 6 的实测泄流能力与设计泄流能力基本吻合或稍大于设计泄流能力。

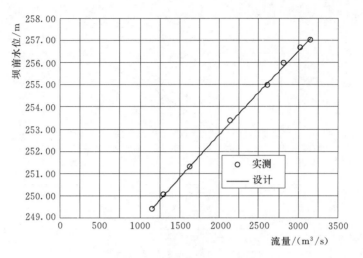

图 3.5-2　工况 2 的泄流曲线

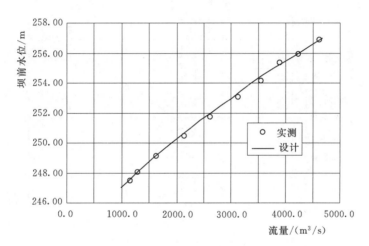

图 3.5-3　工况 3 的泄流曲线

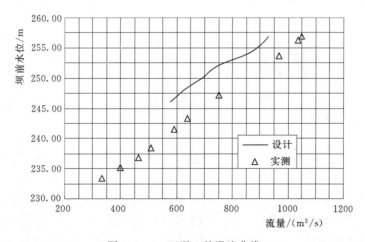

图 3.5-4　工况 4 的泄流曲线

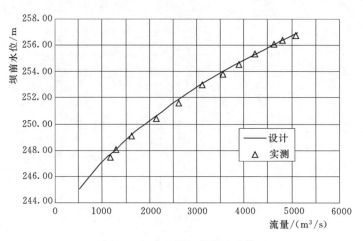

图 3.5 - 5　工况 5 的泄流曲线

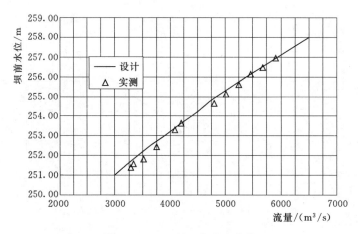

图 3.5 - 6　工况 6 的泄流曲线

　　工况 6 的试验表明，校核洪水条件下，坝前实测水位 255.85m，小于设计校核水位 256.06m，说明设计的校核洪水位是安全的。

3.5.3　泄水建筑物底板的压力分布

　　为了解水工建筑物的动水压力，模型在 2 号泄洪表孔底板中线上布置了 8 个测压孔（自上游至下游依次记为 B1～B8 号）。在冲沙底孔底板布置 7 个测压孔（编号依次为 D1～D7 号），测压孔具体位置见图 3.5 - 7～图 3.5 - 9。

　　试验就消能防冲、设计和校核洪水条件等 6 种不同工况，对压力分布情况进行了试验观测。试验工况及泄水建筑物运行情况见表 3.5 - 2。消能防冲 1 工况时，电站满负荷运行，排漂孔和冲沙底孔完全开启，2 号泄洪表孔全部开启、1 号、3 号泄洪表孔均匀局部开启，开度为 3.66m。消能防冲 2 工况时，电站满负荷运行，排漂孔和冲沙底孔完全开启，1 号、2 号泄洪表孔均匀局部开启，开度为 8.05m。设计洪水 1 工况时，底孔、排漂、电站全开，2 号泄洪表孔全部开启、1 号、3 号泄洪表孔均匀局部开启，开度为 4.98m。

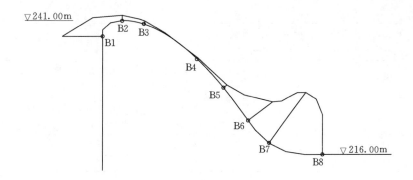

图 3.5-7　消能防冲 1 工况泄洪表孔底板压力分布图（对称开启）

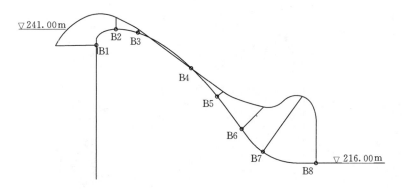

图 3.5-8　消能防冲 2 工况泄洪表孔底板压力分布图（非对称开启）

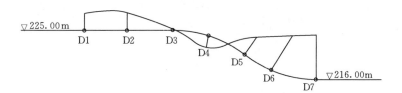

图 3.5-9　消能防冲工况冲沙底孔底板压力分布图

设计洪水 2 工况时，泄水建筑物的开启情况同消能防冲 1 工况，只是 1 号、2 号泄洪表孔的开度增加为 8.83m。校核洪水时，电站关闭，泄洪表孔、冲沙底孔和排漂孔全部开启。各工况的压力分布见图 3.5-7～图 3.5-14。

表 3.5-2　　　　　　　　　　　　试验工况及泄水建筑物运行情况

试验工况	洪水流量 /(m³/s)	频率 /%	上游水位 /m	下游水位 /m	水工建筑物运行情况
消能防冲 1	3540	3.33	255.00	229.10	底孔，排漂，电站全开。泄洪表孔：2 号闸门全开，1 号、3 号闸门局部开启，开度 3.66m
消能防冲 2	3540	3.33	255.00	229.10	底孔，排漂，电站全开。泄洪表孔：1 号、2 号闸门局部均匀开启，开度 8.05m

试验工况	洪水流量 /(m³/s)	频率 /%	上游水位 /m	下游水位 /m	水工建筑物运行情况
设计洪水1	3870	2	255.00	229.40	底孔，排漂，水电站全开。泄洪表孔：2号闸门全开，1号、3号闸门局部开启，开度4.98m
设计洪水2	3870	2	255.00	229.40	底孔，排漂，水电站全开。泄洪表孔：1号、2号闸门局部均匀开启，开度8.83m
校核洪水	5350	0.2	255.85	231.13	水电站关闭，底孔、排漂口、泄洪表孔1号、2号、3号闸门全开

由图3.5-7～图3.5-9可见，各工况下，泄洪表孔底板基本未出现负压；而冲沙底孔底板上的0+21.67附近产生负压，负压值在4.14～4.50m之间，需要调整冲沙底孔底板的体型。

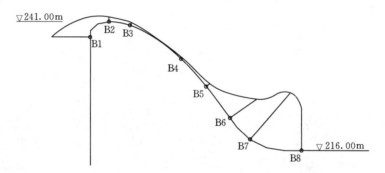

图3.5-10　设计洪水1工况泄洪表孔底板压力分布图（对称开启）

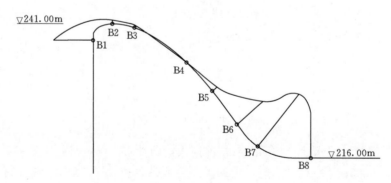

图3.5-11　设计洪水2工况泄洪表孔底板压力分布图（非对称开启）

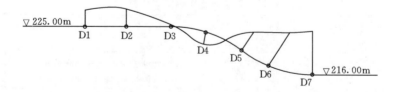

图3.5-12　设计洪水工况冲沙底孔底板压力分布图

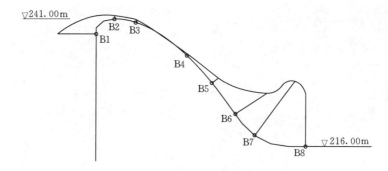

图 3.5-13 校核洪水工况泄洪表孔底板压力分布图

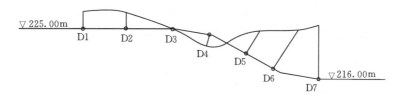

图 3.5-14 校核洪水工况冲沙底孔底板压力分布图

3.5.4 坝下游消能防冲试验观测

为研究海漫下游河床冲刷问题，在海漫下游 300m 范围内布置动床。由于缺少河床组成级配资料，按任务书中关于坝址河床的描述，基岩按 10m/s 的抗冲流速粒化处理，相当于 1.56m 的粒径；覆盖层按以下粒径组成模拟：粒径小于 1.0m 的块石占 10%，粒径 1.0~3.0m 的块石占 45%，粒径 3.0~5.0m 的块石占 40%、大于 5.0m 的块石占 5%。

图 3.5-15~图 3.5-18 为海漫下游的冲刷情况。由图（照片）可知，设计洪水与消能防冲洪水工况时，下游未见明显冲刷，仅校核洪水时，在海漫出口左岸部位产生一长约 21m，宽约 9m，深约 2.7m 的冲刷坑。

图 3.5-15 消能防冲工况下游的冲刷情况

图 3.5-16 设计工况下游的冲刷情况

3.5.5 冲沙底孔体型调整后的试验

针对原冲沙底孔底板出现负压的问题，对底板体型进行了修改，并且工作闸门改为弧

图 3.5-17　校核工况下游的冲刷情况　　图 3.5-18　校核工况海漫下游左岸的冲刷情况

形门。体型修改后的冲沙底孔底板压力分布见图 3.5-19。由图 3.5-19 可以看出，体型修改后，冲沙底孔底板没有出现非正常的压力分布。

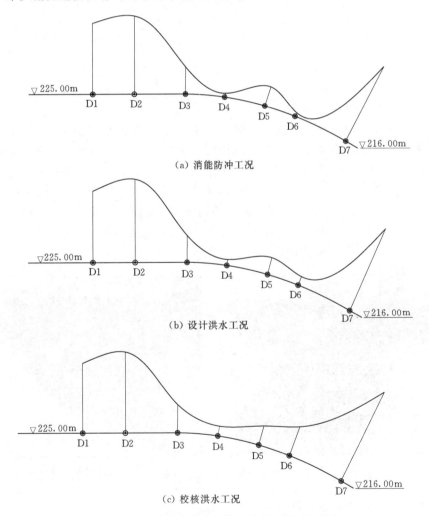

（a）消能防冲工况

（b）设计洪水工况

（c）校核洪水工况

图 3.5-19　冲沙底孔底板体型修改后的压力分布

另外，试验对底孔出流后的水面线进行了观测。试验结果表明，不同工况下，冲沙底孔弧形门门铰高于水面 4.7～5.4m。

3.5.6 试验结论

（1）泄流试验表明：冲沙底孔的泄流能力明显大于设计泄流能力，这与冲沙底孔加长加盖后形成的管嘴效应是分不开的；其他工况的实测泄流能力与设计泄流能力相当或稍大于设计泄流能力，说明设计的泄洪能力满足要求。

（2）实测最大过坝流速为 18.91m/s，发生在消能防冲洪水条件下的泄洪表孔对称开启工况。

（3）边界压力观测试验表明：泄洪表孔底板上及修改后的冲沙底孔底板上基本未出现不合理的压力分布。溢流坝弧形门门铰高于水面 8.5～9.5m，冲沙底孔弧形门门铰高于水面 4.7～5.4m。

（4）海漫上的底部最大流速为 6.11m/s。海漫出口处的底部流速左岸明显大于右岸，而至弯道处，右岸底部流速大于左岸底部流速。海漫下游 200m 范围内，最大底部流速为 5.96m/s，发生在设计工况。

（5）泄洪表孔对称开启时，消力池内和海漫附近的流速分布较非对称开启时均匀。泄洪表孔对称开启时水跃长度也较非对称开启时小。从消能效果的角度来讲，泄洪表孔对称开启的情况更有利于坝下游水流的均匀分布。但具体开启方式还应根据库区淤积情况灵活调度。

（6）坝下游的冲刷试验表明，设计洪水和消能防冲洪水工况未见冲刷，只是在校核工况时在海漫出口的左岸侧产生一个深度 2.4m 的小冲刷坑。建议适当加长左岸侧海漫段的长度。

（7）原设计的消能建筑物可以满足消能要求。各试验工况的水跃均未超出消力池范围。最大水跃长度发生在校核洪水工况，水跃跃尾在消力池尾的反坡段。消力池内的流态观测和海漫下游的冲刷试验表明，消力池的设计长度和消能墩的设置可以满足消能要求。

（8）取消消力墩后，消力池内水跃的长度较同工况设置消力墩时增加约 25m。海漫下游在设计洪水和消能防冲洪水工况仍未见冲刷，但校核工况时海漫出口的冲刷范围和深度都有所增加。建议保留消力墩。

第4章 大坝温度应力仿真与温控措施

4.1 概 述

针对太平江一级水电站混凝土重力坝典型坝段，在给定的施工进度条件下，进行施工期的温度场和徐变应力场仿真计算，确定合理施工方案，保证施工的顺利进行并便于加快施工进度。关注基础约束区、上下层（新老）混凝土区、坝体表面等部位，以及气温骤降的温控防裂措施。计算坝段为溢流坝段、挡水坝段。主要研究内容如下：

（1）坝体稳定温度场计算。应用有限元方法计算太平江一级水电站重力坝运行期的稳定温度场，为仿真计算确定正确的温差计算起点。

（2）太平江一级水电站重力坝温控标准研究。根据坝体温度场计算结果，计算坝体施工期温度应力及综合应力。计算制定混凝土基础温差控制标准及上下层温差控制标准。

（3）施工期坝体温度场和温度应力计算。详细考虑气候条件、混凝土材料的热学力学特性（如徐变、弹性模量以及徐变弹性模量随龄期的变化）、浇筑温度、浇筑层厚、通水冷却、层间间歇、表面保温条件等一系列因素，进行有限元仿真分析，对大坝浇筑块的温度和应力结果作出综合评价。

（4）施工混凝土温控方案推荐。通过对溢流坝、非泄水坝段选定的两个典型坝段进行施工期三维有限元温度场和应力场计算，确定合理的浇筑层厚、浇筑温度和其他温控措施。

（5）坝体材料分区。根据拱坝规范和已建工程经验，结合太平江一级水电站大坝坝址地形、地质条件以及施工安排对混凝土拱坝进行混凝土分区。具体分区图见图4.1-1、图4.1-2。

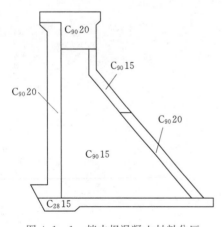

图 4.1-1 挡水坝混凝土材料分区

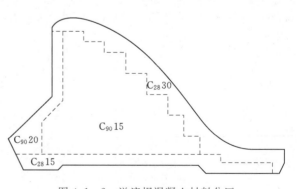

图 4.1-2 溢流坝混凝土材料分区

4.2 设计温控措施和温控标准

4.2.1 混凝土浇筑设计温控措施

1. 混凝土浇筑上升方式及浇筑温度

从加快混凝土施工进度，简化温控措施角度出发，考虑坝体埋水管冷却措施，优先考虑预冷骨料、加冰拌和等措施控制混凝土浇筑温度，实现控制坝体温度应力的目的。混凝土采用自然入仓，不专门采用保温和通水措施。

2. 大坝施工进度计划

坝体混凝土从 2009 年 1 月中旬开始浇筑，到 2009 年 4 月，溢流坝段混凝土浇至 237.50m 高程，非溢流坝段浇筑至 244.90m 高程。2009 年 5—11 月，左岸冲沙导流洞、冲沙泄洪底孔和坝体预留缺口（宽 76.5m，底板高程 237.50m）联合泄流，进行左、右岸非溢流坝段混凝土浇筑；2009 年 12 月，继续溢流坝段坝体混凝土浇筑，2010 年 1 月 30 日坝体混凝土浇筑完毕，月平均高峰强度为 3.19 万 m³，坝体月平均上升速度为 3.5m/月。2010 年 5 月 30 日，坝体金属结构安装施工完成。2009 年 12 月，坝体临时挡水，满足一台机组发电要求。2010 年汛期，坝体闸孔自由溢流。

（1）溢流坝段（排漂孔坝段、冲沙泄洪底孔坝段）混凝土浇筑进度分析。每个坝段采取通仓浇筑，基础约束区（0.2L～0.4L，L 为浇筑块长边尺寸）采用浇筑层厚 1.5m，间歇 5d；脱离约束区采用浇筑层厚 2.8m，间歇 6d。根据溢流坝段（排漂孔坝段、冲沙泄洪底孔坝段）的断面结构，223.50m 高程以下为基础约束区，约束区高 10.50m，分 7 层浇筑，每层厚 1.5m，平均每 8d 浇筑一层，需 56d，223.50～237.50m 分 5 层浇筑，每层厚 2.8m，平均每 9d 浇筑一层，需 45d，溢流坝段（排漂孔坝段、冲沙泄洪底孔坝段）浇筑至 237.50m 高程需 101d。根据施工进度安排溢流坝段（排漂孔坝段、冲沙泄洪底孔坝段）混凝土于 2009 年 1 月 10 日开始浇筑，到 2009 年 4 月 30 日浇筑至 237.50m 高程，该时段为非雨季，1—3 月全月为有效工作天数，4 月有 28d 为有效工作天数，该时段有效工作天数为 109d。据上述分析，2009 年 4 月 30 日，溢流坝段（排漂孔坝段、冲沙泄洪底孔坝段）浇筑至 237.50m 高程，满足 2009 年度汛要求是能实现的。2009 年 5—11 月，溢流坝段（排漂孔坝段、冲沙泄洪底孔坝段）暂停施工，2009 年 12 月 1 日，溢流坝段（排漂孔坝段、冲沙泄洪底孔坝段）重新开始浇筑，到 2010 年 1 月 30 日混凝土浇筑完毕。

（2）左右岸非溢流坝段混凝土浇筑进度分析。每个坝段采取通仓浇筑，基础约束区（0.2L～0.4L，L 为浇筑块长边尺寸）采用浇筑层厚 1.5m，间歇 5d；脱离约束区采用浇筑层厚 2.8m，间歇 6d。根据左右岸地形及施工时河床水位，1 号、2 号、12 号、13 号、四个坝段安排在 2008 年 11 月 1 日开始浇筑，每层浇筑 2.0～3.0m，平均每 8d 浇筑一层，1 号坝段于 2008 年 12 月 30 日浇筑完毕，2 号坝段于 2009 年 1 月 30 日浇筑完毕，12 号坝段于 2009 年 1 月 15 日浇筑完毕，13 号坝段于 2009 年 12 月 20 日浇筑完毕。3 号、4 号、10 号、11 号四个坝段混凝土于 2009 年 1 月 10 日开始浇筑，每层浇筑 2.0～3.0m，平均每 8d 浇筑一层。4 号、10 号两个坝段于 2009 年 4 月 30 日浇筑至 244.60m 高程，3 号、11 号两个坝段于 2009 年 4 月 30 日浇筑至 252.60m 高程，满足 2009 年度汛要求。2009

年5—10月，暂停施工，2009年11月1日，3号、4号、10号、11号四个坝段重新开始浇筑，2010年1月30日混凝土浇筑完毕。

4.2.2 混凝土温控标准

1. 基础允许温差

为了研究初步可行的温控措施，需要依据具体材料热力学特性分析温度及温度应力，从而确定初步的温差控制标准，主要包括基础温差、上下层温差和内外温差。基础温差主要控制内部最高温度及后期最高温度应力，避免内部贯穿裂缝的产生。上下层温差即新老混凝土温差，主要研究混凝土浇筑长间歇的影响。龄期超过14d的混凝土会对上浇混凝土产生较大的约束作用。过大的上下层温差将会导致混凝土开裂。内外温差主要控制非基础约束区的表面温度应力。

综合以上分析，在安全系数取为1.8时，对于具体典型坝段，通仓浇筑时基础允许温差见表4.2-1~表4.2-4。

表4.2-1   **初步拟定的基础允许温差**   单位：℃

允 许 温 度	重力坝段（36m）		溢流坝段（47m）	
	$0\sim0.2L$	$(0.2\sim0.4)L$	$0\sim0.2L$	$(0.2\sim0.4)L$
内部混凝土	20	22	16	19

注 L为浇筑块长边尺寸，下同。

表4.2-2   **国内部分混凝土重力坝的基础允许温差**

工程名称	地理位置	坝高/m	浇筑块长边尺寸/m	距基础面高度h	
				$0\sim0.2L$	$(0.2\sim0.4)L$
江垭	湖南慈利县	131	>70	13℃	15℃
棉花滩	福建永定县	113	>70	16℃	19℃
大朝山	云南	111	>70	16℃	19℃
三峡纵向围岩	湖北宜昌市	146	>70	10℃	13℃
桃林口	河北秦皇岛	74.5	>70	16℃	19℃
高坝洲	湖北枝城市	57	>30	14℃	16℃
大广坝	海南东方县	57	>30	15℃	17℃
坑口	福建大田县	56.3	>30	12℃	14℃
海甸峡	甘肃临洮县	49	41	12℃	14℃

表4.2-3   **DL/T 5005—92建议的混凝土重力坝基础允许温差**   单位：℃

距基础面高度h	浇筑长边长度L		
	30m以下	30~70m	70m以上
$0\sim0.2L$	18~15.5	14.5~12	12~10
$(0.2\sim0.4)L$	19~17	16.5~14.5	14.5~12

<table>
<tr><th rowspan="2">距基础面高度
h</th><th colspan="5">浇筑长边长度 L</th></tr>
<tr><th>17m 以下</th><th>17～20m</th><th>20～30m</th><th>30～40m</th><th>40m 至通仓长块</th></tr>
<tr><td>$0\sim0.2L$</td><td>26～25</td><td>25～22</td><td>22～19</td><td>19～16</td><td>16～14</td></tr>
<tr><td>$(0.2\sim0.4)L$</td><td>28～27</td><td>27～25</td><td>25～22</td><td>22～19</td><td>19～17</td></tr>
</table>

表 4.2 - 4　　　常规混凝土重力坝基础允许温差　　　单位：℃

2. 混凝土应力控制标准

根据太平江一级水电站大坝的施工进度计划，大坝坝体混凝土通仓浇筑，因此在施工期大坝蓄水以前，大坝同时承受自重和温度荷载的作用。目前《混凝土重力坝设计规范》（NB/T 35026—2014）规定基础混凝土应力控制标准按公式（4.2-1）计算：

$$\gamma_0\sigma\leqslant\frac{\varepsilon_p E_C}{\gamma_{d3}}\qquad(4.2-1)$$

式中：σ 为各种温差所产生的温度应力之和，MPa；ε_p 为混凝土极限拉伸值的标准值；γ_0 为结构重要性系数，取值 1.1；E_C 为混凝土弹性模量标准值，MPa；γ_{d3} 为温度应力控制正常使用极限状态短期组合结构系数，取 1.5。

各种温差所产生的温度应力可以采用有限元法或者影响线法计算，可研阶段采用三维有限元仿真计算。

表 4.2-5 为根据各标号混凝土不同龄期的弹性模量以及相应的极限拉伸值，计算出的大坝混凝土允许温度应力。

表 4.2 - 5　　　太平江一级水电站大坝混凝土施工期允许温度应力

<table>
<tr><th>项目</th><th colspan="3">极限拉伸值/($\varepsilon_p\times10^{-6}$)</th><th colspan="3">抗拉弹性模量/万 MPa</th><th colspan="3">允许温度应力/MPa</th></tr>
<tr><th>凝期</th><th>7d</th><th>28d</th><th>90d</th><th>7d</th><th>28d</th><th>90d</th><th>7d</th><th>28d</th><th>90d</th></tr>
<tr><td>$C_{90}15W_{90}6$</td><td>65.2</td><td>77.1</td><td></td><td>1.82</td><td>2.46</td><td></td><td>0.72</td><td>1.21</td><td></td></tr>
<tr><td>$C_{90}20W_{90}6$</td><td>70.5</td><td>82.3</td><td></td><td>2.32</td><td>2.61</td><td></td><td>1.00</td><td>1.41</td><td></td></tr>
</table>

4.3 基本计算原理

4.3.1 温度场计算的基本原理

为全面反映温度对坝体结构特性的作用与影响，需要研究坝体施工期的温度场、初期蓄水过程中坝体随气温与水温等因素变化的变化温场、运行蓄水期的稳定（准稳定）温度场。根据热量平衡原理，可导出固体热传导基本方程式（4.3-1）：

$$\frac{\partial}{\partial x}\left(a_x\frac{\partial}{\partial x}\right)+\frac{\partial}{\partial x}\left(a_y\frac{\partial T}{\partial y}\right)+\frac{\partial}{\partial z}\left(a_z\frac{\partial T}{\partial z}\right)+\frac{\omega}{c\rho}-\frac{\partial T}{\partial\tau}=0\qquad(4.3-1)$$

对于无内部放热（$\omega=0$）及某一确定时刻，式（4.3-1）转化为式（4.3-2）：

$$\frac{\partial}{\partial x}\left(a_x\frac{\partial T}{\partial x}\right)+\frac{\partial}{\partial y}\left(a_y\frac{\partial T}{\partial y}\right)+\frac{\partial}{\partial z}\left(a_z\frac{\partial T}{\partial z}\right)=0\qquad(4.3-2)$$

其中　　　　　　　　　　　$a_x=\frac{\lambda_x}{c\rho},a_y=\frac{\lambda_y}{c\rho},a_z=\frac{\lambda_z}{c\rho}$

式中：a_x、a_y、a_z 为导温系数；λ_x、λ_y、λ_z 为导热系数；c 为材料比热；ρ 为材料容重；τ、T 分别为任意时刻和温度。

温度场的边界条件主要分以下三类情况：

第一类边界条件：已知边界 S 上的温度分布：

$$T|_S = \varphi(x, y, z) \tag{4.3-3}$$

第二类边界条件：已知边界 S 上的热流密度：

$$q_n|_S = \phi(x, y, z) \tag{4.3-4}$$

式中：n 为 S 外法向。

第三类边界条件：已知边界 S 上对流条件：

$$q_n|_S = h(T - T_0) \tag{4.3-5}$$

式中：φ，ϕ 为已知函数；h 为表面对流系数；T_0 为环境温度。

将求解区域 R 划为有限个单元 Ω_e，引入单元形函数 N_i，则单元内任意点的温度可由构成单元 m 个节点温度插值，见式（4.3-6）：

$$T = \sum_{i=1}^{m} N_i T_i \tag{4.3-6}$$

根据变分原理，可导出满足热传导基本方程和边界条件的有限元支配方程，见公式（4.3-7）～式（4.3-9）。

$$[H]\{T\} + \{F\} = 0 \tag{4.3-7}$$

$$H_{ij} = \sum h_{ij}^e F_i = \sum F_i^e \tag{4.3-8}$$

其中

$$h_{ij}^e = \int_{\Omega_e} \left(a_x \frac{\partial N_i}{\partial x} \frac{\partial N_j}{\partial x} + a_y \frac{\partial N_i}{\partial y} \frac{\partial N_j}{\partial y} + a_z \frac{\partial N_i}{\partial z} \frac{\partial N_j}{\partial z} \right) d\Omega$$

$$f_i^e = -\int_{\Omega_e} \omega N_i d\Omega + \int_s q N_i ds \tag{4.3-9}$$

4.3.2　温度应力计算的基本原理

混凝土坝块在升温时全过程膨胀，降温时体积收缩，而体积膨胀或收缩的大小，与混凝土线膨胀系数、温升或温降值及坝块尺寸大小成正比。当混凝土与其他物体相连接时，其温度变化引起的体积变形（膨胀或收缩）便不能自由发生，要受到连接物体的限制，即受到外部约束，从而引起温度应力，对于通仓浇筑的混凝土拱坝，基础以及已经浇筑的下部老混凝土的约束作用更加显著。另外，如果坝块的温度变化在截面上的分布是非线性的，即造成坝块内部质点体积变形的不协调，相互约束而不能自由发生，也将在坝体内引起应力，这种情况即所谓受内部约束。

在大坝投入运转前，需要通过灌浆把各坝块连成整体。为了保证连接的整体性和稳定性，块与块间的缝面不再张开，就要求把各坝块内部温度降到坝体稳定温度。由于坝块尺寸大，靠自然散热是不够的，还需要借助人工冷却方式来降温。这样，坝块从开始的最高温度到建成后的稳定温度，就存在温度变化过程与温差（最高温度减去稳定温度），这一温差可由温度场分析得到，这样就可以用有限单元方法来计算温度应力。

1. 混凝土徐变

应变计算式为

$$\varepsilon(t)=\varepsilon^e(t)+\varepsilon^C(t)+\varepsilon^T(t)+\varepsilon^0(t)+\varepsilon^S(t) \tag{4.3-10}$$

在 $\Delta\tau$ 内应变增量为

$$\Delta\varepsilon_n=\frac{\Delta\sigma_n}{E(\overline{\tau}_n)}+\eta_n+\Delta\sigma_n C(t_n,\overline{\tau}_n)+\Delta\varepsilon^T+\Delta\varepsilon^0+\Delta\varepsilon^S \tag{4.3-11}$$

整理后得一个计算时段 $\Delta\tau$ 内应力增量为

$$\Delta\sigma_n=\overline{E}_n(\Delta\varepsilon_n-\eta_n-\Delta\varepsilon^T-\Delta\varepsilon^0-\Delta\varepsilon^S) \tag{4.3-12}$$

其中
$$\overline{E}_n=\frac{E(\overline{\tau}_n)}{1+E(\overline{\tau}_n)C(t_n,\overline{\tau}_n)}$$

式中：$\overline{E}_n$ 为混凝土等效弹性模量。

2. 各时段应力计算平衡方程

平衡方程见式（4.3-13）~式（4.3-18）：

$$[K]\{\Delta\delta\}=\{\Delta P_n\}^L+\{\Delta P_n\}^C+\{\Delta P_n\}^T+\{\Delta P_n\}^0+\{\Delta P_n\}^S \tag{4.3-13}$$

$$[K]^e=tA[B]^T[\overline{D}_n][B] \tag{4.3-14}$$

$$\{\Delta P_n\}_e^C=tA[B]^T[\overline{D}_n]\{\eta_n\}^e \tag{4.3-15}$$

$$\{\Delta P_n\}_e^T=tA[B]^T[\overline{D}_n]\{\Delta\varepsilon_n^T\}^e \tag{4.3-16}$$

$$\{\Delta P_n\}_e^0=tA[B]^T[\overline{D}_n]\{\Delta\varepsilon_n^0\}^e \tag{4.3-17}$$

$$\{\Delta P_n\}_e^S=tA[B]^T[\overline{D}_n]\{\Delta\varepsilon_n^S\}^e \tag{4.3-18}$$

式中：$[K]$ 为刚度矩阵；$\{\Delta P_n\}^L$ 为外荷载引起的节点荷载增量，计算温度应力时可不考虑其他荷载；$\{\Delta P_n\}^C$ 为徐变引起的节点荷载增量，见式（4.3-15）；$\{\Delta P_n\}^T$ 为变温引起的节点荷载增量；$\{\Delta P_n\}^0$ 为混凝土自生体积变形引起的节点荷载增量；$\{\Delta P_n\}^S$ 为混凝土干缩引起的节点荷载增量，可暂不考虑。

3. 单元应力

单元应力等于各时段应力增量之和，即

$$\{\sigma_n\}=\{\Delta\sigma_1\}+\{\Delta\sigma_2\}+\{\Delta\sigma_3\}+\cdots+\{\Delta\sigma_n\}=\sum\{\Delta\sigma_n\} \tag{4.3-19}$$

4. 应力增量

各时段应力增量为

$$\{\Delta\sigma_n\}=[\overline{D}_n](\{\Delta\varepsilon_n\}-\{\eta_n\}-\{\Delta\varepsilon_n^T\}-\{\Delta\varepsilon_n^0\}-\{\Delta\varepsilon_n^S\}) \tag{4.3-20}$$

$$\{\Delta\varepsilon_n\}^e=[B]\{\Delta\delta_n\}^e \tag{4.3-21}$$

$$\{\eta_n\}=\sum_s(1-e^{-r_s\Delta\tau_n})\{\omega_{s,n}\} \tag{4.3-22}$$

$$\{\omega_{s,n}\}=\{\omega_{s,n-1}\}e^{-r_s\Delta\tau_{n-1}}+[Q]\{\Delta\sigma_{n-1}\}\psi_s(\overline{\tau}_{n-1})e^{-0.5r_s\Delta\tau_{n-1}} \tag{4.3-23}$$

$$\{\omega_{s,1}\}=[Q]\{\Delta\sigma_0\}\psi_s(\tau_0) \tag{4.3-24}$$

$$\psi_s(\tau)=f_s+g_s\tau^{-p_s} \tag{4.3-25}$$

$$[\overline{D}_n]=\overline{E}_n[Q]^{-1} \tag{4.3-26}$$

$$C(t,\tau)=\sum\psi_s(\tau)[1-e^{-r_s(t-\tau)}] \tag{4.3-27}$$

$$[Q]=\begin{bmatrix} 1 & -\mu & 0 \\ -\mu & 1 & 0 \\ 0 & 0 & 2(1+\mu) \end{bmatrix} \tag{4.3-28}$$

$$[Q]^{-1} = \frac{1}{1-\mu^2} \begin{bmatrix} 1 & \mu & 0 \\ \mu & 1 & 0 \\ 0 & 0 & \frac{1-\mu}{2} \end{bmatrix} \qquad (4.3-29)$$

式中：$\{\Delta \varepsilon_n\}$ 为节点位移引起的单元应变增量；$\{\eta_n\}$ 为混凝土徐变引起的应变增量；$\{\Delta \varepsilon_n^T\}$ 为混凝土变温引起的应变增量；$\{\Delta \varepsilon_n^0\}$ 为混凝土自生体积变形引起的应变增量；$\{\Delta \varepsilon_n^S\}$ 为混凝土干缩引起的应变增量。

4.3.3 计算仿真技术处理

1. 坝体混凝土浇筑过程

坝体混凝土在分层浇筑的过程中体形不断变化，计算时可用单元生死来模拟这一过程。首先根据大坝的实际浇筑过程建立有限元模型，再按施工工序将新浇筑的混凝土依次激活。考虑到混凝土重力坝的实际浇筑过程，根据坝体的浇筑过程沿着水平方向将坝体分成若干个浇筑层。在计算时，将坝体单元按照从坝基到坝顶的浇筑顺序，分成若干荷载步，依次激活，直至到坝体的最顶层浇筑层浇筑完毕。在计算过程中，随着坝体单元的逐渐激活，相应的自重荷载、由温度场计算得到的相邻时间步的温度荷载以及相应大坝上下游的水压力荷载也同时施加。这样就可以仿真计算大坝从施工期到运行期全过程的温度场和应力场。

为了不影响计算收敛及激活单元的计算结果，在温度场分析中，程序中将比热矩阵和热传导矩阵乘以一个因子，且单元热通量设置为0。

2. 温度初始条件

计算开始瞬时，混凝土和基础内部的温度分布规律是重要的定解条件之一。坝体浇筑前，根据地表温度和地基的边界地温，进行稳态温度场计算，以此结果作为坝体浇筑前的地基的初始温度。新浇筑坝体混凝土的初始温度取为浇筑温度。新浇筑混凝土和老混凝土结合面处的起始温度，采用上下层节点的平均值。

3. 边界条件

地基部分的边界按绝热边界条件处理。

坝体与水接触的边界为第一类边界条件，在蓄水过程中取为河水温度，温度为时间的函数，在正常运行期取库水温度，温度为时间和空间的函数。

坝体与空气接触的边界为第三类边界条件，不同时段的表面放热系数根据当地风速与时间的变化关系和固体表面放热系数随风速的变化关系而定。

4. 水化热

水化热以体积力的形式施加在混凝土单元上，实际计算时取前后两个时间步的水化热之差：$\Delta Q(t) = Q(t_n) - Q(t_{n-1})$。$Q(t)$ 根据工程试验资料拟合为双曲线 $Q(t) = \frac{Q_0 t}{n+t}$。由于坝体混凝土材料分区的不同，相应地拟合了4种水化热函数，并在计算中作对应考虑。

5. 水管冷却

采用朱伯芳院士提出的等效热传导方程，将水管冷却的降温作用视为混凝土的吸热，按负水化热处理，在平均意义上考虑水管的冷却效果。

6. 材料力学性质

温度应力计算时，弹模是随时间变化的函数，可根据实际工程的试验资料拟合为指数形式。徐变度是持荷时间和加载龄期的函数，可将试验数据拟合为朱伯芳院士提出的指数函数形式。

7. 坝基初始地应力

对于坝基而言，在建坝前基岩中已存在初始地应力，主要是由构造地应力和岩石自重应力组成。地质勘探表明，坝址区构造应力很小，坝基浅层的初始应力主要是由于岩体自重产生的。由于坝址实测地应力资料较少，故需通过反演分析求解初始地应力场。严格地讲，应模拟河谷长期不断剥蚀下切的演进过程来求解初始地应力场，但这样与考虑后期坝体修建的网格在衔接上过于复杂，考虑到初始地应力状态下，基岩基本上处于弹性状态，为简化起见，本书直接采用现有河谷形状的基岩在自重作用下产生的应力作为初始地应力。

4.4 坝体稳定温度场

4.4.1 水库水温

分析水库水温的目的是为了计算坝体稳定温度场。坝体稳定温度场是确定坝体温度荷载、混凝土最高温度、混凝土浇筑温度等的重要依据。本书采用朱伯芳院士推荐的库水温度计算公式：

任意深度的水温变化 $\quad T(y,\tau)=T_m(y)+A(y)\cos[\omega(\tau-\tau_0-\varepsilon)]$ （4.4－1）

任意深度的年平均水温 $\quad T(y)=c+(T_s-c)\mathrm{e}^{-0.04y}$ （4.4－2）

其中 $\quad c=(T_b-T_s)/(1-\mathrm{e}^{-0.04H}), A(y)=A_0\mathrm{e}^{-0.018y}$

$$T_s=T_{am}+\Delta b=21.37, \varepsilon=2.15-1.30\mathrm{e}^{-0.085y}, \omega=\pi/6$$

式中：A_0 为表面水温年变幅，$5.95℃$；T_b 为库底年平均水温，$13℃$；T_s 为表面年平均水温，τ_0 为气温最高时间；H 为库深；y 为水深。

太平江一级水电站水库各月平均水温沿高程的分布见图 4.4－1，年平均水温沿高程的分布见图 4.4－2。

4.4.2 稳定温度场

稳定温度场是确定运行期温度荷载、灌浆时机及施工期控制基础混凝土温差，防止贯穿裂缝的重要依据。通常所说的坝体稳定温度场是指坝体多年平均温度场。

上游坝面的温度取前述水库水温，坝踵处库底水温按拱坝规范建议的方法取 $13℃$。

在正常运行工况，下游水垫塘底水温受上游库水渗流、地基温度、气温和日照影响，按照热量平衡原理计算，并类比其他工程。

混凝土表面温度按气温和日照影响考虑取 $21.37℃$。

坝基面温度按坝踵和坝趾处的温度进行线性插值。

按上述温度边界条件，本书采用三维有限元法计算坝体的稳定温度，挡水坝段稳定温

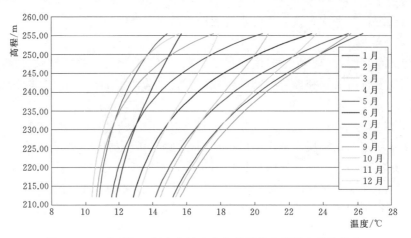

图 4.4-1 太平江一级水电站水库各月平均水温沿高程的分布

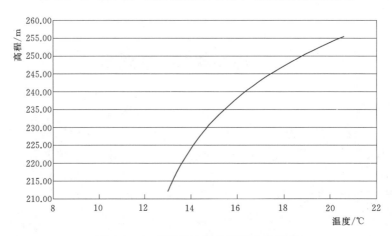

图 4.4-2 年平均水温沿高程的分布图

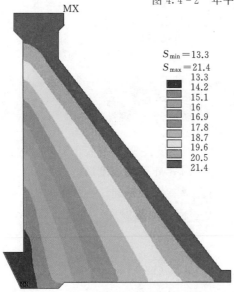

图 4.4-3 挡水坝段稳定温度场云图（单位:℃）

度场见图 4.4-3。由图 4.4-3 可知，坝体上下游面主要受水温和气温影响，而坝体各高程内部温度为 13~22℃，基本趋于稳定。

4.4.3 准稳定温度场

稳定温度场指坝体最终的年平均温度场。大坝蓄水运行后，坝体年平均温度逐渐趋于稳定。稳定后的坝体温度将以稳定温度为中心，随外界温度的变化呈余弦状周期性变化，称准稳定温度场。

重力坝准稳定温度场是确定运行期温度荷载、施工期控制基础混凝土温差，防止贯穿裂缝的重要依据。

本书采用三维有限元法计算了重力坝挡水坝段施工期的（准）稳定温度场。

剖面各个月份的准稳定温度场云图见图4.4-4。

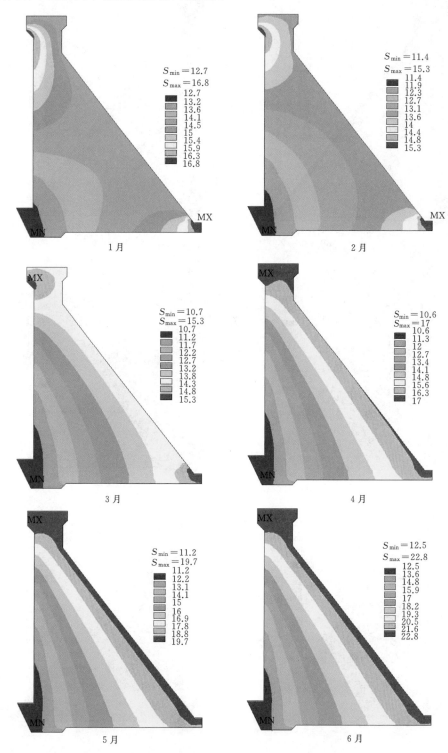

图 4.4-4（一） 挡水坝剖面各个月份的准稳定温度场云图（单位：℃）

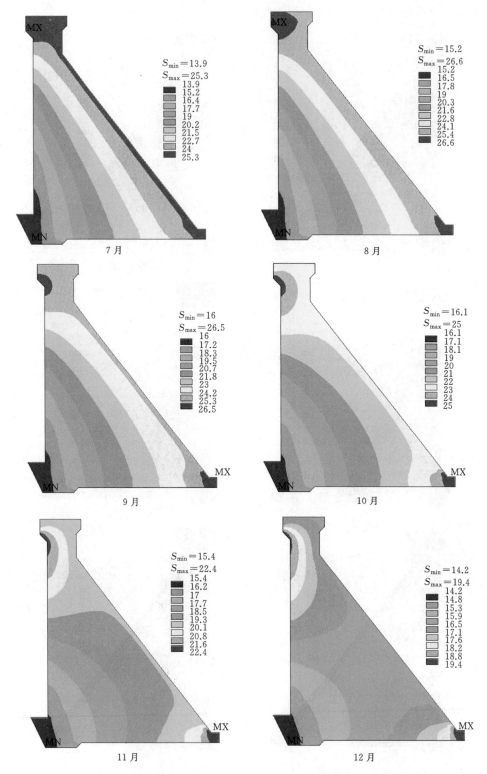

图 4.4-4（二）　挡水坝剖面各个月份的准稳定温度场云图（单位：℃）

4.5 坝体施工期温度和应力分析

4.5.1 挡水坝段施工期温度及应力仿真分析

由挡水坝段施工期最高温度包络线图 4.5-1 可知，在坝体中部出现一个高温区，主要是该区域浇筑温度相对较高。坝体高温区存在一个间断，主要是因为在夏季坝体停止浇筑，坝体的最高温度达到 39.8℃。

本书选取了挡水坝典型部位的节点进行温度和应力分析，节点选取图 4.5-2。

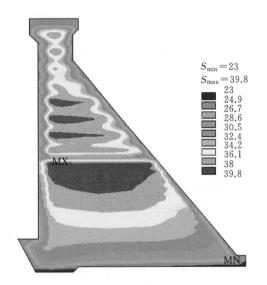

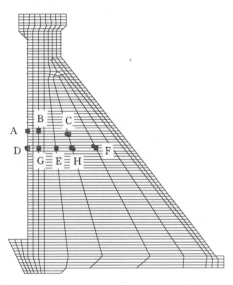

图 4.5-1　挡水坝段施工期最高温度包络线图　　图 4.5-2　挡水坝节点选取示意图

挡水坝段典型部位温度及应力历时曲线见图 4.5-3 和图 4.5-4。从图中可以看出，坝体的表面在浇筑后温度略有上升，迅速与气温达到一致。坝体中心部位在混凝土浇筑后，温度上升存在很长一段时间。坝体中心部位的混凝土，在基础约束部位，在浇筑 50d 后达到最高温度，非约束区在 20d 左右后达到最高温度。然后由于水化热速度降低，随着坝体表面的散热，温度逐渐下降。从图中可以看出，坝体中心部位的温度受到外界环境的温度影响较小。

挡水坝段施工期顺河向应力包络线、横河向应力包络线见图 4.5-5 和图 4.5-6。从图中可以看出，在夏季间歇施工的坝体混凝土部位出现了较大的应力，主要是新老混凝土温度相差较大，老混凝土对新混凝土的约束相对较大，最大应力达到 1.47MPa，略大于允许应力。坝体表面产生的应力相对较小，在坝体中下部产生的应力分布在距离坝体表面 5m 左右的部位。

挡水坝坝体中心部位顺河向应力、上游表面横河向应力历时曲线见图 4.5-7。从典型部位横河向温度和应力历时曲线可以看出坝体表面的混凝土在浇筑后，很快达到最大值，浇筑后的最大温升较小，然后随着气温一起变化，随着气温的降低，产生一定的拉应力，但产生的应力较小，待气温升高后，膨胀受压，产生压应力，在夏季达到最大值。而

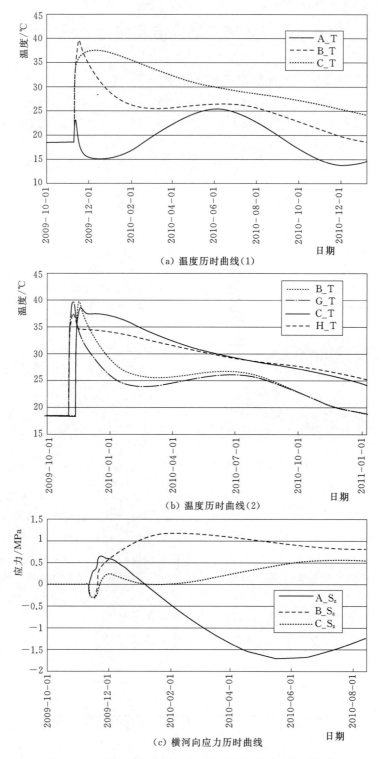

（a）温度历时曲线(1)

（b）温度历时曲线(2)

（c）横河向应力历时曲线

图 4.5 - 3　挡水坝段典型部位温度及横河向应力历时曲线

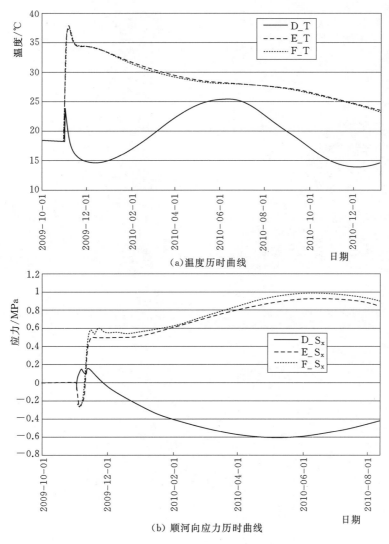

(a)温度历时曲线

(b)顺河向应力历时曲线

图 4.5-4　挡水坝段典型部位温度及顺河向应力历时曲线

在靠近坝体表面 5m 左右部位，则在较快的时间达到最高温度，由于散热相对表面较慢，最高温度达到了 38℃，然后温度开始降低，由于离表面较近，散热快，温度也下降低的快，而坝体的中心部位散热较慢，维持在较高的温度，坝体表面很快散热完毕，已随着气温不断升高，由于受到周围混凝土的约束，因而产生较大的拉应力。当降温速度变缓慢时，应力达到最大值，由于外界气温变高，坝体表面混凝土膨胀压缩，使得内部拉应力维持在相对较高的值。这使得在坝体中下部的距离表面 5m 左右和坝体上部的中心部位出现了较大的应力。从图 4.5-7 可以看出上下两个浇筑层的温差不是产生拉应力的主要原因。而坝体中心散热相对缓慢，其产生的应力较距离坝体表面 5m 左右部位的小，坝体上部只是在夏季产生较大的拉应力。

　　坝体的顺河向应力与横河向应力规律相似。

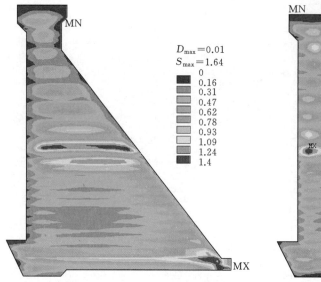

图 4.5-5　挡水坝段施工期顺河向应力
包络线图（单位：MPa）

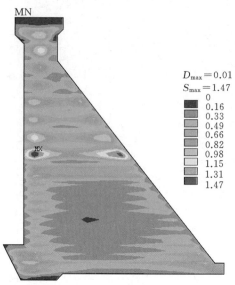

图 4.5-6　挡水坝段施工期横河向主应力
包络线图（单位：MPa）

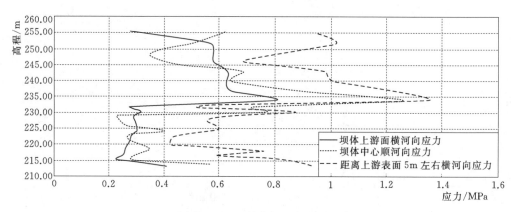

图 4.5-7　挡水坝段应力图

坝体施工期各区域混凝土的应力结果见表 4.5-1。坝体大部分区域的应力小于允许应力，部分应力略大于允许应力。

表 4.5-1　　　　　　　　　　挡水坝段施工期应力结果

混　凝　土	C15			C20		
坝体区域	$0\sim0.2L$	$(0.2\sim0.4)L$	$>0.4L$	$0\sim0.2L$	$(0.2\sim0.4)L$	$>0.4L$
顺河向应力/MPa	1.18	0.94	1.31	1.4	0.64	0.61
横河向应力/MPa	1.12	0.94	1.32	1.39	1.11	1.47
允许应力/MPa	1.21	1.21	1.21	1.41	1.41	1.41

注　允许应力取龄期 28d 的允许应力。

4.5.2 溢流坝段施工期温度及应力场仿真分析

由施工期最高温度包络线图 4.5-8 可知，在坝上部出现一个高温区，主要是该区域浇筑温度相对较高，坝体的最高温度达到 47.4℃。

本书选取了典型部位的节点进行温度和应力分析，节点选取图见图 4.5-9。

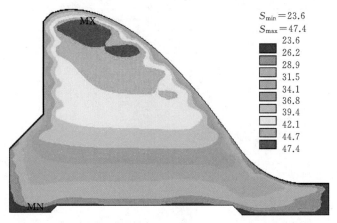

图 4.5-8 溢流坝段施工期最高温度包络线图（单位：℃）

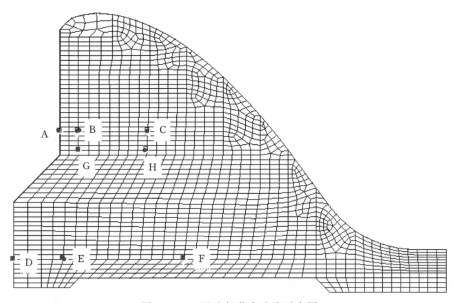

图 4.5-9 溢流坝节点选取示意图

溢流坝典型部位温度及应力历时曲线见图 4.5-10 和图 4.5-11。从图中可以看出，坝体的表面在浇筑后温度略有上升，迅速与气温达到一致。坝体中心部位在混凝土浇筑后，温度上升存在很长一段时间。坝体中心混凝土，在基础约束部位，在浇筑 50d 后达到最高温度，坝体上部在 20d 左右后达到最高温度，然后由于水化热速度降低，随着坝体表面的散热，温度逐渐下降。从图中可以看出，坝体中心部位的温度受到外界环境温度的影响较小。

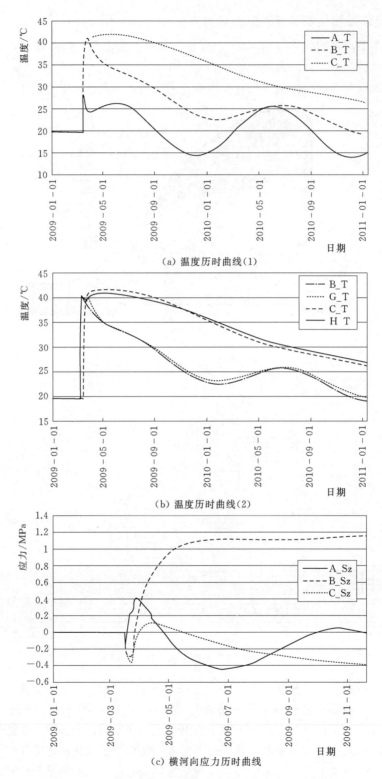

（a）温度历时曲线（1）

（b）温度历时曲线（2）

（c）横河向应力历时曲线

图 4.5-10　溢流坝典型部位温度及横河向应力历时曲线

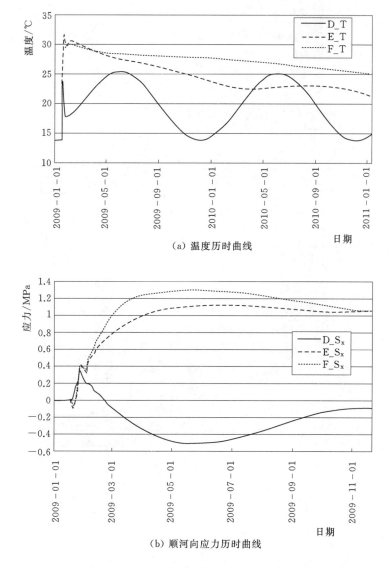

（a）温度历时曲线

（b）顺河向应力历时曲线

图 4.5-11 溢流坝典型部位温度及顺河向应力历时曲线

溢流坝段施工期顺河向应力包络线、横河向应力包络线图见图 4.5-12 和图 4.5-13。从图中可以看出在坝体底部垫层出现较大的应力，主要是由于浇筑的混凝土受到地基的强烈约束所致，最大拉应力达到 1.09MPa，小于允许应力。在溢流坝的挑流圆弧部位出现了较大的应力，宜加强布设钢筋。

溢流坝坝体中心顺河向应力、上游表面横河向应力和距上游面 5m 左右横河向应力历时曲线见图 4.5-14。其应力规律与挡水坝结果相似。

溢流坝段各区域施工期混凝土的应力计算结果见表 4.5-2。可见坝体大部分区域的应力小于允许应力，部分应力略大于允许应力。

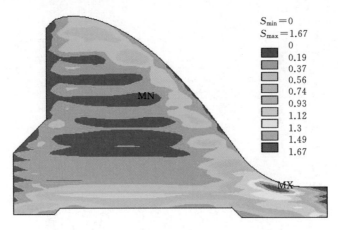

图 4.5-12　溢流坝段施工期顺河向应力包络线图

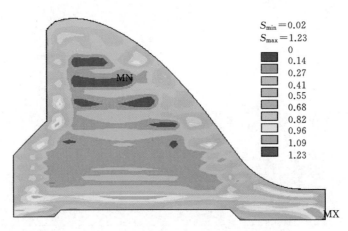

图 4.5-13　溢流坝段施工期横河向应力包络线图

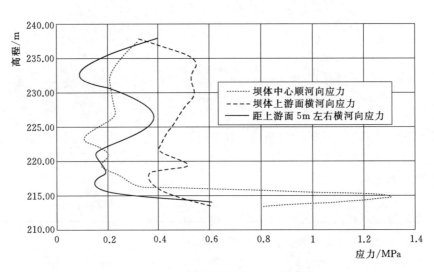

图 4.5-14　溢流坝段应力历时曲线图

表 4.5－2 溢流坝段各区域施工期混凝土的应力计算结果

混凝土种类	C15		C20	
坝段区域	$0\sim0.2L$	$(0.2\sim0.4)L$	$0\sim0.2L$	$(0.2\sim0.4)L$
顺河向应力/MPa	0.88	1.0	1.32	0.79
横河向应力/MPa	0.9	1.12	1.29	1.16
允许应力/MPa	1.2	1.2	1.4	1.4

注 允许应力取龄期 28d 的允许应力。

第5章 引水岔管结构设计与稳定分析

5.1 工 程 地 质 条 件

5.1.1 基本地质条件

引水岔管部位的地层上部为第四系全新统残积覆盖层（$el\,Q_4$），下部基岩为中元古界高黎贡山群第二段（$Pt_2 g^2$）。其中上部残积覆盖层厚约 14.5m，岩性主要由砂壤土夹孤石、块石、碎石组成，底部为砾、碎、夹块石及孤石充填砂壤土，黄褐色，呈稍密至中密状；下部基岩为中元古界高黎贡山群第二段（$Pt_2 g^2$），岩性为斜长角闪岩夹条带状混合岩化斜长角闪片麻岩。

引水岔管距大盈江断裂（F_1）约 300m，其宽度达 170m 左右，断裂总体走向 NE45°～60°，倾向 NW，倾角 70°～80°，构造破碎带主要由角砾岩、碎裂岩、断层泥等组成，性状较差，有大理石化现象，为晚更新世以来活动性断裂。在此断裂作用及影响下，厂房后边坡次生构造发育，覆盖层深厚，岩体风化较深。

F_2 断层：产状为 NE40°～50°，NW∠75°，充填泥质、碎裂岩，位于厂房后边坡的底部。

F_{203} 断层：产状为 NE50°～60°，NW∠60°～65°，调压室与岔管之间已揭露。

引水岔管部位片麻理产状为 N60°～65°E，SE∠45°～60°。强风化带厚约 5.5m，弱风化上部厚约 18m，弱风化下部厚约 19m，微风化厚约 9m。

地下水埋深约 28m，为基岩裂隙水及孔隙水，局部呈潮湿状，下部呈渗水状。

调压室井筒岩体稳定性分段评价如下：

上部井壁围岩由覆盖层组成，成分为砂壤土夹孤石、块石、碎石组成，底部为砾、碎、夹块石及孤石充填砂壤土，结构较松散。围岩类别属 V 类，井筒稳定性极差。施工过程中进行了强支护处理。

强风化岩体一般为碎裂结构，围岩类别属 IV 类，稳定性较差。由于井壁位于地下水位线以下，地下水沿裂隙涌出，围岩自稳时间很短，规模较大的各种变形和破坏都可能发生。施工过程中进行了强支护处理。

弱风化上部岩体主要为碎裂镶嵌结构、碎裂状结构，围岩类别属 IV 类，稳定性一般至较差。由于岩体中节理发育，岩体渗水现象仍较严重，井壁岩体稳定性较差。围岩不支护可能产生小规模塌方和掉块，施工中对井壁岩体进行了喷锚支护，并预留排水孔，降低支护结构的静水压力。

弱风化下部岩体主要为次块状结构，围岩类别属 III 类，稳定性一般至较好。由于岩体中节理较发育，岩体渗水现象仍存在，于井壁岩体稳定性不利。围岩不会产生塑性变形，仅局部产生变形破坏或可能产生掉块，不支护可能产生小规模塌方或掉块，施工中对井壁岩体进行了锚固支护，并预留排水孔，降低支护结构的静水压力。

微风化岩体主要为块状结构，岩体较完整，岩体强度高，围岩类别以Ⅱ类为主，局部为Ⅲ类围岩，稳定性较好。围岩不会产生塑性变形，局部可能产生掉块，施工中对井壁岩体局部进行了锚固支护处理。

5.1.2 岔管段工程地质评价

隧洞围岩片麻理走向与洞轴线交角较大，近与洞轴线垂直，有利于洞室的稳定。隧洞Ⅰ、Ⅱ岔管地质条件基本类同，围岩为弱风化带下部至微风化带岩体，节理裂隙较发育，完整性差局部较破碎，洞室稳定性一般局部较差，易产生掉块，洞段为与支洞交叉口处，受缓倾角及陡倾角节理裂隙共同影响，稳定性较差。洞室围岩为Ⅲ$_2$类。

5.2 引水岔管结构布置

太平江一级水电站工程装机四台，总装机容量为240MW，总引用流量为386m³/s（单机引用流量为96.5m³/s），布置两条引水发电隧洞，隧洞内径为8.0m，电站进水口布置在首部枢纽大坝右岸上游50m处，位于引水发电隧洞前沿，紧靠冲沙泄洪底孔布置，由拦污栅闸段、沉沙池及进水闸段组成；引水发电隧洞为有压隧洞，两条隧洞并行布置于右岸，洞中心线距40m，综合电站运行灵活可靠、施工难易、安全、投资等因素，隧洞采用"一洞二机"，经阻抗式调压室后分岔形成4条支洞进入厂房。

5.2.1 隧洞Ⅰ岔管布置

桩号引Ⅰ2+949.811～引Ⅰ2+967.811段为调压室段，调压室段为平坡段，底板高程为217.31m，阻抗式调压室，阻抗孔径4.5m，调压室井筒直径16.0m；为避开不良地质条件对混凝土岔管的影响，调压室后布置长10m洞径为8.0m的直管连接段，桩号为引Ⅰ2+967.811～引Ⅰ2+977.811，平底坡，衬砌厚度为0.8m。

桩号引Ⅰ2+977.811～引Ⅰ2+994.668段为钢筋混凝土岔管段，管径由8.0m渐变为6.0m，平底坡，衬砌厚度为1.0m。

5.2.2 隧洞Ⅱ岔管布置

桩号引Ⅱ3+030.072～引Ⅱ3+048.072段为调压室段，调压室段为平坡段，底板高程为216.91m，为阻抗式调压室，阻抗孔径4.5m，调压室井筒直径16.0m。

桩号引Ⅱ3+048.072～引Ⅱ3+064.929段为钢筋混凝土岔管段，管径由8.0m渐变为6.0m，平底坡，衬砌厚度为1.0m。

5.3 钢筋混凝土岔管稳定分析

5.3.1 计算条件

1. 工程等级与建筑物级别

本工程等级为Ⅲ等工程，其中钢筋混凝土岔管为3级建筑物，所处环境为二类。

2. 特征水位

调压室特征水位见表 5.3-1。

表 5.3-1　　　　　　　　　　　　　　　调压室特征水位　　　　　　　　　　　　　单位：m

最高涌浪水位	校核洪水位	正常蓄水位	上平洞洞底高程	调压室前水头损失	上平洞流速水头	最高涌浪水位计算水头	校核洪水位计算水头	正常蓄水位计算水头
283.86	256.06	255.00	220.80	3.8543	0.737	63.06	31.405	29.608

3. 作用在结构上的荷载

计算荷载包括衬砌自重、内水压力、外水压力、地应力。

（1）衬砌自重。自重作用分项系数，对结构有利时取 0.95，对结构不利时取 1.05。

（2）内水压力。钢筋混凝土岔管最大内水压力为 0.6395MPa（对应调压室最高涌浪水位 284.75m），由于靠近调压室，因此忽略水击压力，而静水压力的作用分项系数为 1.0。

（3）外水压力。外水压力折减系数，对结构有利时取 0.0。

（4）地应力。地应力取自重应力场，且荷载作用分项系数为 1.0。

4. 作用（荷载）效应组合

（1）调压室最高涌浪水位工况。

衬砌自重＋地应力＋外水压力＋内水压力，为持久设计状况。

（2）正常蓄水位工况。

衬砌自重＋地应力＋外水压力＋内水压力，为持久设计状况。

5. 材料及结构参数

支护材料力学参数见表 5.3-2。

表 5.3-2　　　　　　　　　　　　支护材料力学参数

材料	容重/(kN/m³)	弹性模量/GPa	泊松比 μ	抗压强度设计值/MPa	抗拉强度设计值/MPa	混凝土最大裂缝允许宽度/mm
钢筋	78.5	206	0.3	310	310	
C25 混凝土	25.0	28.0	0.167	12.5	1.3	0.25

6. 围岩物理力学参数

围岩物理力学参数见表 5.3-3。

表 5.3-3　　　　　　　　　　　　围岩物理力学参数

岩层	变形模量 E/GPa	泊松比 μ	抗剪断参数 f'	抗剪断参数 c'/MPa	密度 ρ/(kg/m³)
全风化	1.50	0.35	0.40~0.45	0.03~0.04	1860~2100
强风化	2.00~2.50	0.30	0.60~0.65	0.30~0.35	2600
弱风化	6.00~7.00	0.28	0.80~0.85	0.70~0.75	2600
微风化	10.00~11.00	0.24	1.10~1.20	1.20~1.50	2600

5.3.2　计算模型

钢筋混凝土岔管结构计算模型计算范围包括：左右边界均取 3 倍开挖洞径，上游取至

桩号引Ⅱ3＋000.0，下游取至上弯段进口，即桩号引Ⅱ3＋084.3540，底部围岩取至
170.91m高程，上部取至地表，计算模型示意图详见图5.3-1。其中围岩分区从上往下
依次为全风化、强风化、弱风化和微风化带，具体材料力学参数详见表5.3-3。

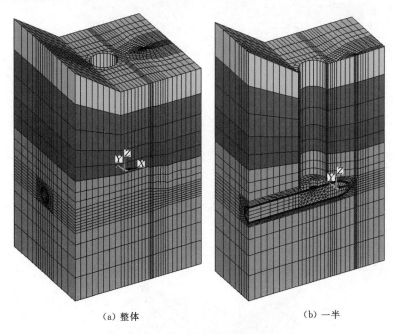

（a）整体　　　　　　　　　　（b）一半

图5.3-1　计算模型示意图

　　模型边界条件：计算模型左右两侧、上下游侧及底部均施加法向位移约束。

　　模型坐标系：模型采用笛卡儿直角坐标系，与图纸的坐标系不同，其整体坐标系的
X轴与引水主管的轴线一致，指向下游为正；沿铅垂向为Z轴，向上为正，Y轴以右手
法则确定。坐标原点位于引水发电隧洞Ⅰ钢筋混凝土岔管的分岔点处，高程为220.91m，
其中岔管段衬砌厚度为100cm，上游主管（调压室以上）和下游支管段衬砌厚度为50cm，
混凝土强度等级均为C25。

　　计算模型总节点数为31221个，总单元数为27835个。其中衬砌单元4480个，围岩
单元23355个。衬砌网格示意见图5.3-2，特征断面位置示意图见图5.3-3。

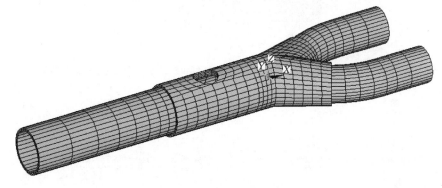

图5.3-2　衬砌网格示意图

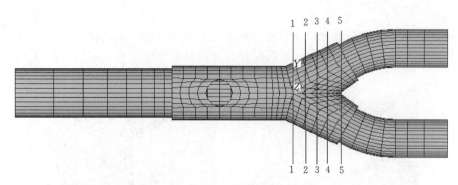

图 5.3-3　特征断面位置示意图

计算成果中，混凝土衬砌和围岩的应力以拉应力为正，压应力为负，单位为 MPa；位移分量以沿坐标轴的正向为正，单位为 m。

5.3.3　施工期围岩稳定分析

1. 初始应力状态

围岩初始应力见图 5.3-4～图 5.3-6。

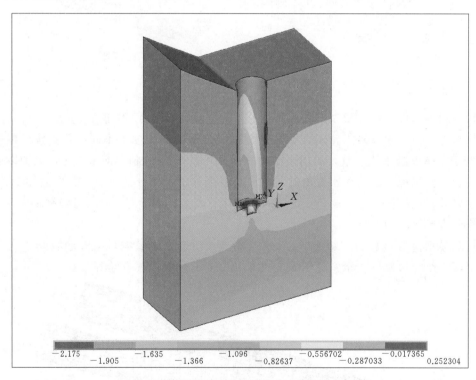

图 5.3-4　围岩水流向初始应力（单位：MPa）

2. 岔管开挖围岩稳定分析

（1）围岩塑性区分析。岔管开挖时，会造成岔管周边围岩应力扰动，有可能造成局部围岩进入塑性屈服。

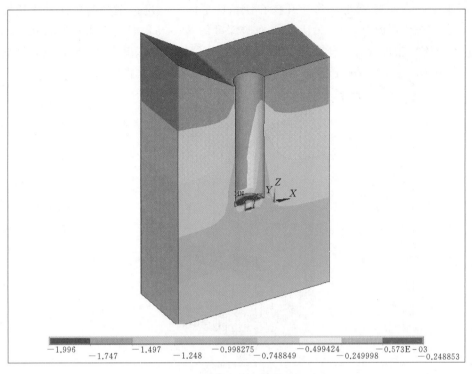

图 5.3-5 围岩垂直水流向初始应力（单位：MPa）

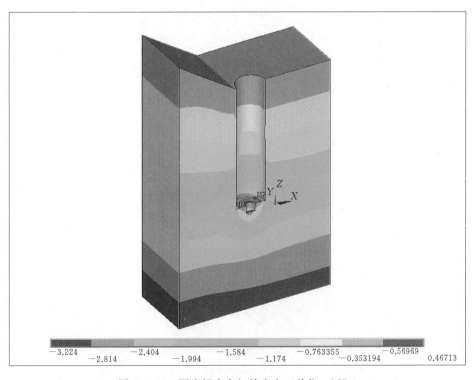

图 5.3-6 围岩铅直向初始应力（单位：MPa）

从图 5.3-7 可以看出，岔管开挖在锐角区造成了一定范围内的单元进入塑性屈服（图中红色部分为屈服单元），最大塑性屈服深度约 3～4m，而岔管周边围岩状态相对良好，仅在洞室两腰位置有部分围岩单元屈服，最大塑性屈服深度在 0.5m 以内，因此综上所述，存在调压室空洞的情况下，进行岔管开挖，围岩基本是稳定的。

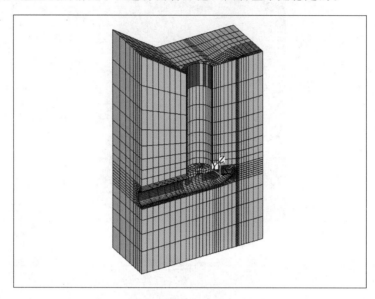

图 5.3-7　岔管开挖期围岩塑性区

（2）围岩位移分析。隧洞开挖时，围岩发生朝向洞内的变形。从图 5.3-8 可以看出，

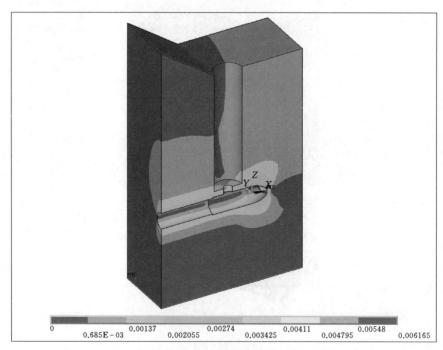

| 0 | 0.685E-03 | 0.00137 | 0.002055 | 0.00274 | 0.003425 | 0.00411 | 0.004795 | 0.00548 | 0.006165 |

图 5.3-8　岔管开挖期围岩合位移分布云图（单位：m）

岔管开挖时，发生在隧洞顶拱和底板的回弹位移较大，其中在岔管锐角区部位，围岩回弹变形达到最大，为 6.16mm，主要表现为水平指向上游的变形。

同时，从图 5.3-9～图 5.3-11 可以看出：岔管开挖期间，水流向的位移量级最大，且分布相对集中，主要分布在岔管锐角区立柱位置，最大位移为 6.16mm，而垂直水流向的位移量级不大，最大约为 2mm，而铅直向的变形相对较大，且主要分布在岔管的顶拱和底板位置，其中底板处的最大变形为 3.02mm，方向向上，顶拱处的最大变形为 3.33mm，方向为铅直向下。

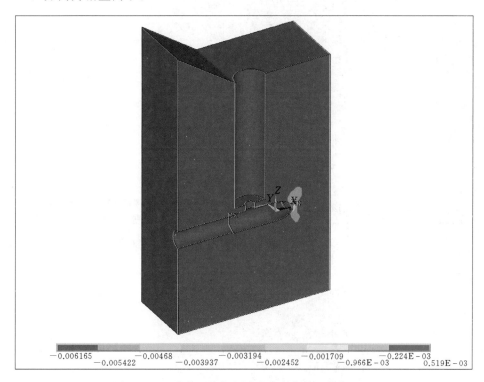

图 5.3-9　岔管开挖期围岩水流向位移（单位：m）

而从图 5.3-12～图 5.3-16 可以看出：在垂直于水流向的各个典型截面上，围岩变形主要发生顶拱和底板位置，顶拱位移稍大，并且随着开挖临空面的逐渐增大，铅直向的变形也逐渐增大，并在断面 4—4 处变形达到最大。

（3）围岩应力状态分析。在岔管开挖期间，由于岔管内部岩体的开挖，造成了岔管开挖边界外的围岩应力重分布，并形成局部两面受压一面临空的应力状态，而此时围岩主要表现为局部压应力集中现象，尤其在隧洞两腰位置最为明显，详见图 5.3-17～图 5.3-21。

从图 5.3.17～图 5.3.21 可以看出：岔管两腰的最大主应力在靠近开挖边界处集中现象较为明显，最大达到了 -6.25MPa，且对于断面 1—1～断面 5—5，随着开挖临空面的增大，最大主压应力集中程度越明显，数值也越大，在断面 4—4～断面 5—5 附近的锐角区，压应力达到最大，并造成了局部围岩单元进入了塑性屈服。因此从围岩整体应力分布可以看出，围岩应力状态良好，稳定性较好。

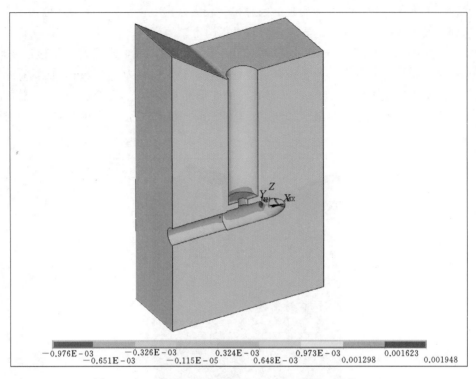

图 5.3-10　岔管开挖期围岩垂直水流向位移（单位：m）

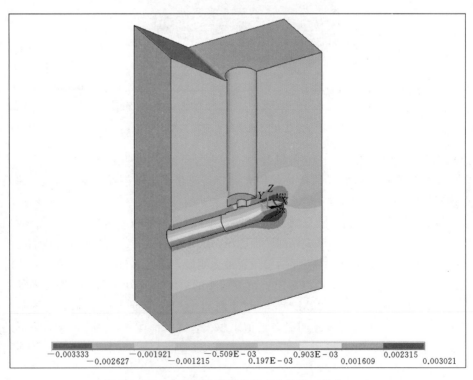

图 5.3-11　岔管开挖期围岩铅直向位移（单位：m）

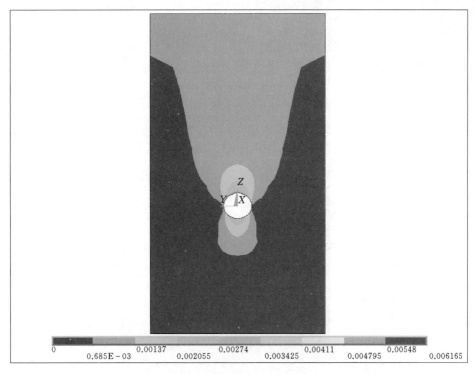

图 5.3-12 岔管开挖期断面 1—1 围岩合位移 （单位：m）

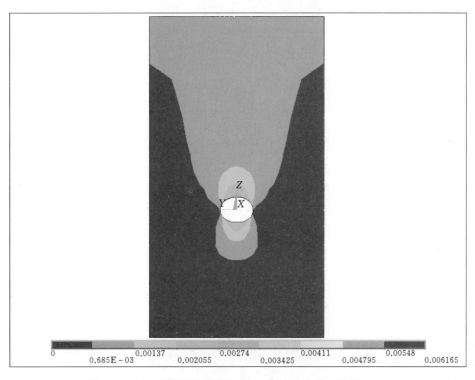

图 5.3-13 岔管开挖期断面 2—2 围岩合位移 （单位：m）

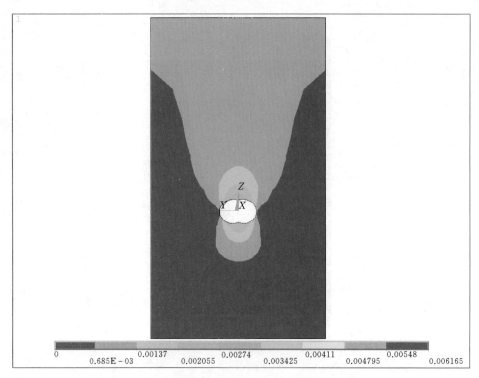

图 5.3 - 14　岔管开挖期断面 3—3 围岩合位移（单位：m）

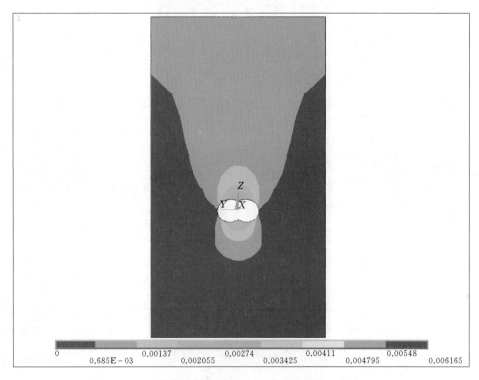

图 5.3 - 15　岔管开挖期断面 4—4 围岩合位移（单位：m）

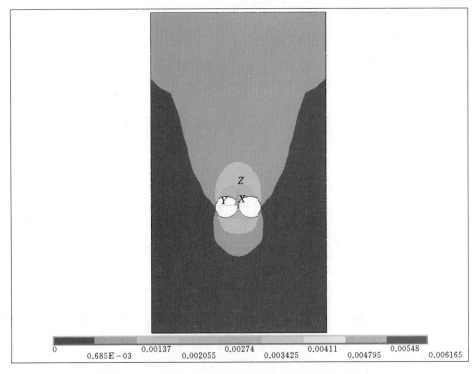

图 5.3-16 岔管开挖期断面 5—5 围岩合位移（单位：m）

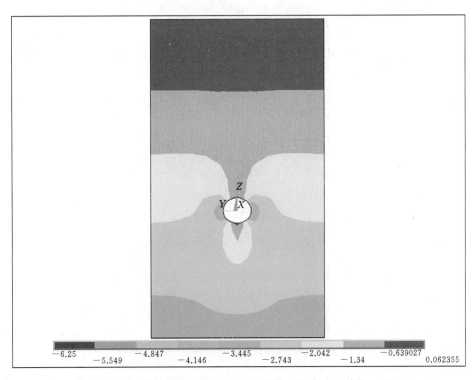

图 5.3-17 岔管开挖期断面 1—1 围岩第三主应力（单位：MPa）

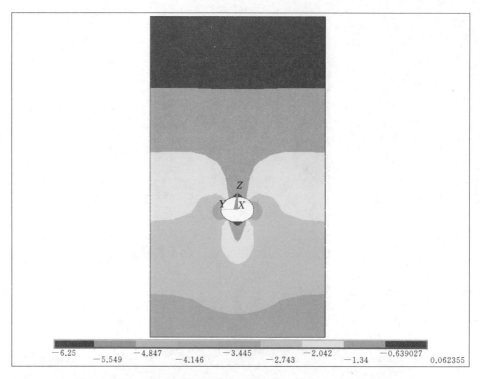

图 5.3-18　岔管开挖期断面 2—2 围岩第三主应力（单位：MPa）

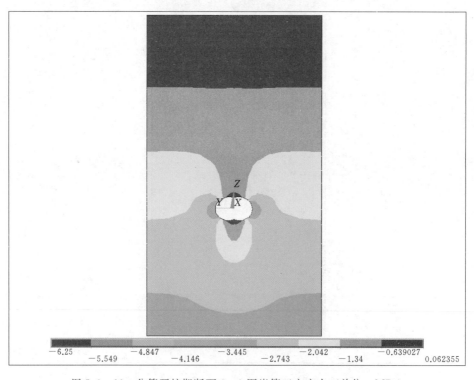

图 5.3-19　岔管开挖期断面 3—3 围岩第三主应力（单位：MPa）

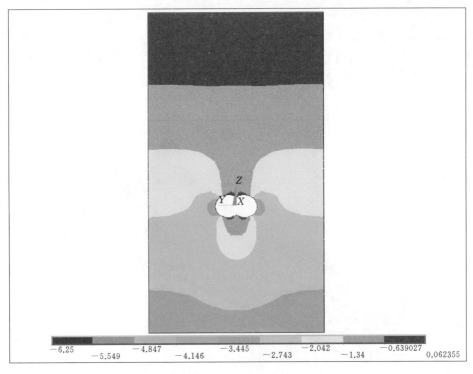

图 5.3 - 20　岔管开挖期断面 4—4 围岩第三主应力（单位：MPa）

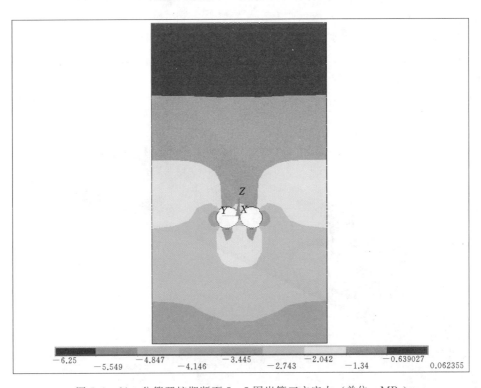

图 5.3 - 21　岔管开挖期断面 5—5 围岩第三主应力（单位：MPa）

5.3.4　运行期岔管结构分析

1. 调压室最高涌浪水位工况

在内水压力作用下，衬砌主要承受拉应力，由于调压室最高涌浪水位时，衬砌承受的水压力最大，因此本书首先计算分析了调压室最高涌浪水位条件下的衬砌结构应力，详见图 5.3-22～图 5.3-37。

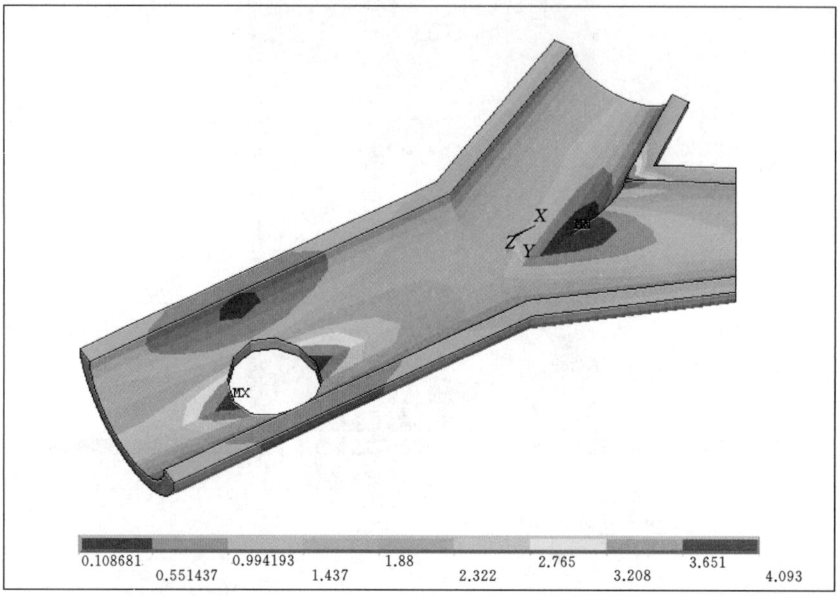

图 5.3-22　调压室最高涌浪水位工况下，岔管段上半部分衬砌混凝土第一主应力（单位：MPa）

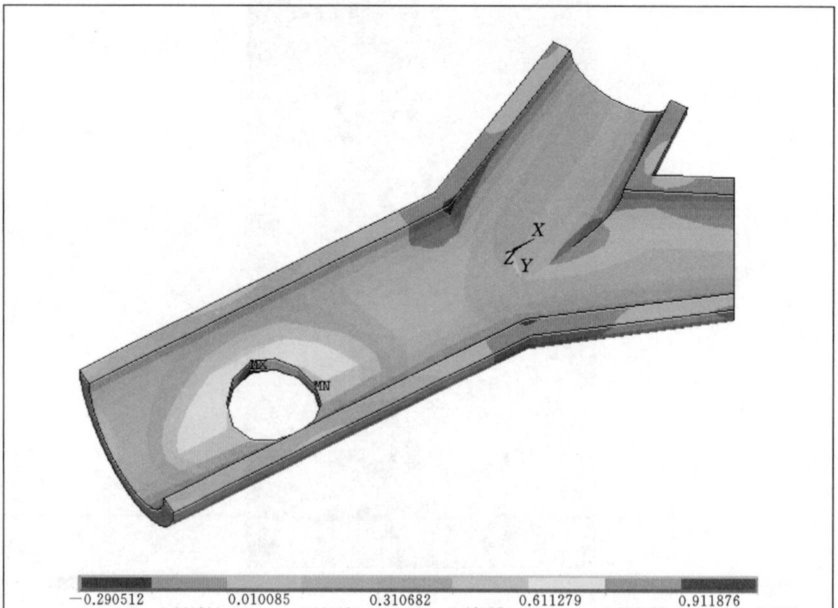

图 5.2-23　调压室最高涌浪水位工况下，岔管段上半部分衬砌混凝土水流向应力（单位：MPa）

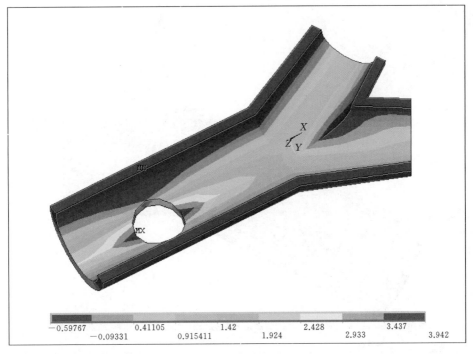

图 5.3-24 调压室最高涌浪水位工况下，岔管段上半部分衬砌混凝土垂直水流向应力（单位：MPa）

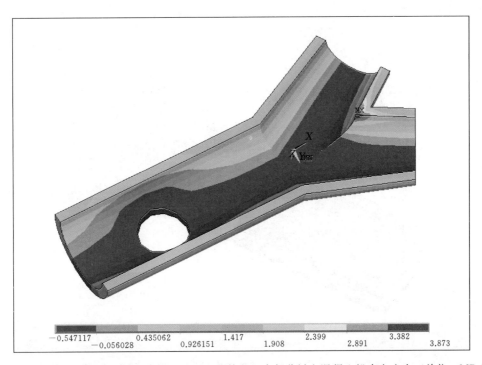

图 5.3-25 调压室最高涌浪水位工况下，岔管段上半部分衬砌混凝土铅直向应力（单位：MPa）

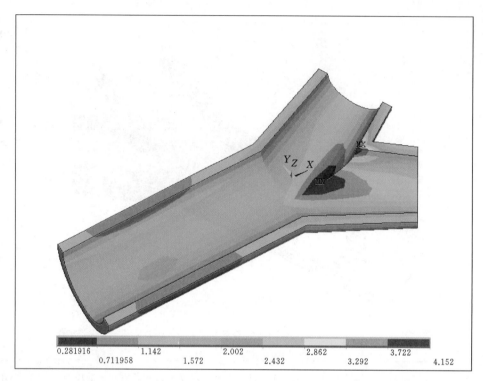

图 5.3 - 26 调压室最高涌浪水位工况下，岔管段下半部分衬砌混凝土第一主应力（单位：MPa）

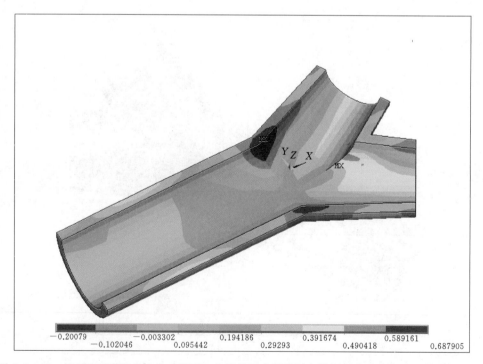

图 5.3 - 27 调压室最高涌浪水位工况下，岔管段下半部分衬砌混凝土水流向应力（单位：MPa）

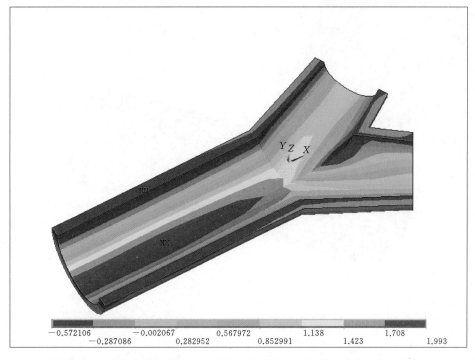

图 5.3-28 调压室最高涌浪水位工况下，岔管段下半部分衬砌混凝土垂直水流向应力（单位：MPa）

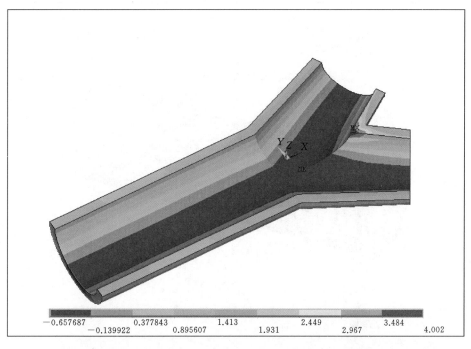

图 5.3-29 调压室最高涌浪水位工况下，岔管段下半部分衬砌混凝土铅直向应力（单位：MPa）

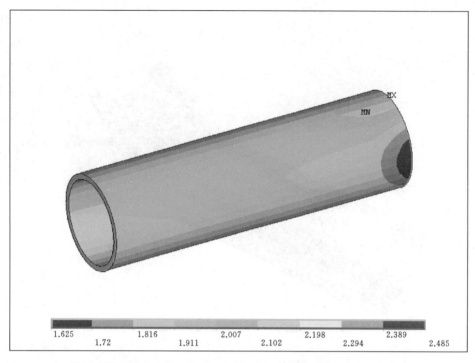

图 5.3 - 30 调压室最高涌浪水位工况下，主管段衬砌混凝土结构第一主应力（单位：MPa）

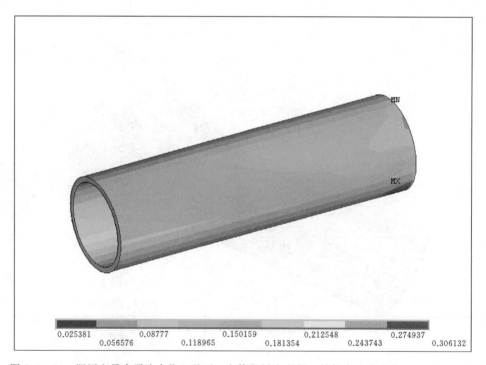

图 5.3 - 31 调压室最高涌浪水位工况下，主管段衬砌混凝土结构水流向应力（单位：MPa）

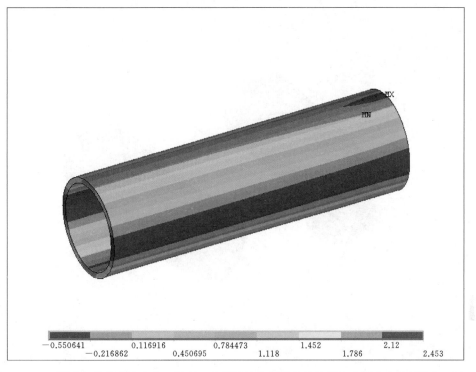

图 5.3-32 调压室最高涌浪水位工况下，主管段衬砌混凝土结构垂直水流向应力（单位：MPa）

图 5.3-33 调压室最高涌浪水位工况下，主管段衬砌混凝土结构铅直向应力（单位：MPa）

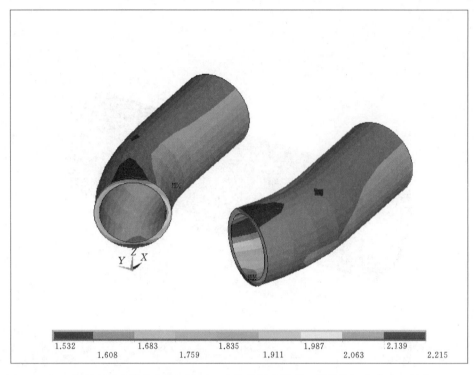

图 5.3 - 34　调压室最高涌浪水位工况下，支管段衬砌混凝土结构第一主应力（单位：MPa）

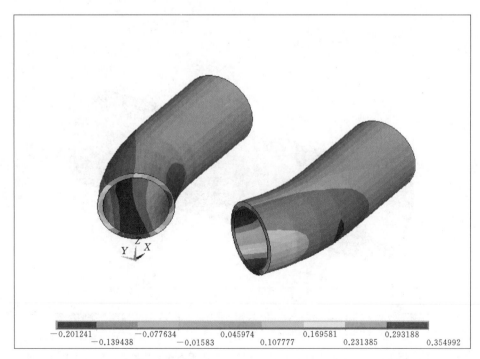

图 5.3 - 35　调压室最高涌浪水位工况下，支管段衬砌混凝土结构水流向应力（单位：MPa）

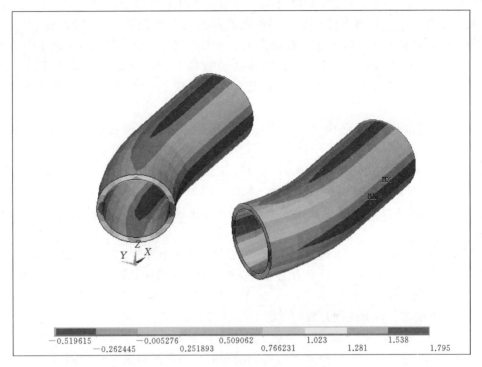

图 5.3 - 36   调压室最高涌浪水位工况下，支管段衬砌混凝土结构垂直水流向应力（单位：MPa）

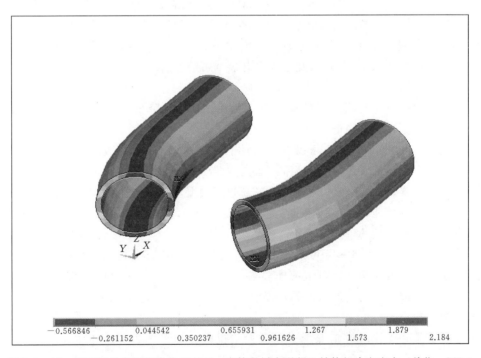

图 5.3 - 37   调压室最高涌浪水位工况下，支管段衬砌混凝土结构铅直向应力（单位：MPa）

从图 5.3-22~图 5.3-25 可以看出，对于岔管段上半部分，由于阻抗孔的空洞作用以及分岔管的空间几何不连续性，在阻抗孔附近与岔管锐角区腰部衬砌混凝土中出现了较大的拉应力，其中阻抗孔附近最大主拉应力达到了 4.093MPa，超过了 C25 混凝土的设计抗拉强度。而对于其他远离阻抗孔位置的岔管段混凝土，最大主应力约在 0.99~1.88MPa，在顶拱和底板位置混凝土拉应力较小，两腰位置的混凝土拉应力较大。

而从岔管段的各个方向应力可以看出，阻抗孔附近的衬砌混凝土应力主要表现为垂直水流向的应力（最大为 3.94MPa），而岔管段的衬砌则主要表现为垂直水流向和铅直向的应力，其中在衬砌锐角区和钝角区腰部位置，铅直向应力较大，衬砌全断面超过了 1.4MPa，且最大达到了 2.976MPa，同时考虑到工程实际中岔管体型肯定会修圆，锐角区的拉应力峰值会有所降低，仍然建议局部采用抗拉强度较高的钢纤维混凝土。

从图 5.3-26~图 5.3-29 可以看出，对于岔管段下半部分，与上半部分相比，由于没有了阻抗孔的影响，混凝土拉应力主要出现在岔管的锐角区和钝角区附近，锐角区腰部混凝土最大拉应力最大达到了 4.0MPa，钝角区的混凝土拉应力也达到了 1.93MPa，因此存在混凝土开裂甚至较大范围开裂的可能。

从图 5.3-30~图 5.3-33 可以看出，对于主管段衬砌，由于管径较大，混凝土较薄，因此混凝土应力普遍较大，主要表现为衬砌的环向应力，基本上全断面超过了 1.3MPa，因此很可能造成大范围的衬砌混凝土径向开裂。

从图 5.3-34~图 5.3-37 可以看出，对于支管段衬砌，与主管相比，水压力相同，由于管径较小，混凝土拉应力数值也较小，在管顶和管底位置混凝土拉应力均在 1.5MPa 左右，而两腰位置混凝土应力依然较大，大部分区域在 1.9~2.1MPa，超过了混凝土 C25 的设计抗拉强度 1.3MPa，因此也存在开裂的可能。

2. 正常蓄水工况

对于正常蓄水位，与调压室最高涌浪工况相比，水头降低了约 34.3m，因此混凝土的拉应力有了很大程度的降低。

从图 5.3-38~图 5.3-41 可以看出，对于岔管段上半部分衬砌，混凝土拉应力分布状态与调压室最高涌浪水位时基本相同，混凝土最大拉应力主要分布在阻抗孔位置和岔管段锐角区腰部位置，最大为 2.058MPa，亦超过了混凝土的设计抗拉强度，因此依然存在混凝土局部开裂的可能；其他区域的大部分混凝土应力均在 1.3MPa 以下，因此在此工况下应不存在大范围开裂的可能。

从图 5.3-42~图 5.3-45 可以看出，对于岔管段下半部分衬砌，混凝土拉应力较大区域依然出现在岔管锐角区腰部混凝土位置，达到了 1.74~2.20MPa，因此锐角区将是混凝土的可能开裂区，而其他部位的衬砌混凝土，最大主拉应力均在 1.3MPa 以下，混凝土开裂的概率较小。

对于主管段和支管段衬砌混凝土，最大主拉应力均在 1.25MPa 以内，详见图 5.3-46~图 5.3-53。

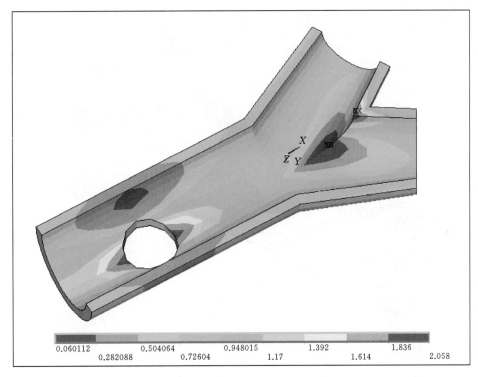

图 5.3-38　正常蓄水工况下，岔管段上半部分衬砌混凝土第一主应力（单位：MPa）

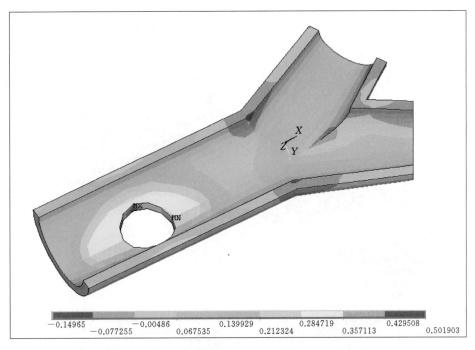

图 5.3-39　正常蓄水工况下，岔管段上半部分衬砌混凝土水流向应力（单位：MPa）

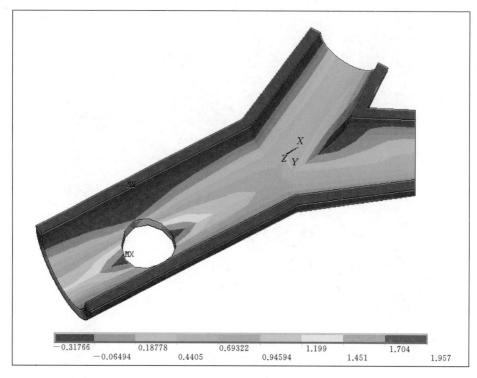

图 5.3-40　正常蓄水工况下，岔管段上半部分衬砌混凝土垂直水流向应力（单位：MPa）

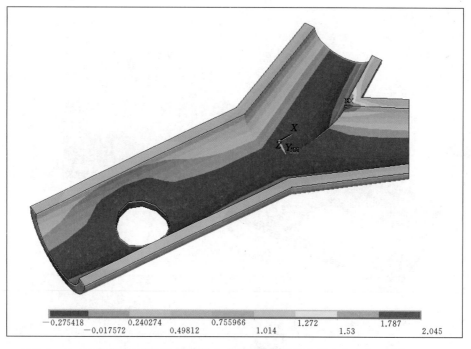

图 5.3-41　正常蓄水工况下，岔管段上半部分衬砌混凝土铅直向应力（单位：MPa）

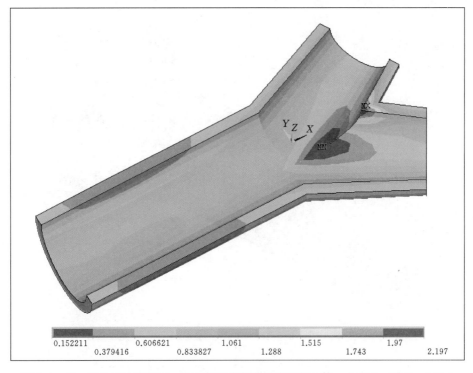

图 5.3 - 42　正常蓄水工况下，岔管段下半部分衬砌混凝土第一主应力（单位：MPa）

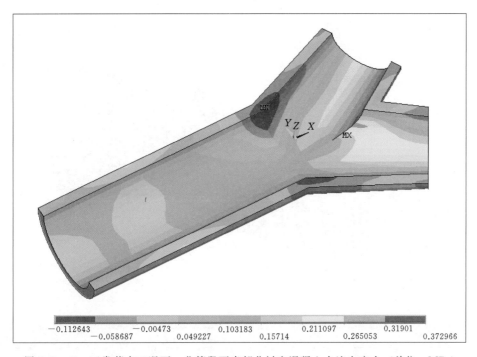

图 5.3 - 43　正常蓄水工况下，岔管段下半部分衬砌混凝土水流向应力（单位：MPa）

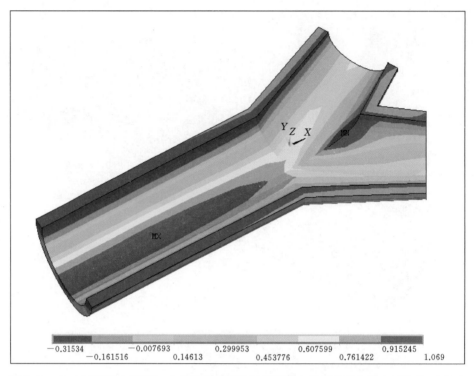

图 5.3-44　正常蓄水工况下，岔管段下半部分衬砌混凝土垂直水流向应力（单位：MPa）

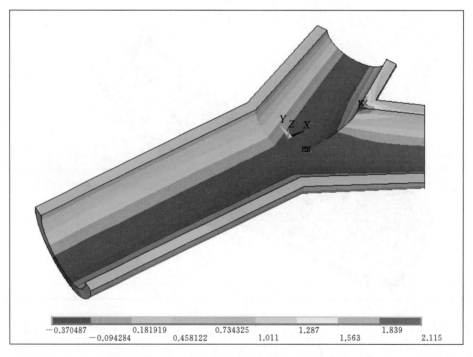

图 5.3-45　正常蓄水工况下，岔管段下半部分衬砌混凝土铅直向应力（单位：MPa）

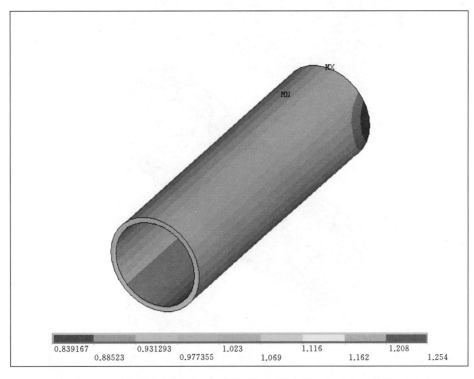

图 5.3-46　正常蓄水工况下，主管段衬砌混凝土第一主应力（单位：MPa）

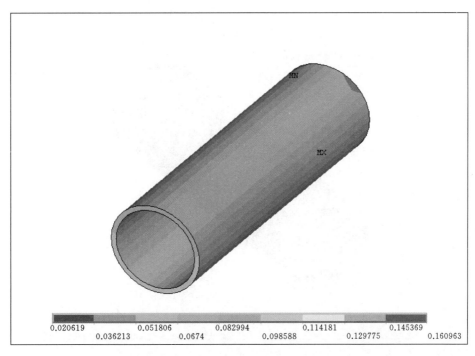

图 5.3-47　正常蓄水工况下，主管段衬砌混凝土水流向应力（单位：MPa）

图 5.3-48　正常蓄水工况下，主管段衬砌混凝土垂直水流向应力（单位：MPa）

图 5.3-49　正常蓄水工况下，主管段衬砌混凝土铅直向应力（单位：MPa）

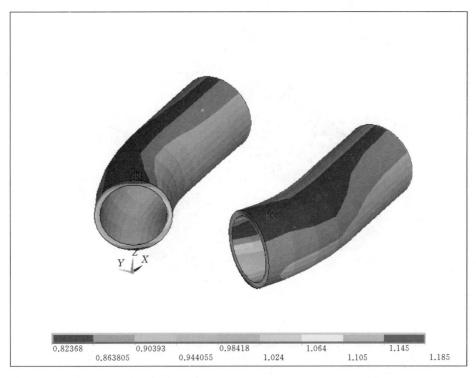

图 5.3-50 正常蓄水工况下，支管段衬砌混凝土第一主应力（单位：MPa）

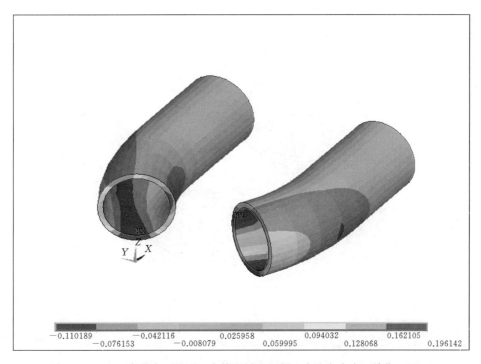

图 5.3-51 正常蓄水工况下，支管段衬砌混凝土水流向应力（单位：MPa）

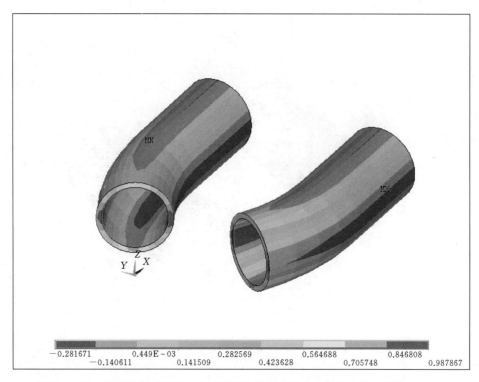

图 5.3 - 52　正常蓄水工况下，支管段衬砌混凝土垂直水流向应力（单位：MPa）

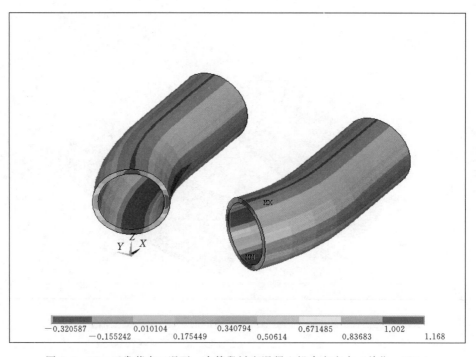

图 5.3 - 53　正常蓄水工况下，支管段衬砌混凝土铅直向应力（单位：MPa）

5.4 结 构 配 筋 计 算

5.4.1 配筋计算

对两个方案（最高涌浪水位计为方案 1、正常蓄水位计为方案 2）的断面 1—1、断面 2—2 和断面 3—3 进行配筋计算。对于每个断面，又选择了 0°、45°、90°、135°、180°、225°、270°、315°八个截面，根据线弹性计算的应力结果，采用拉应力图法进行断面配筋，其计算公式为

$$T \leqslant \frac{1}{\gamma_d}(0.6T_c + f_y A_1) \tag{5.4-1}$$

计算时取 $\gamma_d = 1.2$，$f_y = 310\mathrm{MPa}$，衬砌承担的水压力部分全部由钢筋承担，不考虑混凝土承受拉应力，即 $T_c = 0.0$。

根据每个断面拉应力的合力 T（表 5.4-1），就可以算出相应的钢筋面积（表 5.4-2），表中特征断面位置和断面角度分别见图 5.4-1 和图 5.4-2，其中 3 个典型断面的环向应力和水流向应力分布详见图 5.4-3～图 5.4-14。

表 5.4-1 混凝土断面拉应力的合力 单位：MN

方案	方向	断面位置	断面角度							
			0°	45°	90°	135°	180°	225°	270°	315°
1	环向	1—1	1.275	1.383	1.789	1.381	1.264	1.487	1.573	1.487
		2—2	1.684	1.602	1.230	1.602	1.684	1.654	1.196	1.654
		3—3	1.735	1.517	1.382	1.494	1.497	1.391	1.289	1.452
	水流向	1—1	0.060	0.034	0.103	0.036	0.059	0.147	0.183	0.146
		2—2	0	0.008	0.332	0.008	0	0.038	0.332	0.038
		3—3	0.020	0	0.005	0.049	0.118	0.149	0.088	0.032
2	环向	1—1	0.648	0.687	0.892	0.658	0.648	0.788	0.850	0.789
		2—2	0.869	0.815	0.623	0.815	0.869	5.882	0.653	0.882
		3—3	0.925	0.810	0.731	0.786	0.795	0.758	0.701	0.779
	水流向	1—1	0.027	0.018	0.054	0.019	0.028	0.075	0.097	0.075
		2—2	0	0.004	0.171	0.004	0	0.020	0.172	0.020
		3—3	0.015	0	0.004	0.037	0.095	0.121	0.008	0.024

表 5.4-2 各典型断面配筋面积 单位：mm^2/m

方案	方向	断面位置	断面角度								配筋方案
			0°	45°	90°	135°	180°	225°	270°	315°	
1	环向	1—1	4936.3	5353.5	6923.6	5347.4	4894.5	5754.6	6087.5	5756	2 层 $\phi32@200$
		2—2	6518.7	6202.8	4762.1	6202.8	6518.7	6401.8	4630.5	6401	
		3—3	6716.1	5870.7	5350.5	5784.0	5794.8	5385.3	4989.7	5620	

方案	方向	断面位置	断面角度								配筋方案
			0°	45°	90°	135°	180°	225°	270°	315°	
1	水流向	1—1	231.1	132.0	399.1	138.6	229.5	567.1	709.5	566.7	最小配筋率
		2—2	0.0	29.4	1285.9	29.4	0.0	146.3	1285.9	146.3	
		3—3	77.4	0.0	17.8	190.5	456.0	576.0	339.1	123.9	
2	环向	1—1	2508.0	2659.4	3451.0	2547.9	2508.4	3049.9	3289.9	3053	1层 φ32@200
		2—2	3363.1	3154.1	2413.2	3154.1	3363.1	3415.4	2528.5	3415	
		3—3	3578.7	3135.1	2830.5	3043.0	3078.6	2935.4	2715.1	3015	
	水流向	1—1	105.3	68.9	209.0	72.4	107.1	291.9	377.0	291.9	最小配筋率
		2—2	0.0	13.9	660.0	13.9	0.0	76.3	666.6	76.3	
		3—3	56.1	0.0	15.9	144.8	368.9	467.2	327.5	94.5	

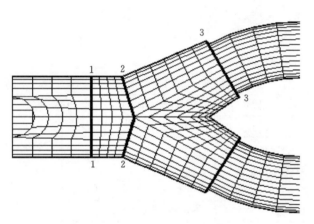

图 5.4-1 特征断面位置示意图

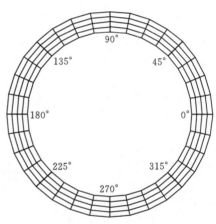

图 5.4-2 特征断面角度示意图

从表 5.4-1、表 5.4-2 以及图 5.4-3～图 5.4-14 可以看出：衬砌主要承受环向拉应力，水流向拉应力数值较小，且配筋设计受调压室最高水位工况控制，而对于断面 1—1，环向应力基本呈对称分布，最大合力出现在管顶的 90°位置，达到了 1.789MN，对应的每延米需要配置面积为 6923.6mm² 的钢筋，而断面 2—2 最大合力出现在左右腰部位置，为 1.684MN，而断面 3—3 由于受岔管体型影响，呈现较为明显的不对称性，内侧的 0°合力最大，达到了 1.735MN，每延米需要配置 6716.1mm² 的钢筋。

5.4.2 限裂设计

配筋如下：环向钢筋单层 φ32@200mm，纵向钢筋单层 φ25@200mm，靠衬砌内表面布置，主支管段、岔管段均垂直管轴线方向布置环向钢筋。

1. 混凝土开裂范围

在水压力作用下，混凝土主要承受拉应力，当混凝土拉应力大于材料的抗拉强度时，混凝土可能开裂。混凝土开裂区见图 5.4-15。

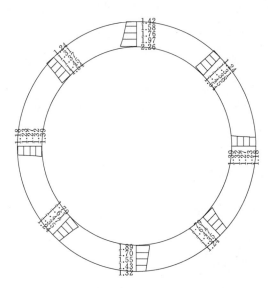

图 5.4 - 3　方案 1 断面 1—1 混凝土环向应力
（单位：MPa）

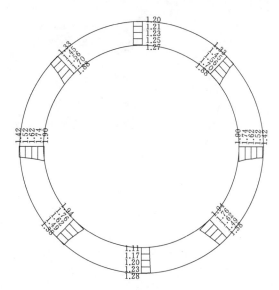

图 5.4 - 4　方案 1 断面 2—2 混凝土环向应力
（单位：MPa）

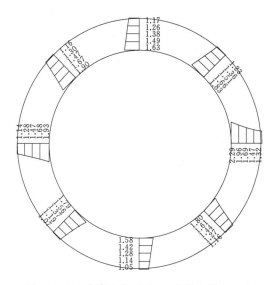

图 5.4 - 5　方案 1 断面 3—3 混凝土环向应力
（单位：MPa）

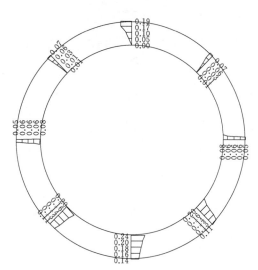

图 5.4 - 6　方案 1 断面 1—1 混凝土水流向应力
（单位：MPa）

从图 5.4 - 15 可以看出：主管段（0.5m 厚度段）混凝土绝大部分区域开裂，只有靠近厚度为 1.0m 的管段部位，腰部有部分单元未开裂，而对于与调压室衔接位置的管段，混凝土开裂区主要出现在管顶和管底处，两腰位置的混凝土基本未开裂；而对于岔管段混凝土，由于水压力作用面积增大，钝角区和锐角区的腰部混凝土全部开裂，而在岔管段的顶拱和底板位置混凝土，尤其是靠近锐角区的三角地带，混凝土开裂范围很小；而对于支管段，由于混凝土厚度较薄，均为 0.5m，沿着轴向方向，混凝土几乎全断面开裂。

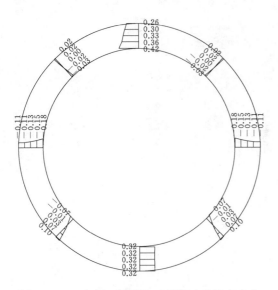

图 5.4-7　方案 1 断面 2—2 混凝土水流向应力
（单位：MPa）

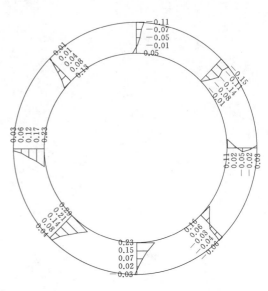

图 5.4-8　方案 1 断面 3—3 混凝土水流向应力
（单位：MPa）

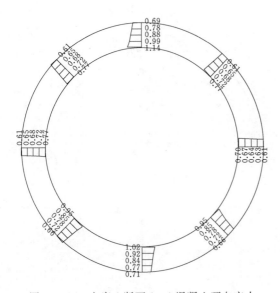

图 5.4-9　方案 2 断面 1—1 混凝土环向应力
（单位：MPa）

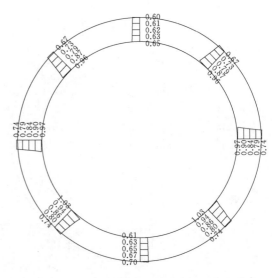

图 5.4-10　方案 2 断面 2—2 混凝土环向应力
（单位：MPa）

2. 钢筋应力

在内水压力作用下，衬砌混凝土和钢筋均主要承受拉应力，随着混凝土的开裂，衬砌发生朝向洞外变形，水压力由钢筋和围岩共同承担，对于主管段，环向钢筋主要承受拉应力，但数值较小，最大达到 33.65MPa，大部分区域环向钢筋应力约为 26MPa，而水流向钢筋应力则有拉有压，但数值均非常小，最大的拉应力和压应力均不到 5.0MPa。

而对于岔管段，环向钢筋应力稍大，其中最大值出现在锐角区的腰部位置，且下半部

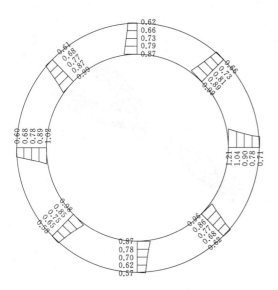

图 5.4 - 11 方案 2 断面 3—3 混凝土环向应力
（单位：MPa）

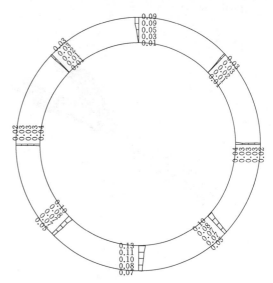

图 5.4 - 12 方案 2 断面 1—1 混凝土水流向应力
（单位：MPa）

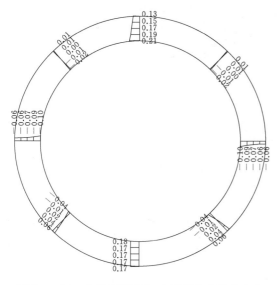

图 5.4 - 13 方案 2 断面 2—2 混凝土水流向应力
（单位：MPa）

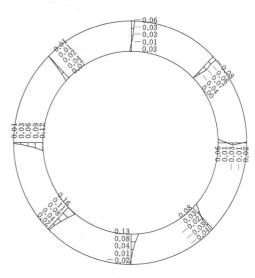

图 5.4 - 14 方案 2 断面 3—3 混凝土水流向应力
（单位：MPa）

分区域少于上半部分区域，数值分别为 84.18MPa、87.68MPa，对于岔管段的大部分区域，环向钢筋应力约在 47～57MPa，而水流向钢筋应力相对较小，最大拉、压应力分别为 9.2MPa 和 −4.9MPa。

对于支管段，环向钢筋主要承受拉应力，其中两腰位置的钢筋应力较大，尤其是两支管中间部位区域，最大环向钢筋应力达到了 41.18MPa，管顶和管底位置的钢筋应力较小，最大约在 14～18MPa，而水流向钢筋应力普遍数值较小。

（a）上半部分　　　　　　　　　　　　（b）下半部分

图 5.4 - 15　混凝土开裂区（红色为开裂区，灰色为未开裂区）

3. 混凝土最大裂缝宽度

根据计算，特征位置处的衬砌钢筋应力和最大裂缝宽度详见表 5.4 - 3。

表 5.4 - 3　　　　　　　　　　　衬砌钢筋应力和最大裂缝宽度

断面	位置	环向钢筋应力/MPa	水流向钢筋应力/MPa	最大裂缝宽度/mm
1—1	0°	6.98	−1.19	—
	90°	30.09	−3.83	—
	180°	15.07	−1.09	—
	270°	23.26	−0.4	—
2—2	0°	24.03	−2.78	—
	90°	12	−0.05	—
	180°	23.34	−3.42	—
	270°	5.59	0.57	—
3—3	0°	43.73	−3.73	—
	90°	6.37	−1.09	—
	180°	29.22	−0.52	—
	270°	7.84	0.61	—
最大值	锐角区腰部	87.678	0.21	0.115

注　根据计算公式可以看出 $\varphi = 0.3$ 时，若钢筋应力 $\sigma_s < 46.7\text{MPa}$，则 $w_{max} < 0.0\text{mm}$。

从表 5.4 - 3 可以看出：在内水压力作用下，衬砌内最大环向钢筋应力数值为

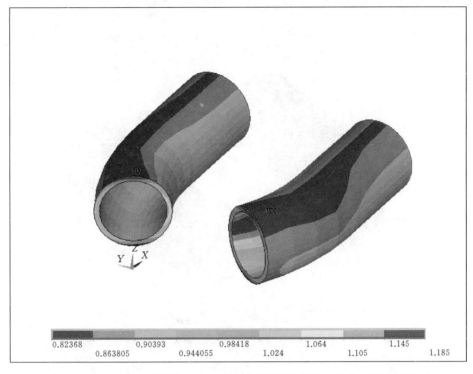

图 5.3-50 正常蓄水工况下，支管段衬砌混凝土第一主应力（单位：MPa）

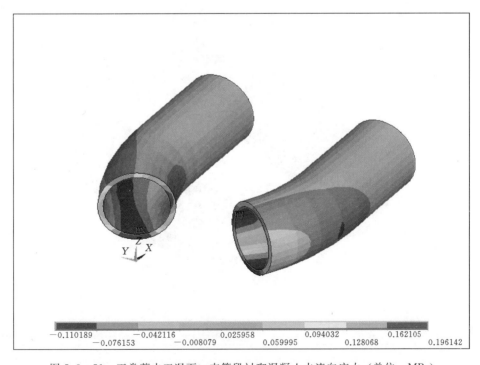

图 5.3-51 正常蓄水工况下，支管段衬砌混凝土水流向应力（单位：MPa）

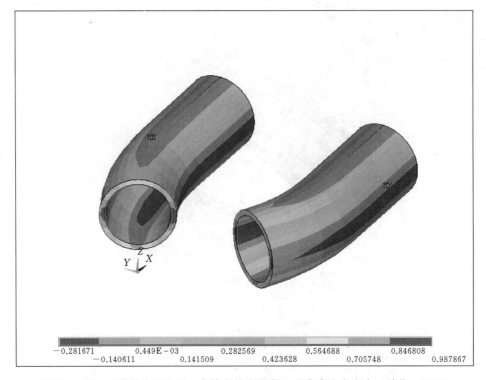

图 5.3-52　正常蓄水工况下，支管段衬砌混凝土垂直水流向应力（单位：MPa）

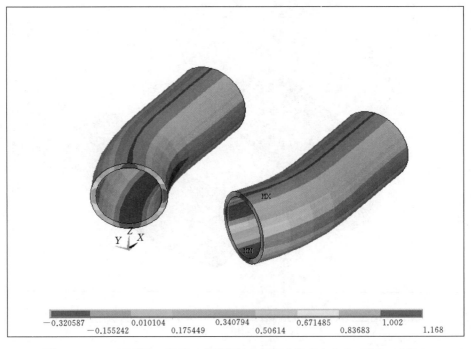

图 5.3-53　正常蓄水工况下，支管段衬砌混凝土铅直向应力（单位：MPa）

5.4 结 构 配 筋 计 算

5.4.1 配筋计算

对两个方案（最高涌浪水位计为方案1、正常蓄水位计为方案2）的断面1—1、断面2—2和断面3—3进行配筋计算。对于每个断面，又选择了0°、45°、90°、135°、180°、225°、270°、315°八个截面，根据线弹性计算的应力结果，采用拉应力图法进行断面配筋，其计算公式为

$$T \leqslant \frac{1}{\gamma_d}(0.6T_c + f_y A_1) \tag{5.4-1}$$

计算时取 $\gamma_d = 1.2$，$f_y = 310\text{MPa}$，衬砌承担的水压力部分全部由钢筋承担，不考虑混凝土承受拉应力，即 $T_c = 0.0$。

根据每个断面拉应力的合力 T（表5.4-1），就可以算出相应的钢筋面积（表5.4-2），表中特征断面位置和断面角度分别见图5.4-1和图5.4-2，其中3个典型断面的环向应力和水流向应力分布详见图5.4-3～图5.4-14。

表5.4-1　　　　　　　　混凝土断面拉应力的合力　　　　　　　　单位：MN

方案	方向	断面位置	断 面 角 度							
			0°	45°	90°	135°	180°	225°	270°	315°
1	环向	1—1	1.275	1.383	1.789	1.381	1.264	1.487	1.573	1.487
		2—2	1.684	1.602	1.230	1.602	1.684	1.654	1.196	1.654
		3—3	1.735	1.517	1.382	1.494	1.497	1.391	1.289	1.452
	水流向	1—1	0.060	0.034	0.103	0.036	0.059	0.147	0.183	0.146
		2—2	0	0.008	0.332	0.008	0	0.038	0.332	0.038
		3—3	0.020	0	0.005	0.049	0.118	0.149	0.088	0.032
2	环向	1—1	0.648	0.687	0.892	0.658	0.648	0.788	0.850	0.789
		2—2	0.869	0.815	0.623	0.815	0.869	0.882	0.653	0.882
		3—3	0.925	0.810	0.731	0.786	0.795	0.758	0.701	0.779
	水流向	1—1	0.027	0.018	0.054	0.019	0.028	0.075	0.097	0.075
		2—2	0	0.004	0.171	0.004	0	0.020	0.172	0.020
		3—3	0.015	0	0.004	0.037	0.095	0.121	0.008	0.024

表5.4-2　　　　　　　　各典型断面配筋面积　　　　　　　　单位：mm²/m

方案	方向	断面位置	断 面 角 度								配筋方案
			0°	45°	90°	135°	180°	225°	270°	315°	
1	环向	1—1	4936.3	5353.5	6923.6	5347.4	4894.5	5754.6	6087.5	5756	2层 φ32@200
		2—2	6518.7	6202.8	4762.1	6202.8	6518.7	6401.8	4630.5	6401	
		3—3	6716.1	5870.7	5350.5	5784.0	5794.8	5385.3	4989.7	5620	

续表

方案	方向	断面位置	断面角度								配筋方案
			0°	45°	90°	135°	180°	225°	270°	315°	
1	水流向	1—1	231.1	132.0	399.1	138.6	229.5	567.1	709.5	566.7	最小配筋率
		2—2	0.0	29.4	1285.9	29.4	0.0	146.3	1285.9	146.3	
		3—3	77.4	0.0	17.8	190.5	456.0	576.0	339.1	123.9	
2	环向	1—1	2508.0	2659.4	3451.0	2547.9	2508.4	3049.9	3289.9	3053	1 层 φ32@200
		2—2	3363.1	3154.1	2413.2	3154.1	3363.1	3415.4	2528.5	3415	
		3—3	3578.7	3135.1	2830.5	3043.0	3078.6	2935.4	2715.1	3015	
	水流向	1—1	105.3	68.9	209.0	72.4	107.6	291.9	377.0	291.9	最小配筋率
		2—2	0.0	13.9	660.0	13.9	0.0	76.3	666.6	76.3	
		3—3	56.1	0.0	15.9	144.8	368.9	467.2	327.5	94.5	

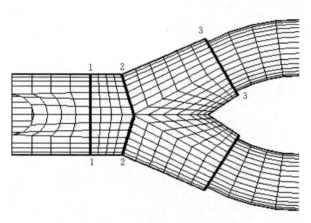
图 5.4-1　特征断面位置示意图

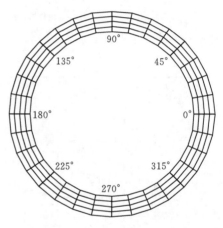
图 5.4-2　特征断面角度示意图

从表 5.4-1、表 5.4-2 以及图 5.4-3～图 5.4-14 可以看出：衬砌主要承受环向拉应力，水流向拉应力数值较小，且配筋设计受调压室最高水位工况控制，而对于断面 1—1，环向应力基本呈对称分布，最大合力出现在管顶的 90°位置，达到了 1.789MN，对应的每延米需要配置面积为 6923.6mm² 的钢筋，而断面 2—2 最大合力出现在左右腰部位置，为 1.684MN，而断面 3—3 由于受岔管体型影响，呈现较为明显的不对称性，内侧的 0°合力最大，达到了 1.735MN，每延米需要配置 6716.1mm² 的钢筋。

5.4.2　限裂设计

配筋如下：环向钢筋单层 φ32@200mm，纵向钢筋单层 φ25@200mm，靠衬砌内表面布置，主支管段、岔管段均垂直管轴线方向布置环向钢筋。

1. 混凝土开裂范围

在水压力作用下，混凝土主要承受拉应力，当混凝土拉应力大于材料的抗拉强度时，混凝土可能开裂。混凝土开裂区见图 5.4-15。

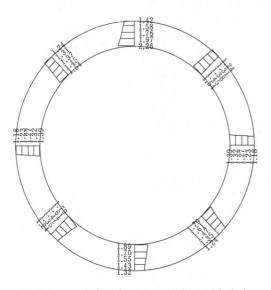

图 5.4-3　方案 1 断面 1—1 混凝土环向应力
（单位：MPa）

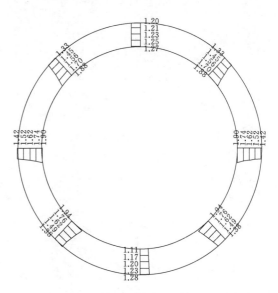

图 5.4-4　方案 1 断面 2—2 混凝土环向应力
（单位：MPa）

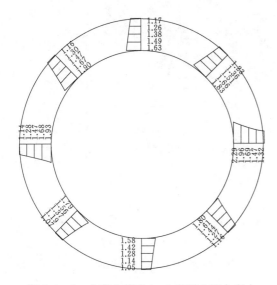

图 5.4-5　方案 1 断面 3—3 混凝土环向应力
（单位：MPa）

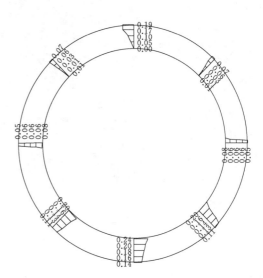

图 5.4-6　方案 1 断面 1—1 混凝土水流向应力
（单位：MPa）

从图 5.4-15 可以看出：主管段（0.5m 厚度段）混凝土绝大部分区域开裂，只有靠近厚度为 1.0m 的管段部位，腰部有部分单元未开裂，而对于与调压室衔接位置的管段，混凝土开裂区主要出现在管顶和管底处，两腰位置的混凝土基本未开裂；而对于岔管段混凝土，由于水压力作用面积增大，钝角区和锐角区的腰部混凝土全部开裂，而在岔管段的顶拱和底板位置混凝土，尤其是靠近锐角区的三角地带，混凝土开裂范围很小；而对于支管段，由于混凝土厚度较薄，均为 0.5m，沿着轴向方向，混凝土几乎全断面开裂。

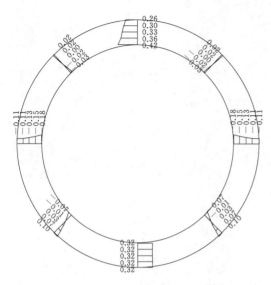

图 5.4 - 7　方案 1 断面 2—2 混凝土水流向应力
（单位：MPa）

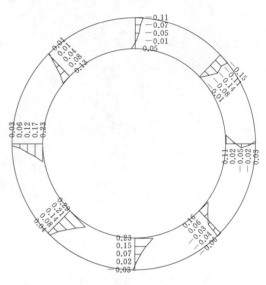

图 5.4 - 8　方案 1 断面 3—3 混凝土水流向应力
（单位：MPa）

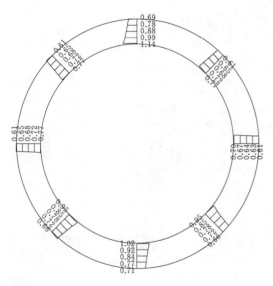

图 5.4 - 9　方案 2 断面 1—1 混凝土环向应力
（单位：MPa）

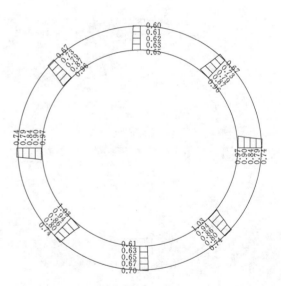

图 5.4 - 10　方案 2 断面 2—2 混凝土环向应力
（单位：MPa）

2. 钢筋应力

在内水压力作用下，衬砌混凝土和钢筋均主要承受拉应力，随着混凝土的开裂，衬砌发生朝向洞外变形，水压力由钢筋和围岩共同承担，对于主管段，环向钢筋主要承受拉应力，但数值较小，最大达到 33.65MPa，大部分区域环向钢筋应力约为 26MPa，而水流向钢筋应力则有拉有压，但数值均非常小，最大的拉应力和压应力均不到 5.0MPa。

而对于岔管段，环向钢筋应力稍大，其中最大值出现在锐角区的腰部位置，且下半部

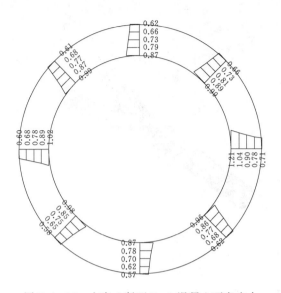

图 5.4-11　方案 2 断面 3—3 混凝土环向应力
（单位：MPa）

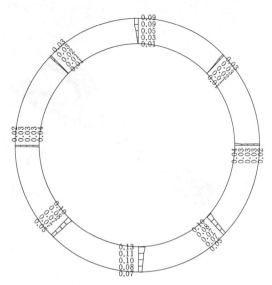

图 5.4-12　方案 2 断面 1—1 混凝土水流向应力
（单位：MPa）

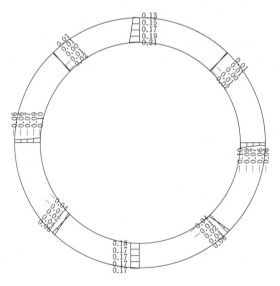

图 5.4-13　方案 2 断面 2—2 混凝土水流向应力
（单位：MPa）

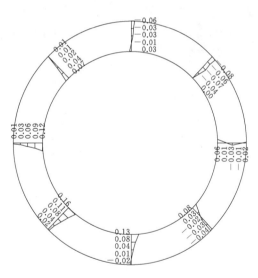

图 5.4-14　方案 2 断面 3—3 混凝土水流向应力
（单位：MPa）

分区域少于上半部分区域，数值分别为 84.18MPa、87.68MPa，对于岔管段的大部分区域，环向钢筋应力约在 47～57MPa，而水流向钢筋应力相对较小，最大拉、压应力分别为 9.2MPa 和－4.9MPa。

对于支管段，环向钢筋主要承受拉应力，其中两腰位置的钢筋应力较大，尤其是两支管中间部位区域，最大环向钢筋应力达到了 41.18MPa，管顶和管底位置的钢筋应力较小，最大约在 14～18MPa，而水流向钢筋应力普遍数值较小。

（a）上半部分　　　　　　　　　　　　　　　（b）下半部分

图5.4-15　混凝土开裂区（红色为开裂区，灰色为未开裂区）

3．混凝土最大裂缝宽度

根据计算，特征位置处的衬砌钢筋应力和最大裂缝宽度详见表5.4-3。

表5.4-3　　　　　　　　衬砌钢筋应力和最大裂缝宽度

断面	位置	环向钢筋应力/MPa	水流向钢筋应力/MPa	最大裂缝宽度/mm
1—1	0°	6.98	−1.19	—
	90°	30.09	−3.83	—
	180°	15.07	−1.09	—
	270°	23.26	−0.4	—
2—2	0°	24.03	−2.78	—
	90°	12	−0.05	—
	180°	23.34	−3.42	—
	270°	5.59	0.57	—
3—3	0°	43.73	−3.73	—
	90°	6.37	−1.09	—
	180°	29.22	−0.52	—
	270°	7.84	0.61	—
最大值	锐角区腰部	87.678	0.21	0.115

注　根据计算公式可以看出 $\varphi=0.3$ 时，若钢筋应力 $\sigma_s<46.7\text{MPa}$，则 $w_{\max}<0.0\text{mm}$。

从表5.4-3可以看出：在内水压力作用下，衬砌内最大环向钢筋应力数值为

序号	桩　号	围岩类别	长度/m	工　程　地　质　描　述
41	2+880~2+910	Ⅲ₂	30	围岩为弱风化带下部至微风化带的岩体，节理裂隙较发育，右边墙岩体破碎，洞室稳定性一般，局部较差，易产生掉块
42	2+910~2+920	Ⅱ₂	10	围岩为弱风化带下部至微风化带的岩体，完整性较好局部较破碎。洞室稳定性较好
43	2+920~3+064.9	Ⅲ₂	144.9	围岩为弱风化带下部至微风化带的岩体，节理裂隙较发育，完整性差局部较破碎。洞室稳定性一般，局部较差，易产生掉块。2+925~2+935洞段为与支洞交叉口处，受缓倾角及陡倾角节理裂隙共同影响，稳定性较差

表 6.1-7　引水隧洞Ⅱ围岩工程地质分类及力学参数建议值表

序号	桩　号	围岩类别	长度/m	岩 体 力 学 参 数						备注
				抗剪断强度		变形模量 E /GPa	泊松比 μ	坚固性系数 f_k	单位弹性抗力系数 K_0 /(MPa/cm)	
				f'	c'/MPa					
1	0+000~0+070	Ⅳ	70	0.58~0.62	0.20~0.25	3.0~4.0	0.30~0.32	1~2	10~12	
2	0+070~0+120	Ⅲ₂	50	0.70~0.75	0.95~1.0	6.0~7.0	0.24~0.25	3~4	20~25	
3	0+120~0+170	Ⅱ₂	50	0.84~0.89	1.70~1.75	10~11	0.21~0.23	5~6	50~55	
4	0+170~0+270	Ⅲ₁	100	0.75~0.80	1.0~1.1	7.0~8.0	0.23~0.24	4~5	25~30	
5	0+270~0+340	Ⅲ₂	70	0.70~0.75	0.95~1.0	6.0~7.0	0.24~0.25	3~4	20~25	
6	0+340~0+535	Ⅱ₁	195	0.89~0.92	1.75~1.80	11~12	0.19~0.21	6~7	55~60	
7	0+535~0+552	Ⅱ₂	17	0.84~0.89	1.70~1.75	10~11	0.21~0.23	5~6	50~55	
8	0+552~0+590	Ⅲ₁	38	0.75~0.80	1.0~1.1	7.0~8.0	0.23~0.24	4~5	25~30	
9	0+590~0+635	Ⅱ₂	45	0.84~0.89	1.70~1.75	10~11	0.21~0.23	5~6	50~55	
10	0+635~0+820	Ⅲ₂	185	0.70~0.75	0.95~1.0	6.0~7.0	0.24~0.25	3~4	20~25	
11	0+820~0+845	Ⅳ	25	0.58~0.62	0.20~0.25	3.0~4.0	0.30~0.32	1~2	10~12	
12	0+845~0+870.6	Ⅲ₂	25.6	0.70~0.75	0.95~1.0	6.0~7.0	0.24~0.25	3~4	20~25	

续表

序号	桩　　号	围岩类别	长度/m	岩 体 力 学 参 数						备注
				抗剪断强度		变形模量 E /GPa	泊松比 μ	坚固性系数 f_k	单位弹性抗力系数 K_0 /(MPa/cm)	
				f'	c'/MPa					
13	0+870.6~0+917.2	Ⅲ₂	46.6	0.70~0.75	0.95~1.0	6.0~7.0	0.24~0.25	3~4	20~25	
14	0+917.2~0+980	Ⅲ₂	62.8	0.70~0.75	0.95~1.0	6.0~7.0	0.24~0.25	3~4	20~25	
15	0+980~0+999.4	Ⅲ₂	19.4	0.70~0.75	0.95~1.0	6.0~7.0	0.24~0.25	3~4	20~25	
16	0+999.4~1+020	Ⅱ₂	20.6	0.84~0.89	1.70~1.75	10~11	0.21~0.23	5~6	50~55	
17	1+020~1+060	Ⅲ₁	40.0	0.75~0.80	1.0~1.1	7.0~8.0	0.23~0.24	4~5	25~30	
18	1+060~1+093.75	Ⅱ₂	33.75	0.84~0.89	1.70~1.75	10~11	0.21~0.23	5~6	50~55	
19	1+093.75~1+112.75	Ⅱ₂	19.0	0.84~0.89	1.70~1.75	10~11	0.21~0.23	5~6	50~55	
20	1+112.75~1+132	Ⅱ₁	19.25	0.89~0.92	1.75~1.80	11~12	0.19~0.21	6~7	55~60	
21	1+132~1+146	Ⅲ₂	14.0	0.70~0.75	0.95~1.0	6.0~7.0	0.24~0.25	3~4	20~25	
22	1+146~1+180	Ⅲ₁	34.0	0.75~0.80	1.0~1.1	7.0~8.0	0.23~0.24	4~5	25~30	
23	1+180~1+610	Ⅱ₁	430	0.89~0.92	1.75~1.80	11~12	0.19~0.21	6~7	55~60	
24	1+610~1+635	Ⅲ₂	25	0.70~0.75	0.95~1.0	6.0~7.0	0.24~0.25	3~4	20~25	
25	1+635~1+650	Ⅲ₁	15	0.75~0.80	1.0~1.1	7.0~8.0	0.23~0.24	4~5	25~30	
26	1+650~1+748	Ⅱ₂	98	0.84~0.89	1.70~1.75	10~11	0.21~0.23	5~6	50~55	
27	1+748~1+808	Ⅱ₁	60	0.89~0.92	1.75~1.80	11~12	0.19~0.21	6~7	55~60	
28	1+808~1+875	Ⅲ₁	67	0.75~0.80	1.0~1.1	7.0~8.0	0.23~0.24	4~5	25~30	
29	1+875~2+363	Ⅲ₂	488	0.70~0.75	0.95~1.0	6.0~7.0	0.24~0.25	3~4	20~25	

续表

序号	桩 号	围岩类别	长度/m	岩 体 力 学 参 数						备注
				抗剪断强度		变形模量 E /GPa	泊松比 μ	坚固性系数 f_k	单位弹性抗力系数 K_0 /(MPa/cm)	
				f'	c'/MPa					
30	2+363～2+379.8	III₂	16.8	0.70～0.75	0.95～1.0	6.0～7.0	0.24～0.25	3～4	20～25	
31	2+379.8～2+490	III₂	110.2	0.70～0.75	0.95～1.0	6.0～7.0	0.24～0.25	3～4	20～25	
32	2+490～2+510	III₁	20	0.75～0.80	1.0～1.1	7.0～8.0	0.23～0.24	4～5	25～30	
33	2+510～2+540	II₁	30	0.89～0.92	1.75～1.80	11～12	0.19～0.21	6～7	55～60	
34	2+540～2+623	III₁	83	0.75～0.80	1.0～1.1	7.0～8.0	0.23～0.24	4～5	25～30	
35	2+623～2+705	III₂	82	0.70～0.75	0.95～1.0	6.0～7.0	0.24～0.25	3～4	20～25	
36	2+705～2+725	II₂	20	0.84～0.89	1.70～1.75	10～11	0.21～0.23	5～6	50～55	
37	2+725～2+752	III₂	27	0.70～0.75	0.95～1.0	6.0～7.0	0.24～0.25	3～4	20～25	
38	2+752～2+802.2	III₁	50.2	0.75～0.80	1.0～1.1	7.0～8.0	0.23～0.24	4～5	25～30	
39	2+802.2～2+813.4	IV	11.2	0.58～0.62	0.20～0.25	3.0～4.0	0.30～0.32	1～2	10～12	断层，钢拱架
40	2+813.4～2+880	III₁	66.6	0.75～0.80	1.0～1.1	7.0～8.0	0.23～0.24	4～5	25～30	
41	2+880～2+910	III₂	30	0.70～0.75	0.95～1.0	6.0～7.0	0.24～0.25	3～4	20～25	零星有钢拱架
42	2+910～2+920	II₂	10	0.84～0.89	1.70～1.75	10～11	0.21～0.23	5～6	50～55	
43	2+920～3+064.9	III₂	144.9	0.70～0.75	0.95～1.0	6.0～7.0	0.24～0.25	3～4	20～25	零星有钢拱架

3. 引水支洞工程地质条件及评价

(1) 基本地质条件。

1) 地质构造。

大盈江断裂（F₁）：宽度达 170m 左右，断裂总体走向 N45°～60°E，倾向 NW，倾角 70°～80°，构造破碎带主要由角砾岩、碎裂岩、断层泥等组成，性状较差，有大理石化现象。从断层岩的成分分析，断裂具多期活动性，前期为压扭性，挤压现象明显，沿断裂带糜棱岩化强烈，后期为张扭性，裂隙发育。大盈江断裂，为晚更新世以来活动性断裂，断裂带透水性较强。尾水渠左挡墙地基已揭露。因大盈江断裂分布在引水支洞附近，在此断裂作用及影响下，引水支洞次生构造发育，覆盖层深厚，岩体风化较深。

F_2 断层：产状为 N40°～50°E，NW∠75°，充填泥质、碎裂岩，位于边坡的底部；在主变地基中已揭露。

F_{203} 断层：产状为 N50°～60°E，NW∠60°～65°，调压室与岔管之间已揭露。

F_{301} 断层：产状为 N50°～60°E，NW∠60°～70°，上弯段导井开挖揭露，岩体软弱、破碎，下部导井开挖至塌方处以前均未见有异常现象，主要为弱风化岩体。断层上盘岩体破碎，下盘岩体相对完整。此断层与各引水支洞均有相交，相交位置在斜井上弯段处。4号斜井塌方处上游至岔管段及下部导井开挖揭露的岩体均为弱风化岩体，先期塌方体成分为灰色碎块石夹泥质，与母岩矿物成分相同，其成分具断层特性，因此该塌方为断层破碎带所引起。

软弱夹层及层间挤压带：为大盈江断裂次生地质构造，与大盈江断裂平行，宽度为 10～50cm，充填泥质及黑云母富集，性状差，强度低，分布间距为 10m 不等，与支洞近垂直。在各支洞开挖过程中已揭露，与其他结构面组合形成不稳定体。

片麻理产状 N60°～65°E，NW∠45°～60°。

节理裂隙：

J_1：N50°～60°E，NW∠60°～65°，为顺片麻理向节理，也与大盈江断裂等构造方向近平行，与洞轴线交角较大，近垂直。

J_2：N50°～60°W，SW∠70°～80°。

J_3：N70°～75°W，SW∠25°～30°，缓倾角节理。

J_4：N20°～30°E，SE∠70°～90°，与洞轴线近平行。

2）地层岩性。引水支洞沿线分布的地层为中元古界高黎贡山群第一段（Pt_2g^1），岩性为眼球状混合片麻岩夹黑云角闪斜长麻岩、条带状斜长角闪片麻岩。

上部为一厚层残坡积覆盖层。

3）风化程度。因大盈江断裂影响，工程区覆盖层厚度大，岩体风化较深，残坡积层及基岩全风化带下限埋深一般为 16.74～33.62m，强风化带下限埋深一般为 34.42m，弱风化带上部下限埋深一般为 52.90m。

4）水文地质条件。支洞沿线地下水位埋深 22.40～33.24m，地下水类型为基岩裂隙水，围岩均处于地下水位以下，且水头较高。弱风化带岩体具弱至中等透水性，隧洞开挖时多呈零星滴水状。

（2）斜井段工程地质评价。斜井上平段，围岩主要为弱风化下部岩体，裂隙较发育，为 Ⅲ₃ 类围岩。围岩稳定性一般，局部稳定性差，围岩强度不足局部会产生变形破坏，不支护可能会产生塌方。

斜井上弯段（3号、4号支洞斜井塌方处），遇 F_{301} 断层，根据塌方的成分分析，其充填断层泥及碎裂岩，性状较差，强度较低；断层上盘影响带岩体破碎，且山体地下水较丰富。综合上述地质条件，导井在开挖到断层处时，在地下水的作用下，围岩稳定性极差，产生垮塌失稳。为Ⅳ类、Ⅴ类围岩。

斜井下半洞段，围岩主要为弱风化岩体，岩体以次块状-碎裂结构为主，岩体完整性差，地下水呈零星滴水状，围岩为Ⅲ$_3$类围岩，围岩稳定性一般，局部稳定性差，围岩强度不足局部会产生变形破坏，不支护可能会产生塌方。

工程处理：引水支洞斜井段工程地质条件较差，在开挖过程中，采取了支护处理，对塌方处回填混凝土及固结灌浆处理，并进行了浇筑混凝土衬砌。斜井塌方处设计需按围岩为松散体进行稳定复核。

（3）下平段工程地质评价。引水支洞下平段上覆围岩厚度薄，组成围岩的岩（土）体为残积覆盖层及全、强风化及弱风化上部岩体。强风化、弱风化岩体以镶嵌碎裂结构至碎裂结构为主，岩体较破碎，整体强度较差，且节理裂隙发育并多充填表泥质，其性状较差，沿线发育多条软弱夹层，因此引水支洞下平段主要为Ⅳ类、Ⅴ类围岩，围岩稳定性差。在施工过程采取了强支护处理，并浇筑混凝土衬砌。

上述引水支洞围岩分类及力学参数建议值分别见表6.1-8和表6.1-9。

表6.1-8　　　　　　　　引水支洞围岩分类及工程地质描述一览表

支洞编号	桩　号	围岩类别	备　注
1号	引Ⅰ 2+994.67～3+061	Ⅲ$_3$	围岩为弱风化带下部岩体，节理裂隙较发育，完整性差局部较破碎。洞室稳定性一般局部较差，易产生掉块
	引Ⅰ 3+061～3+165.0	Ⅳ	上覆围岩厚度薄，组成围岩为F$_{301}$断层及弱风化带上部岩体，其中断层充填碎裂岩、断层泥，性状较差，强度较低；断层上盘影响带岩体破碎，且地下水活动较强。弱风化带上部岩体以镶嵌碎裂结构至碎裂结构为主，岩体较破碎，且节理裂隙发育并多充填泥质，其性状较差。洞室稳定性差
	引Ⅰ 3+165.0～3+241.0	Ⅴ	上覆围岩厚度薄，组成围岩的岩（土）体为残积覆盖层及全、强风化岩体。强风化岩体以碎裂-碎块结构为主，岩体破碎，整体强度差，且风化裂隙发育并多充填泥质，其性状较差，沿线发育多条软弱夹层。洞室稳定性差
2号	引Ⅰ 2+994.67～3+115	Ⅲ$_3$	围岩为弱风化带下部岩体，节理裂隙较发育，完整性差局部较破碎。洞室稳定性一般局部较差，易产生掉块
	引Ⅰ 3+115～3+172.9	Ⅳ	上覆围岩厚度薄，组成围岩为F$_{301}$断层及弱风化带上部岩体，其中断层充填碎裂岩、断层泥，性状较差，强度较低；断层上盘影响带岩体破碎，且地下水活动较强。弱风化上部岩体以镶嵌碎裂结构至碎裂结构为主，岩体较破碎，且节理裂隙发育并多充填泥质，其性状较差。洞室稳定性差
	引Ⅰ 3+172.9～3+241.9	Ⅴ	上覆围岩厚度薄，组成围岩的岩（土）体为残积覆盖层及全、强风化岩体。强风化岩体以碎裂-碎块结构为主，岩体破碎，整体强度差，且风化裂隙发育并多充填泥质，其性状较差，沿线发育多条软弱夹层。洞室稳定性差

支洞 编号	桩　　号	围岩 类别	备　　注
3 号	引Ⅱ 3+064.9～3+105	Ⅲ₃	围岩为弱风化带下部岩体，节理裂隙较发育，完整性差局部较破碎。洞室稳定性一般局部较差，易产生掉块
	引Ⅱ 3+105～3+150	Ⅳ～Ⅴ	上覆围岩厚度薄，组成围岩为 F₃₀₁ 断层及弱风化带上部岩体，其中断层充填碎裂岩、断层泥，性状较差，强度较低；断层上盘影响带岩体破碎，且地下水活动较强。弱风化带上部岩体以镶嵌碎裂结构至碎裂结构为主，岩体较破碎，且节理裂隙发育并多充填泥质，其性状较差。洞室稳定性差
	引Ⅱ 3+150～3+176	Ⅲ₃	围岩为弱风化带下部岩体，岩体较破碎，节理裂隙发育并多充填泥质，其性状较差，沿线发育多条软弱夹层。洞室稳定性较差
	引Ⅱ 3+176～3+220	Ⅳ	上覆围岩厚度薄，组成围岩的岩（土）体为残积覆盖层及全、强风化带及弱风化带上部岩体。强风化、弱风化岩体以镶嵌碎裂结构至碎裂结构为主，岩体较破碎，整体强度较差，且节理裂隙发育并多充填泥质，其性状较差，沿线发育多条软弱夹层。洞室稳定性差
	引Ⅱ 3+220～3+284.8	Ⅴ	上覆围岩厚度薄，组成围岩的岩（土）体为残积覆盖层及全、强风化岩体。强风化岩体以碎裂-碎块结构为主，岩体破碎，整体强度差，且风化裂隙发育并多充填泥质，其性状较差，沿线发育多条软弱夹层。洞室稳定性差
4 号	引Ⅱ 3+064.9～3+105	Ⅲ₃	围岩为弱风化带下部岩体，节理裂隙较发育，完整性差局部较破碎。洞室稳定性一般局部较差，易产生掉块
	引Ⅱ 3+105～3+150	Ⅳ～Ⅴ	上覆围岩厚度薄，组成围岩为 F₃₀₁ 断层及弱风化上部岩体，其中断层充填碎裂岩、断层泥，性状较差，强度较低；断层上盘影响带岩体破碎，且地下水活动较强。弱风化带上部岩体以镶嵌碎裂结构至碎裂结构为主，岩体较破碎，且节理裂隙发育并多充填泥质，其性状较差。洞室稳定性差
	引Ⅱ 3+150～3+190	Ⅲ₃	围岩为弱风化带下部岩体，岩体较破碎，节理裂隙发育并多充填泥质，其性状较差，沿线发育多条软弱夹层。洞室稳定性较差
	引Ⅱ 3+190～3+235.0	Ⅳ	上覆围岩厚度薄，组成围岩的岩（土）体为残积覆盖层及全、强风化及弱风化带上部岩体。强风化、弱风化岩体以镶嵌碎裂结构至碎裂结构为主，岩体较破碎，整体强度较差，且节理裂隙发育并多充填泥质，其性状较差，沿线发育多条软弱夹层。洞室稳定性差
	引Ⅱ 3+235.0～3+289.1	Ⅴ	上覆围岩厚度薄，组成围岩的岩（土）体为残积覆盖层及全、强风化岩体。强风化岩体以碎裂-碎块结构为主，岩体破碎，整体强度差，且风化裂隙发育并多充填泥质，其性状较差，沿线发育多条软弱夹层。洞室稳定性差

表 6.1-9　　　　　　　　　　引水支洞围岩力学参数建议值表

围岩类别	岩体力学参数								地质条件说明
	抗剪断强度（岩与岩）		抗剪断强度（混凝土与岩）		变形模量 E /GPa	泊松比 μ	坚固性系数 f_k	单位弹性抗力系数 K_0 /(MPa/cm)	
	f'	c' /MPa	f'	c' /MPa					
Ⅲ₃	0.70～0.75	0.45～0.50	0.75～0.80	0.65～0.70	6.0～7.0	0.24～0.25	3～4	18～20	弱风化带下部岩体夹弱软层，岩体完整性差，存在不利结构面
Ⅳ	0.58～0.62	0.20～0.25	0.70～0.75	0.60～0.65	1.0～2.0	0.30～0.32	1～2	5～8	弱风化带上部、强风化岩体，分布多条不利结构面；或胶结较好的断层破碎带洞段
Ⅳ～Ⅴ	0.45～0.50	0.04～0.05			0.4～0.6	0.37～0.39	0.5～0.8	2～5	强风化岩体
Ⅴ	0.40～0.45	0.03～0.04			0.4～0.6	0.37～0.39	0	0	强风化、全风化岩体及覆盖层

6.2　隧　洞　结　构　布　置

太平江一级水电站工程装机 4 台，总装机容量为 240MW，总引用流量为 386m³/s（单机引用流量为 96.5m³/s），布置两条引水发电隧洞，隧洞内径为 8m，电站进水口布置在首部枢纽大坝右岸上游 50m 处，位于引水发电隧洞前沿，紧靠冲沙泄洪底孔布置，由拦污栅闸段、沉沙池及进水闸段组成；引水发电隧洞为有压隧洞，两条隧洞并行布置于右岸，洞中心线距 40m，综合电站运行灵活可靠、施工难易、安全、投资等因素，隧洞采用一洞二机，阻抗式调压室后分岔形成四条支洞进入厂房。

6.2.1　隧洞Ⅰ布置

引水发电隧洞Ⅰ由渐变段、上平洞、调压室、岔管段、直线段、下弯段及下平洞等组成。进口底板高程 232.00m，出口底板高程 172.40m。隧洞Ⅰ长 3342.299m，隧洞进口（引Ⅰ0+000.0～引Ⅰ0+012.0）为渐变段，长 12m，由 8.0m×8.0m 的正方形断面渐变为直径 $D=8.0$m 的圆形断面，钢筋混凝土衬砌，衬砌厚度 2m。

隧洞（引Ⅰ0+012.0～引Ⅰ2+949.811）为上平洞段，内径为 8.0m，钢筋混凝土衬砌厚 0.5m，其中桩号引Ⅰ0+073.014～引Ⅰ0+108.915 段为平弯段（半径 100.0m，转角 20.57°），桩号引Ⅰ0+108.915～引Ⅰ2+657.513 段为直线段，引Ⅰ2+657.513～引Ⅰ2+752.345 段为平弯段（半径 100m，转角 54.335°），桩号引Ⅰ2+752.345～引Ⅰ2+949.811 段为直线段，纵坡 $i=5$‰。

桩号引Ⅰ2+949.811～引Ⅰ2+967.811段为调压室段，调压室段为平坡段，底板高程为217.31m，阻抗式调压室，阻抗孔径4.5m，调压室井筒直径16.0m；为避开不良地质条件对混凝土岔管的影响，调压室后布置长10m洞径为8.0m的直管连接段，桩号为引Ⅰ2+967.811～引Ⅰ2+977.811，平底坡，衬砌厚度为0.8m。

桩号引Ⅰ2+977.811～引Ⅰ2+994.668段为钢筋混凝土岔管段，管径由8.0m渐变为6.0m，平底坡，衬砌厚度为1.0m。

岔管后压力管段总长295.189m，混凝土衬砌厚度0.5m，其中：桩号引Ⅰ2+994.668～引Ⅰ3+004.093段为平弯段（半径18m，转角30°），管径6.0m，平底坡，底板高程217.31m；引Ⅰ3+004.093～引Ⅰ3+014.093段为直线段，管径6.0m，平底坡，底板高程217.31m；引Ⅰ3+014.093～引Ⅰ3+095.113段为下弯段（半径32m，转角60°），管径6.0m，下弯段后6.0m洞径直线段长48.0m。引Ⅰ3+143.113～引Ⅰ3+153.113为锥管段，管径由6.0m渐变为4.8m，衬砌厚度为0.5m；锥管后4.8m洞径直线段长146.169m，至厂房蝶阀处，考虑围岩厚度较薄，本段采用钢板衬砌，钢板厚18mm。

6.2.2　隧洞Ⅱ布置

引水发电隧洞Ⅱ由渐变段、上平洞、调压室、岔管段、直线段、下弯段及下平洞等组成。进口底板高程232.00m，出口底板高程172.4m。隧洞Ⅱ长3299.282m，隧洞进口（引Ⅱ0+000.0～引Ⅱ0+012.0）为渐变段，长12m，由8.0m×8.0m的正方形断面渐变为直径$D=8.0$m的圆形断面，钢筋混凝土衬砌，衬砌厚度2.0m。

隧洞（引Ⅱ0+012.0～引Ⅱ3+030.072）为上平洞段，内径为8.0m，钢筋混凝土衬砌厚0.5m，其中桩号引Ⅱ0+073.014～引Ⅱ0+119.541段为平弯段（半径129.6m，转角20.57°），桩号引Ⅱ0+108.915～引Ⅱ2+687.958段为直线段，引Ⅱ2+687.958～引Ⅱ2+782.790段为平弯段（半径100m，转角54.335°），桩号引Ⅱ2+782.790～引Ⅱ3+030.072段为直线段，纵坡$i=5‰$。

桩号引Ⅱ3+030.072～引Ⅱ3+048.072段为调压室段，调压室段为平坡段，底板高程为216.91m，为阻抗式调压室，阻抗孔径4.5m，调压室井筒直径16.0m。

桩号引Ⅱ3+048.072～引Ⅱ3+064.929段为钢筋混凝土岔管段，管径由8.0m渐变为6.0m，平底坡，衬砌厚度为1.0m。

岔管后压力管段总长277.285m，混凝土衬砌厚度为0.5m，其中：桩号引Ⅱ3+064.929～引Ⅱ3+074.354段为平弯段（半径18m，转角30°），管径为6.0m，平底坡，底板高程为216.91m；引Ⅱ3+074.354～引Ⅱ3+084.354段为直线段，管径6.0m，平底坡，底板高程为216.91m；引Ⅱ3+084.354～引Ⅱ3+165.374段为下弯段（半径为32m，转角为60°），管径为6.0m，下弯段后6.0m洞径直线段长20.0m。引Ⅱ3+185.374～引Ⅱ3+195.374为锥管段，管径由6.0m渐变为4.8m，衬砌厚度为0.5m；锥管后4.8m洞径直线段长146.84m，至厂房蝶阀处，考虑围岩厚度较薄，本段采用钢板衬砌，钢板厚18mm。

引水发电隧洞平面布置图、剖面图等见图6.2-1～图6.2-8。

序号	桩　号	围岩类别	长度/m	工　程　地　质　描　述
41	2+880~2+910	Ⅲ₂	30	围岩为弱风化带下部至微风化带的岩体，节理裂隙较发育，右边墙岩体破碎，洞室稳定性一般，局部较差，易产生掉块
42	2+910~2+920	Ⅱ₂	10	围岩为弱风化带下部至微风化带的岩体，完整性较好局部较破碎。洞室稳定性较好
43	2+920~3+064.9	Ⅲ₂	144.9	围岩为弱风化带下部至微风化带的岩体，节理裂隙较发育，完整性差局部较破碎。洞室稳定性一般，局部较差，易产生掉块。2+925~2+935洞段为与支洞交叉口处，受缓倾角及陡倾角节理裂隙共同影响，稳定性较差

表 6.1－7　　引水隧洞Ⅱ围岩工程地质分类及力学参数建议值表

序号	桩　号	围岩类别	长度/m	岩 体 力 学 参 数						备注
				抗剪断强度		变形模量 E /GPa	泊松比 μ	坚固性系数 f_k	单位弹性抗力系数 K_0 /(MPa/cm)	
				f'	c'/MPa					
1	0+000~0+070	Ⅳ	70	0.58~0.62	0.20~0.25	3.0~4.0	0.30~0.32	1~2	10~12	
2	0+070~0+120	Ⅲ₂	50	0.70~0.75	0.95~1.0	6.0~7.0	0.24~0.25	3~4	20~25	
3	0+120~0+170	Ⅱ₂	50	0.84~0.89	1.70~1.75	10~11	0.21~0.23	5~6	50~55	
4	0+170~0+270	Ⅲ₁	100	0.75~0.80	1.0~1.1	7.0~8.0	0.23~0.24	4~5	25~30	
5	0+270~0+340	Ⅲ₂	70	0.70~0.75	0.95~1.0	6.0~7.0	0.24~0.25	3~4	20~25	
6	0+340~0+535	Ⅱ₁	195	0.89~0.92	1.75~1.80	11~12	0.19~0.21	6~7	55~60	
7	0+535~0+552	Ⅱ₂	17	0.84~0.89	1.70~1.75	10~11	0.21~0.23	5~6	50~55	
8	0+552~0+590	Ⅲ₁	38	0.75~0.80	1.0~1.1	7.0~8.0	0.23~0.24	4~5	25~30	
9	0+590~0+635	Ⅱ₂	45	0.84~0.89	1.70~1.75	10~11	0.21~0.23	5~6	50~55	
10	0+635~0+820	Ⅲ₂	185	0.70~0.75	0.95~1.0	6.0~7.0	0.24~0.25	3~4	20~25	
11	0+820~0+845	Ⅳ	25	0.58~0.62	0.20~0.25	3.0~4.0	0.30~0.32	1~2	10~12	
12	0+845~0+870.6	Ⅲ₂	25.6	0.70~0.75	0.95~1.0	6.0~7.0	0.24~0.25	3~4	20~25	

续表

序号	桩　号	围岩类别	长度/m	岩体力学参数						备注
				抗剪断强度		变形模量 E /GPa	泊松比 μ	坚固性系数 f_k	单位弹性抗力系数 K_0 /(MPa/cm)	
				f'	c'/MPa					
13	0+870.6~0+917.2	Ⅲ₂	46.6	0.70~0.75	0.95~1.0	6.0~7.0	0.24~0.25	3~4	20~25	
14	0+917.2~0+980	Ⅲ₂	62.8	0.70~0.75	0.95~1.0	6.0~7.0	0.24~0.25	3~4	20~25	
15	0+980~0+999.4	Ⅲ₂	19.4	0.70~0.75	0.95~1.0	6.0~7.0	0.24~0.25	3~4	20~25	
16	0+999.4~1+020	Ⅱ₂	20.6	0.84~0.89	1.70~1.75	10~11	0.21~0.23	5~6	50~55	
17	1+020~1+060	Ⅲ₁	40.0	0.75~0.80	1.0~1.1	7.0~8.0	0.23~0.24	4~5	25~30	
18	1+060~1+093.75	Ⅱ₂	33.75	0.84~0.89	1.70~1.75	10~11	0.21~0.23	5~6	50~55	
19	1+093.75~1+112.75	Ⅱ₂	19.0	0.84~0.89	1.70~1.75	10~11	0.21~0.23	5~6	50~55	
20	1+112.75~1+132	Ⅱ₁	19.25	0.89~0.92	1.75~1.80	11~12	0.19~0.21	6~7	55~60	
21	1+132~1+146	Ⅲ₂	14.0	0.70~0.75	0.95~1.0	6.0~7.0	0.24~0.25	3~4	20~25	
22	1+146~1+180	Ⅲ₁	34.0	0.75~0.80	1.0~1.1	7.0~8.0	0.23~0.24	4~5	25~30	
23	1+180~1+610	Ⅱ₁	430	0.89~0.92	1.75~1.80	11~12	0.19~0.21	6~7	55~60	
24	1+610~1+635	Ⅲ₂	25	0.70~0.75	0.95~1.0	6.0~7.0	0.24~0.25	3~4	20~25	
25	1+635~1+650	Ⅲ₁	15	0.75~0.80	1.0~1.1	7.0~8.0	0.23~0.24	4~5	25~30	
26	1+650~1+748	Ⅱ₂	98	0.84~0.89	1.70~1.75	10~11	0.21~0.23	5~6	50~55	
27	1+748~1+808	Ⅱ₁	60	0.89~0.92	1.75~1.80	11~12	0.19~0.21	6~7	55~60	
28	1+808~1+875	Ⅲ₁	67	0.75~0.80	1.0~1.1	7.0~8.0	0.23~0.24	4~5	25~30	
29	1+875~2+363	Ⅲ₂	488	0.70~0.75	0.95~1.0	6.0~7.0	0.24~0.25	3~4	20~25	

序号	桩 号	围岩类别	长度/m	岩 体 力 学 参 数						备注
				抗剪断强度		变形模量 E /GPa	泊松比 μ	坚固性系数 f_k	单位弹性抗力系数 K_0 /(MPa/cm)	
				f'	c'/MPa					
30	2+363～2+379.8	$Ⅲ_2$	16.8	0.70～0.75	0.95～1.0	6.0～7.0	0.24～0.25	3～4	20～25	
31	2+379.8～2+490	$Ⅲ_2$	110.2	0.70～0.75	0.95～1.0	6.0～7.0	0.24～0.25	3～4	20～25	
32	2+490～2+510	$Ⅲ_1$	20	0.75～0.80	1.0～1.1	7.0～8.0	0.23～0.24	4～5	25～30	
33	2+510～2+540	$Ⅱ_1$	30	0.89～0.92	1.75～1.80	11～12	0.19～0.21	6～7	55～60	
34	2+540～2+623	$Ⅲ_1$	83	0.75～0.80	1.0～1.1	7.0～8.0	0.23～0.24	4～5	25～30	
35	2+623～2+705	$Ⅲ_2$	82	0.70～0.75	0.95～1.0	6.0～7.0	0.24～0.25	3～4	20～25	
36	2+705～2+725	$Ⅱ_2$	20	0.84～0.89	1.70～1.75	10～11	0.21～0.23	5～6	50～55	
37	2+725～2+752	$Ⅲ_2$	27	0.70～0.75	0.95～1.0	6.0～7.0	0.24～0.25	3～4	20～25	
38	2+752～2+802.2	$Ⅲ_1$	50.2	0.75～0.80	1.0～1.1	7.0～8.0	0.23～0.24	4～5	25～30	
39	2+802.2～2+813.4	Ⅳ	11.2	0.58～0.62	0.20～0.25	3.0～4.0	0.30～0.32	1～2	10～12	断层，钢拱架
40	2+813.4～2+880	$Ⅲ_1$	66.6	0.75～0.80	1.0～1.1	7.0～8.0	0.23～0.24	4～5	25～30	
41	2+880～2+910	$Ⅲ_2$	30	0.70～0.75	0.95～1.0	6.0～7.0	0.24～0.25	3～4	20～25	零星有钢拱架
42	2+910～2+920	$Ⅱ_2$	10	0.84～0.89	1.70～1.75	10～11	0.21～0.23	5～6	50～55	
43	2+920～3+064.9	$Ⅲ_2$	144.9	0.70～0.75	0.95～1.0	6.0～7.0	0.24～0.25	3～4	20～25	零星有钢拱架

3. 引水支洞工程地质条件及评价

（1）基本地质条件。

1）地质构造。

大盈江断裂（F_1）：宽度达170m左右，断裂总体走向 N45°～60°E，倾向 NW，倾角 70°～80°，构造破碎带主要由角砾岩、碎裂岩、断层泥等组成，性状较差，有大理石化现象。从断层岩的成分分析，断裂具多期活动性，前期为压扭性，挤压现象明显，沿断裂带糜棱岩化强烈，后期为张扭性，裂隙发育。大盈江断裂，为晚更新世以来活动性断裂，断裂带透水性较强。尾水渠左挡墙地基已揭露。因大盈江断裂分布在引水支洞附近，在此断裂作用及影响下，引水支洞次生构造发育，覆盖层深厚，岩体风化较深。

F_2 断层：产状为 N40°～50°E，NW∠75°，充填泥质、碎裂岩，位于边坡的底部；在主变地基中已揭露。

F_{203} 断层：产状为 N50°～60°E，NW∠60°～65°，调压室与岔管之间已揭露。

F_{301} 断层：产状为 N50°～60°E，NW∠60°～70°，上弯段导井开挖揭露，岩体软弱、破碎，下部导井开挖至塌方处以前均未见有异常现象，主要为弱风化岩体。断层上盘岩体破碎，下盘岩体相对完整。此断层与各引水支洞均有相交，相交位置在斜井上弯段处。4号斜井塌方处上游至岔管段及下部导井开挖揭露的岩体均为弱风化岩体，先期塌方体成分为灰色碎块石夹泥质，与母岩矿物成分相同，其成分具断层特性，因此该塌方为断层破碎带所引起。

软弱夹层及层间挤压带：为大盈江断裂次生地质构造，与大盈江断裂平行，宽度为 10～50cm，充填泥质及黑云母富集，性状差，强度低，分布间距为 10m 不等，与支洞近垂直。在各支洞开挖过程中已揭露，与其他结构面组合形成不稳定体。

片麻理产状 N60°～65°E，NW∠45°～60°。

节理裂隙：

J_1：N50°～60°E，NW∠60°～65°，为顺片麻理向节理，也与大盈江断裂等构造方向近平行，与洞轴线交角较大，近垂直。

J_2：N50°～60°W，SW∠70°～80°。

J_3：N70°～75°W，SW∠25°～30°，缓倾角节理。

J_4：N20°～30°E，SE∠70°～90°，与洞轴线近平行。

2）地层岩性。引水支洞沿线分布的地层为中元古界高黎贡山群第一段（Pt_2g^1），岩性为眼球状混合片麻岩夹黑云角闪斜长麻岩、条带状斜长角闪片麻岩。

上部为一厚层残坡积覆盖层。

3）风化程度。因大盈江断裂影响，工程区覆盖层厚度大，岩体风化较深，残坡积层及基岩全风化带下限埋深一般为 16.74～33.62m，强风化带下限埋深一般为 34.42m，弱风化带上部下限埋深一般为 52.90m。

4）水文地质条件。支洞沿线地下水位埋深 22.40～33.24m，地下水类型为基岩裂隙水，围岩均处于地下水位以下，且水头较高。弱风化带岩体具弱至中等透水性，隧洞开挖时多呈零星滴水状。

（2）斜井段工程地质评价。斜井上平段，围岩主要为弱风化下部岩体，裂隙较发育，为 Ⅲ₃ 类围岩。围岩稳定性一般，局部稳定性差，围岩强度不足局部会产生变形破坏，不支护可能会产生塌方。

斜井上弯段（3号、4号支洞斜井塌方处），遇 F_{301} 断层，根据塌方的成分分析，其充填断层泥及碎裂岩，性状较差，强度较低；断层上盘影响带岩体破碎，且山体地下水较丰富。综合上述地质条件，导井在开挖到断层处时，在地下水的作用下，围岩稳定性极差，产生垮塌失稳。为Ⅳ类、Ⅴ类围岩。

斜井下半洞段，围岩主要为弱风化岩体，岩体以次块状-碎裂结构为主，岩体完整性差，地下水呈零星滴水状，围岩为Ⅲ₃类围岩，围岩稳定性一般，局部稳定性差，围岩强度不足局部会产生变形破坏，不支护可能会产生塌方。

工程处理：引水支洞斜井段工程地质条件较差，在开挖过程中，采取了支护处理，对塌方处回填混凝土及固结灌浆处理，并进行了浇筑混凝土衬砌。斜井塌方处设计需按围岩为松散体进行稳定复核。

（3）下平段工程地质评价。引水支洞下平段上覆围岩厚度薄，组成围岩的岩（土）体为残积覆盖层及全、强风化及弱风化上部岩体。强风化、弱风化岩体以镶嵌碎裂结构至碎裂结构为主，岩体较破碎，整体强度较差，且节理裂隙发育并多充填表泥质，其性状较差，沿线发育多条软弱夹层，因此引水支洞下平段主要为Ⅳ类、Ⅴ类围岩，围岩稳定性差。在施工过程采取了强支护处理，并浇筑混凝土衬砌。

上述引水支洞围岩分类及力学参数建议值分别见表6.1-8和表6.1-9。

表6.1-8 引水支洞围岩分类及工程地质描述一览表

支洞编号	桩 号	围岩类别	备 注
1号	引Ⅰ 2+994.67～3+061	Ⅲ₃	围岩为弱风化带下部岩体，节理裂隙较发育，完整性差局部较破碎。洞室稳定性一般局部较差，易产生掉块
	引Ⅰ 3+061～3+165.0	Ⅳ	上覆围岩厚度薄，组成围岩为F₃₀₁断层及弱风化带上部岩体，其中断层充填碎裂岩、断层泥，性状较差，强度较低；断层上盘影响带岩体破碎，且地下水活动较强。弱风化带上部岩体以镶嵌碎裂结构至碎裂结构为主，岩体较破碎，且节理裂隙发育并多充填泥质，其性状较差。洞室稳定性差
	引Ⅰ 3+165.0～3+241.0	Ⅴ	上覆围岩厚度薄，组成围岩的岩（土）体为残积覆盖层及全、强风化岩体。强风化岩体以碎裂-碎块结构为主，岩体破碎，整体强度差，且风化裂隙发育并多充填泥质，其性状较差，沿线发育多条软弱夹层。洞室稳定性差
2号	引Ⅰ 2+994.67～3+115	Ⅲ₃	围岩为弱风化带下部岩体，节理裂隙较发育，完整性差局部较破碎。洞室稳定性一般局部较差，易产生掉块
	引Ⅰ 3+115～3+172.9	Ⅳ	上覆围岩厚度薄，组成围岩为F₃₀₁断层及弱风化带上部岩体，其中断层充填碎裂岩、断层泥，性状较差，强度较低；断层上盘影响带岩体破碎，且地下水活动较强。弱风化上部岩体以镶嵌碎裂结构至碎裂结构为主，岩体较破碎，且节理裂隙发育并多充填泥质，其性状较差。洞室稳定性差
	引Ⅰ 3+172.9～3+241.9	Ⅴ	上覆围岩厚度薄，组成围岩的岩（土）体为残积覆盖层及全、强风化岩体。强风化岩体以碎裂-碎块结构为主，岩体破碎，整体强度差，且风化裂隙发育并多充填泥质，其性状较差，沿线发育多条软弱夹层。洞室稳定性差

续表

支洞编号	桩　号	围岩类别	备　注
3 号	引 II 3＋064.9～3＋105	III₃	围岩为弱风化带下部岩体，节理裂隙较发育，完整性差局部较破碎。洞室稳定性一般局部较差，易产生掉块
	引 II 3＋105～3＋150	IV～V	上覆围岩厚度薄，组成围岩为 F_{301} 断层及弱风化带上部岩体，其中断层充填碎裂岩、断层泥，性状较差，强度较低；断层上盘影响带岩体破碎，且地下水活动较强。弱风化带上部岩体以镶嵌碎裂结构至碎裂结构为主，岩体较破碎，且节理裂隙发育并多充填泥质，其性状较差。洞室稳定性差
	引 II 3＋150～3＋176	III₃	围岩为弱风化带下部岩体，岩体较破碎，节理裂隙发育并多充填泥质，其性状较差，沿线发育多条软弱夹层。洞室稳定性较差
	引 II 3＋176～3＋220	IV	上覆围岩厚度薄，组成围岩的岩（土）体为残积覆盖层及全、强风化带及弱风化带上部岩体。强风化、弱风化岩体以镶嵌碎裂结构至碎裂结构为主，岩体较破碎，整体强度较差，且节理裂隙发育并多充填泥质，其性状较差，沿线发育多条软弱夹层。洞室稳定性差
	引 II 3＋220～3＋284.8	V	上覆围岩厚度薄，组成围岩的岩（土）体为残积覆盖层及全、强风化岩体。强风化岩体以碎裂-碎块结构为主，岩体破碎，整体强度差，且风化裂隙发育并多充填泥质，其性状较差，沿线发育多条软弱夹层。洞室稳定性差
4 号	引 II 3＋064.9～3＋105	III₃	围岩为弱风化带下部岩体，节理裂隙较发育，完整性差局部较破碎。洞室稳定性一般局部较差，易产生掉块
	引 II 3＋105～3＋150	IV～V	上覆围岩厚度薄，组成围岩为 F_{301} 断层及弱风化上部岩体，其中断层充填碎裂岩、断层泥，性状较差，强度较低；断层上盘影响带岩体破碎，且地下水活动较强。弱风化带上部岩体以镶嵌碎裂结构至碎裂结构为主，岩体较破碎，且节理裂隙发育并多充填泥质，其性状较差。洞室稳定性差
	引 II 3＋150～3＋190	III₃	围岩为弱风化带下部岩体，岩体较破碎，节理裂隙发育并多充填泥质，其性状较差，沿线发育多条软弱夹层。洞室稳定性较差
	引 II 3＋190～3＋235.0	IV	上覆围岩厚度薄，组成围岩的岩（土）体为残积覆盖层及全、强风化及弱风化带上部岩体。强风化、弱风化岩体以镶嵌碎裂结构至碎裂结构为主，岩体较破碎，整体强度较差，且节理裂隙发育并多充填泥质，其性状较差，沿线发育多条软弱夹层。洞室稳定性差
	引 II 3＋235.0～3＋289.1	V	上覆围岩厚度薄，组成围岩的岩（土）体为残积覆盖层及全、强风化岩体。强风化岩体以碎裂-碎块结构为主，岩体破碎，整体强度差，且风化裂隙发育并多充填泥质，其性状较差，沿线发育多条软弱夹层。洞室稳定性差

表 6.1-9 引水支洞围岩力学参数建议值表

围岩类别	岩体力学参数								地质条件说明
	抗剪断强度（岩与岩）		抗剪断强度（混凝土与岩）		变形模量 E /GPa	泊松比 μ	坚固性系数 f_k	单位弹性抗力系数 K_0 /(MPa/cm)	
	f'	c' /MPa	f'	c' /MPa					
Ⅲ₃	0.70~0.75	0.45~0.50	0.75~0.80	0.65~0.70	6.0~7.0	0.24~0.25	3~4	18~20	弱风化带下部岩体夹弱软层，岩体完整性差，存在不利结构面
Ⅳ	0.58~0.62	0.20~0.25	0.70~0.75	0.60~0.65	1.0~2.0	0.30~0.32	1~2	5~8	弱风化带上部、强风化岩体，分布多条不利结构面；或胶结较好的断层破碎带洞段
Ⅳ~Ⅴ	0.45~0.50	0.04~0.05			0.4~0.6	0.37~0.39	0.5~0.8	2~5	强风化岩体
Ⅴ	0.40~0.45	0.03~0.04			0.4~0.6	0.37~0.39	0	0	强风化、全风化岩体及覆盖层

6.2 隧洞结构布置

太平江一级水电站工程装机 4 台，总装机容量为 240MW，总引用流量为 $386m^3/s$（单机引用流量为 $96.5m^3/s$），布置两条引水发电隧洞，隧洞内径为 8m，电站进水口布置在首部枢纽大坝右岸上游 50m 处，位于引水发电隧洞前沿，紧靠冲沙泄洪底孔布置，由拦污栅闸段、沉沙池及进水闸段组成；引水发电隧洞为有压隧洞，两条隧洞并行布置于右岸，洞中心线距 40m，综合电站运行灵活可靠、施工难易、安全、投资等因素，隧洞采用一洞二机，阻抗式调压室后分岔形成四条支洞进入厂房。

6.2.1 隧洞Ⅰ布置

引水发电隧洞Ⅰ由渐变段、上平洞、调压室、岔管段、直线段、下弯段及下平洞等组成。进口底板高程 232.00m，出口底板高程 172.40m。隧洞Ⅰ长 3342.299m，隧洞进口（引Ⅰ0+000.0~引Ⅰ0+012.0）为渐变段，长 12m，由 8.0m×8.0m 的正方形断面渐变为直径 $D=8.0m$ 的圆形断面，钢筋混凝土衬砌，衬砌厚度 2m。

隧洞（引Ⅰ0+012.0~引Ⅰ2+949.811）为上平洞段，内径为 8.0m，钢筋混凝土衬砌厚 0.5m，其中桩号引Ⅰ0+073.014~引Ⅰ0+108.915 段为平弯段（半径 100.0m，转角 20.57°），桩号引Ⅰ0+108.915~引Ⅰ2+657.513 段为直线段，引Ⅰ2+657.513~引Ⅰ2+752.345 段为平弯段（半径 100m，转角 54.335°），桩号引Ⅰ2+752.345~引Ⅰ2+949.811 段为直线段，纵坡 $i=5‰$。

桩号引Ⅰ2+949.811～引Ⅰ2+967.811 段为调压室段，调压室段为平坡段，底板高程为 217.31m，阻抗式调压室，阻抗孔径 4.5m，调压室井筒直径 16.0m；为避开不良地质条件对混凝土岔管的影响，调压室后布置长 10m 洞径为 8.0m 的直管连接段，桩号为引Ⅰ2+967.811～引Ⅰ2+977.811，平底坡，衬砌厚度为 0.8m。

桩号引Ⅰ2+977.811～引Ⅰ2+994.668 段为钢筋混凝土岔管段，管径由 8.0m 渐变为 6.0m，平底坡，衬砌厚度为 1.0m。

岔管后压力管段总长 295.189m，混凝土衬砌厚度 0.5m，其中：桩号引Ⅰ2+994.668～引Ⅰ3+004.093 段为平弯段（半径 18m，转角 30°），管径 6.0m，平底坡，底板高程 217.31m；引Ⅰ3+004.093～引Ⅰ3+014.093 段为直线段，管径 6.0m，平底坡，底板高程 217.31m；引Ⅰ3+014.093～引Ⅰ3+095.113 段为下弯段（半径 32m，转角 60°），管径 6.0m，下弯段后 6.0m 洞径直线段长 48.0m。引Ⅰ3+143.113～引Ⅰ3+153.113 为锥管段，管径由 6.0m 渐变为 4.8m，衬砌厚度为 0.5m；锥管后 4.8m 洞径直线段长 146.169m，至厂房蝶阀处，考虑围岩厚度较薄，本段采用钢板衬砌，钢板厚 18mm。

6.2.2　隧洞Ⅱ布置

引水发电隧洞Ⅱ由渐变段、上平洞、调压室、岔管段、直线段、下弯段及下平洞等组成。进口底板高程 232.00m，出口底板高程 172.4m。隧洞Ⅱ长 3299.282m，隧洞进口（引Ⅱ0+000.0～引Ⅱ0+012.0）为渐变段，长 12m，由 8.0m×8.0m 的正方形断面渐变为直径 $D=8.0$m 的圆形断面，钢筋混凝土衬砌，衬砌厚度 2.0m。

隧洞（引Ⅱ0+012.0～引Ⅱ3+030.072）为上平洞段，内径为 8.0m，钢筋混凝土衬砌厚 0.5m，其中桩号引Ⅱ0+073.014～引Ⅱ0+119.541 段为平弯段（半径 129.6m，转角 20.57°），桩号引Ⅱ0+108.915～引Ⅱ2+687.958 段为直线段，引Ⅱ2+687.958～引Ⅱ2+782.790 段为平弯段（半径 100m，转角 54.335°），桩号引Ⅱ2+782.790～引Ⅱ3+030.072 段为直线段，纵坡 $i=5‰$。

桩号引Ⅱ3+030.072～引Ⅱ3+048.072 段为调压室段，调压室段为平坡段，底板高程为 216.91m，为阻抗式调压室，阻抗孔径 4.5m，调压室井筒直径 16.0m。

桩号引Ⅱ3+048.072～引Ⅱ3+064.929 段为钢筋混凝土岔管段，管径由 8.0m 渐变为 6.0m，平底坡，衬砌厚度为 1.0m。

岔管后压力管段总长 277.285m，混凝土衬砌厚度为 0.5m，其中：桩号引Ⅱ3+064.929～引Ⅱ3+074.354 段为平弯段（半径 18m，转角 30°），管径为 6.0m，平底坡，底板高程为 216.91m；引Ⅱ3+074.354～引Ⅱ3+084.354 段为直线段，管径 6.0m，平底坡，底板高程为 216.91m；引Ⅱ3+084.354～引Ⅱ3+165.374 段为下弯段（半径为 32m，转角为 60°），管径为 6.0m，下弯段后 6.0m 洞径直线段长 20.0m。引Ⅱ3+185.374～引Ⅱ3+195.374 为锥管段，管径由 6.0m 渐变为 4.8m，衬砌厚度为 0.5m；锥管后 4.8m 洞径直线段长 146.84m，至厂房蝶阀处，考虑围岩厚度较薄，本段采用钢板衬砌，钢板厚 18mm。

引水发电隧洞平面布置图、剖面图等见图 6.2-1～图 6.2-8。

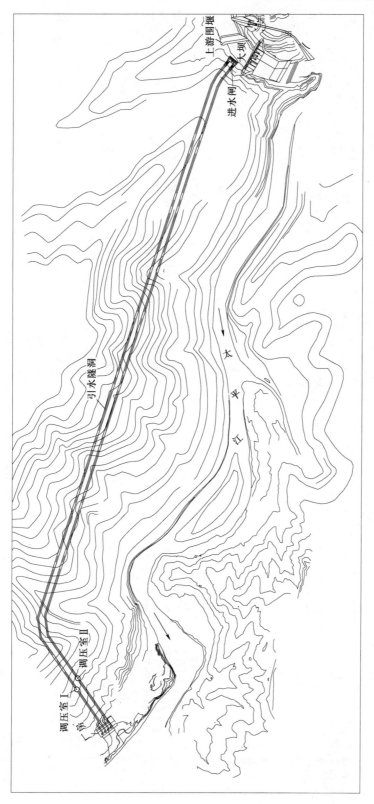

图 6.2-1　引水发电隧洞平面布置示意图

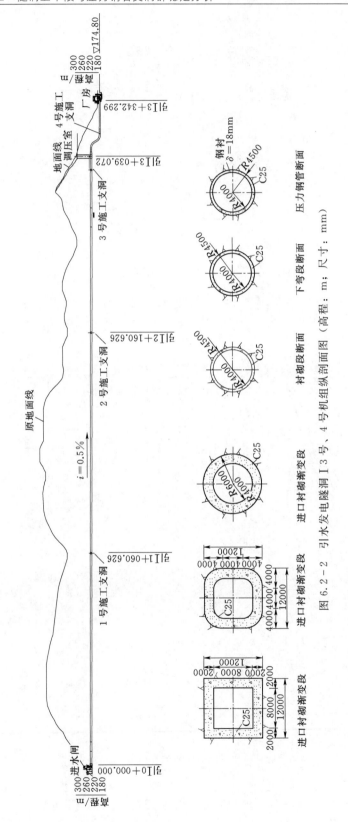

图 6.2-2　引水发电隧洞 I 3 号、4 号机组纵剖面图（高程：m；尺寸：mm）

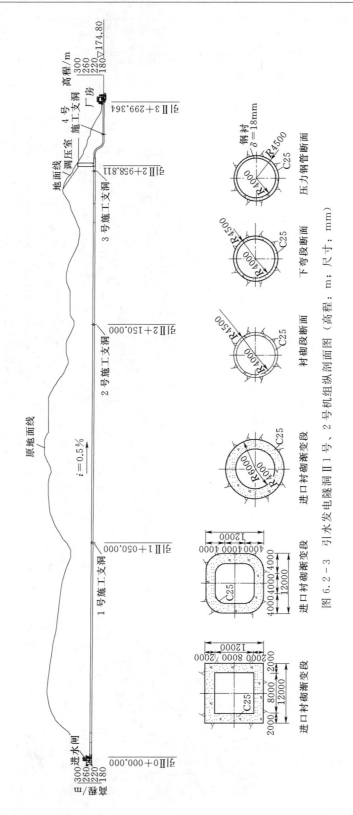

图 6.2－3　引水发电隧洞Ⅱ1号、2号机组纵剖面图（高程：m；尺寸：mm）

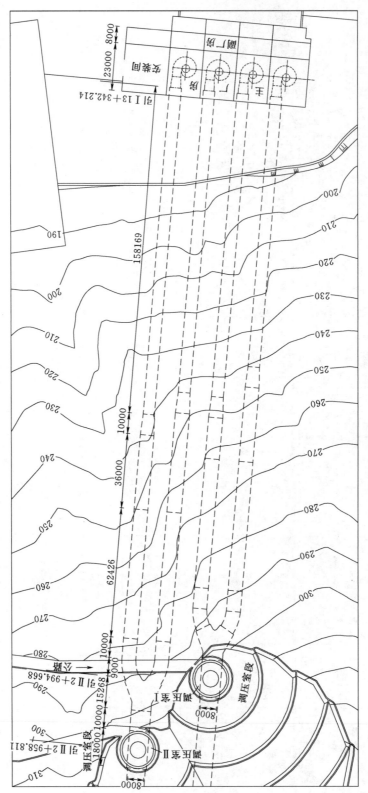

图 6.2－4　引水发电隧洞压力管道平面布置图（高程：m；尺寸：mm）

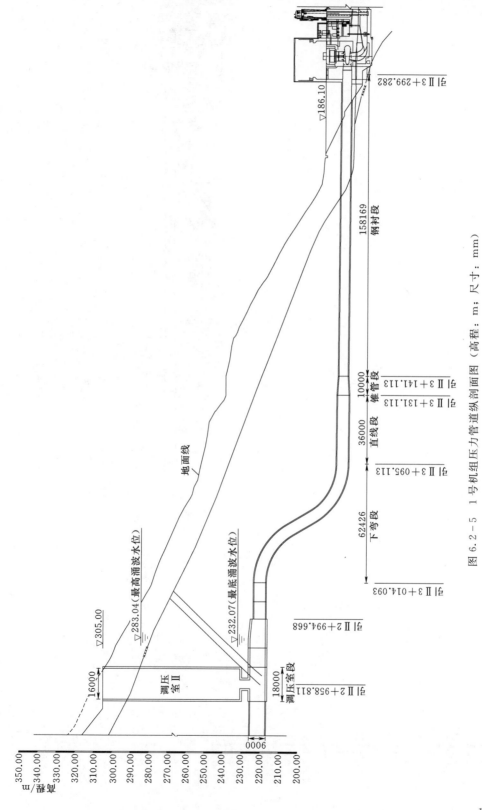

图 6.2－5　1 号机组压力管道纵剖面图（高程：m；尺寸：mm）

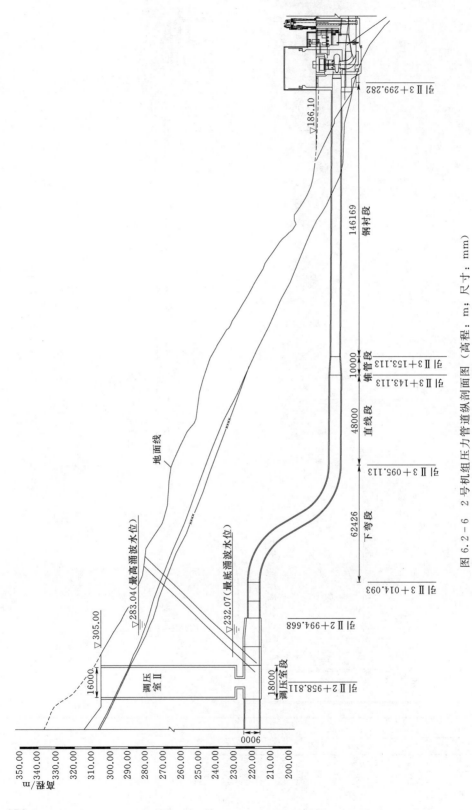

图 6.2-6　2 号机组压力管道纵剖面图（高程：m；尺寸：mm）

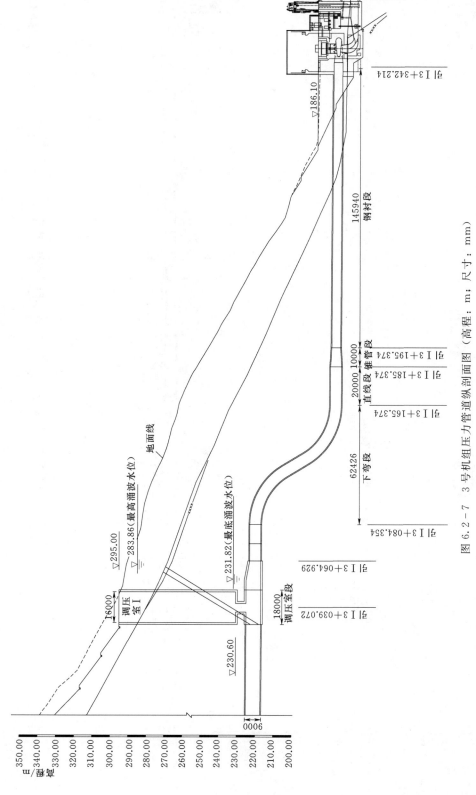

图 6.2-7 3 号机组压力管道纵剖面图（高程：m；尺寸：mm）

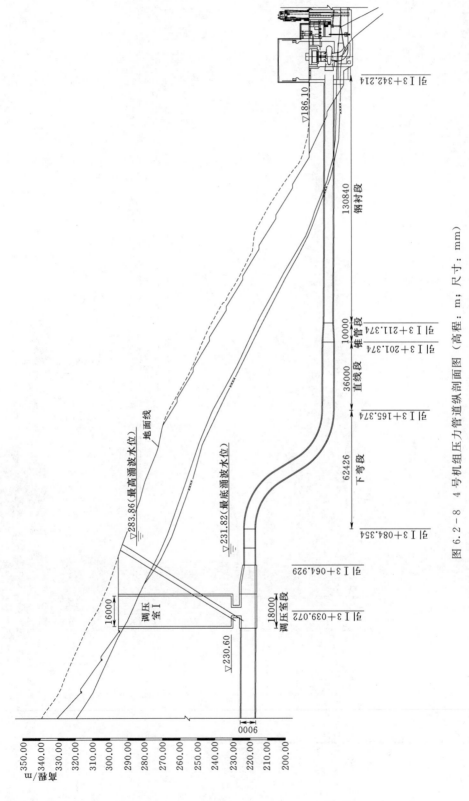

图 6.2 - 8　4 号机组压力管道纵剖面图（高程：m；尺寸：mm）

6.3 隧洞稳定分析

6.3.1 隧洞上平段稳定性及支护优化研究

1. 研究内容及计算条件

（1）研究内容。太平江一级水电站引水发电隧洞位于右岸，双洞平行布置，中心间距40m，选取洞内Ⅲ～Ⅳ类及Ⅱ～Ⅲ类典型围岩的洞段，开展施工期和运行期的围岩稳定性分析，在此基础上开展施工期和永久衬砌结构优化设计。主要研究内容如下：

1）按照隧洞开挖和支护方案，分析隧洞开挖完成、初期支护施加后围岩、喷混凝土层及锚杆的应力及变形，分析围岩的稳定性。

2）按照隧洞衬砌设计，计算引水发电隧洞在运行工况下围岩及混凝土衬砌结构的应力及变形情况。

3）根据施工期和运行期隧洞变形与稳定性计算、分析结果，提出引水发电隧洞初期支护及衬砌结构优化建议。

（2）计算断面。

1）Ⅱ～Ⅲ类围岩，计算断面为引Ⅰ2+583、引Ⅰ2+970，其中引Ⅰ2+970位于F_{203}断层处。

2）Ⅲ～Ⅳ类围岩，计算断面为引Ⅰ0+013、引Ⅰ0+020，位于发电洞进口段，主要针对f_{204}与发电洞相交洞段。

发电洞进口段一期典型支护设计见图6.3-1。

（3）计算工况及荷载组合。计算工况主要分施工期和运行期，对应的荷载组合如下。

1）施工期。初始自重应力场＋开挖荷载。

2）运行期。

双洞运行工况：初始自重应力场＋开挖荷载＋内水压力＋外水压力。

双洞运行＋地震工况：初始自重应力场＋开挖荷载＋内水压力＋外水压力＋地震荷载。

单洞运行工况：初始自重应力场＋开挖荷载＋内水压力＋外水压力。

单洞运行＋地震工况：初始自重应力场＋开挖荷载＋外水压力＋地震荷载。

2. 围岩及衬砌结构变形及稳定性有限元计算条件

（1）有限元法的基本原理。有限元方法旨在将所探讨的工程结构转化为由节点和单元组成的有限元系统模型，是一种将复杂的弹性力学问题转化为结构力学问题的研究方法。随着电子计算机的发展，有限元作为一种有效的数值计算方法，在地下结构中逐渐得以应用。该方法的优越性在于可以充分考虑岩土介质的非均质性及几何非线性等，且能适应各种实际的边界条件，这就使得对岩土复杂本构和支护相互作用体系的模拟在有限元软件中得以实现。

有限单元法是通过变分原理（或加权余量法）和分区插值的离散化处理把基本支配方程转化为线性代数方程，把求解待解域内的连续场函数转化为求解有限个离散点（节点）处的场函数值的计算方法。

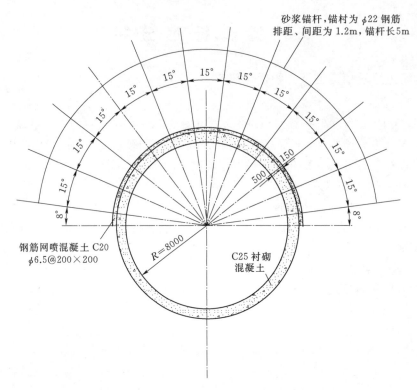

图 6.3-1 发电洞进口段一期典型支护设计图（单位：mm）

当单元充分小，在一个微小的单元内，未知场函数 μ 就可以采用十分简单的代数多项式近似地表述。通常采用如下的插值形式：

$$\mu = \sum_{i=1}^{m} N_i \mu_i \tag{6.3-1}$$

或
$$\{\mu\}_e = [N]\{\delta\}_e = [N_1, N_2, \cdots, N_m]\{\delta\}_e \tag{6.3-2}$$

式中：$N = [N_1, N_2, \cdots, N_m]$ 为插值函数或形函数；$\{\delta\}_e = [u_1, u_2, \cdots, u_m]^T$ 为单元节点处的函数值；下标 m 表示单元的节点数目；e 表示单元的序号。

有限单元法即是以所有节点处的 u_i 值作为基本未知量。

由虚功原理可得单元平衡方程：

$$[k]\{\delta\}^e = \{F\}^e \tag{6.3-3}$$

式中：$\{F\}^e$ 为单元上的等效节点力；$\{\delta\}^e$ 为单元节点位移列阵；$[k]$ 为单元刚度矩阵，可表示为式（6.3-4）。

$$[k] = \int_v [B]^T [D_{ep}][B]\mathrm{d}v \tag{6.3-4}$$

式中：$[D_{ep}]$ 为弹塑性矩阵。

按照塑性势理论，有

$$[D_{ep}] = [D_e] - [D_p] = [D_e] - \frac{[D_e]\left\{\dfrac{\partial Q}{\partial \sigma}\right\}\left\{\dfrac{\partial F}{\partial \sigma}\right\}^T [D_e]}{A + \left\{\dfrac{\partial F}{\partial \sigma}\right\}^T [D_e]\left\{\dfrac{\partial Q}{\partial \sigma}\right\}} \tag{6.3-5}$$

式中：$[D_e]$ 为弹性矩阵；$[D_p]$ 为塑性矩阵；A 为与硬化有关的参数；F 为塑性屈服函数；Q 为塑性势函数，当 $F=Q$ 时，称为关联流动法则。

对于理想弹塑性材料，取 $A=0$。屈服函数采用 Drucker-Prager 准则表示：

$$F = \alpha I_1 + \sqrt{J_2} - k = 0 \tag{6.3-6}$$

其中

$$\alpha = \frac{\sin\varphi}{\sqrt{3(3+\sin^2\varphi)}}; k = \frac{3c\cos\varphi}{\sqrt{3(3+\sin^2\varphi)}} \tag{6.3-7}$$

式中：I_1 为应力张量第一不变量；J_2 为应力偏量第二不变量；c 为岩土类摩擦型材料的黏聚力；φ 为内摩擦角。

式（6.3-7）表示的屈服函数在平面上内切于 Mohr-Coulomb 屈服函数。

将单元平衡方程集合在一起，得到总体平衡方程：

$$[K]\{\delta\} = \{F\} \tag{6.3-8}$$

式中：$[K]$ 为总体刚度矩阵；$\{\delta\}$ 为节点位移列阵；$\{F\}$ 为节点等效载荷列阵。

（2）计算单元选择。有限元分析中针对锚杆等初期支护的处理方式主要有两种，即分离式模型和整体式模型。分离式模型把岩土、锚杆和支护作为不同的单元来处理，即各自被划分为足够小的单元分开求解；整体式模型把锚杆分布于整个单元中，假定岩土和锚杆黏结很好，并把单元视为连续均匀材料求解。

针对二维平面有限元计算，可以考虑分离式模型：岩土材料（PLANE42 单元）＋钢筋（LINK1 单元）＋初期喷混凝土支护（BEAM3 单元）＋后期浇筑混凝土支护（PLANE42 单元），并且认为岩土和锚杆黏结很好。

PLANE42 单元为二维实体结构单元，可作平面单元（平面应力或平面应变），也可以用作轴对称单元，本单元有 4 个节点，每个节点有 2 个自由度，分别为沿 x，y 方向的线位移。该单元能够适应复杂的边界条件，模拟弹性、塑性、蠕变、应力硬化等，具有模拟大位移、大应变的能力；LINK1 单元为可承受单轴拉压的单元，不能承受弯矩作用，每个节点有 2 个自由度，即沿 x，y 方向的线位移；BEAM3 单元为可承受拉、压、弯作用的单轴单元，每个节点有 3 个自由度，即沿 x，y 方向的线位移及绕 z 轴的角位移。

（3）材料的本构关系。选取岩土材料为弹塑性本构关系，服从德鲁克-普拉格（Drucker-Prager）屈服准则。德鲁克-普拉格（Drucker-Prager）屈服模型是对摩尔-库仑（Mohr-Coulomb）屈服模型的近似，以此来修正冯·米塞斯（Von Mises）屈服准则，即在冯·米塞斯表达式中包含一个附加项。其流动法则既可以使用相关联的流动法则，也可以使用不关联流动法则，其屈服面并不随着材料的逐渐屈服而改变，因此没有强化准则，然而其屈服强度随着侧限压力（静水应力）的增加而相应增加，其塑性行为被假定为理想弹塑性（图 6.3-2），另外，这种屈服模型考虑了由于屈服而引起的体积膨胀，但不考虑温度变化的影响。由于这种屈服模型考虑了围压（静水压力）对屈服特性的影响，并且能反应剪切引起膨胀（扩容）的性质，因此广泛应用于模拟岩石类材料的弹塑性性质。在 ANSYS 有限元软件中，即可采用德鲁克-普拉格屈服材料模型模拟隧洞围岩的弹塑性性质。

德鲁克-普拉格屈服面的函数表达式为

$$f = \alpha I_1 + J_2^{1/2} - H = 0 \tag{6.3-9}$$

式中：I_1 为应力张量的第一不变量，$I_1 = \sigma_1 + \sigma_2 + \sigma_3$；$J_2$ 为应力偏张量的第二不变量；

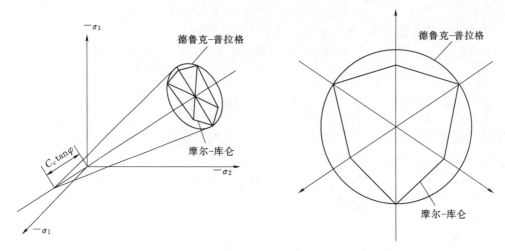

图 6.3-2　摩尔-库仑和德鲁克-普拉格屈服条件的几何关系

$$J_2 = \frac{1}{6}\left[(\sigma_1 - \sigma_2)^2 + (\sigma_2 - \sigma_3)^2 + (\sigma_3 - \sigma_1)^2\right];\ \alpha,\ H\ 为材料试验常数。$$

　　式（6.3-9）表示的屈服面在主应力空间中是一个圆锥面，它在 $\sigma_1 + \sigma_2 + \sigma_3 = 0$ 的平面（称为 π 平面）及与该平面平行的平面上的截线是一个圆。材料试验常数 α、H 与岩土工程计算中常用的黏聚力 c 和摩擦角 φ 之间有以下关系：

$$\alpha = \frac{2\sin\varphi}{\sqrt{3}(3 - \sin\varphi)},\ H = \frac{6c\cos\varphi}{\sqrt{3}(3 - \sin\varphi)} \tag{6.3-10}$$

　　在采用 ANSYS 有限元分析软件模拟岩石类材料时，还需输入标识材料受剪膨胀特性的参数膨胀角 ϕ_f，膨胀角 ϕ_f 被用来控制体积膨胀的大小，对压实的颗粒状材料，当材料受剪时，颗粒将会膨胀，如果膨胀角 ϕ_f 为 0，则不会发生体积膨胀。如果 $\phi_f = \phi$，在材料中将会发生严重的体积膨胀，一般来说，$\phi_f = 0$ 是一种保守方法，本工程在应用德鲁克-普拉格屈服材料模型模拟隧洞围岩的弹塑性性质时，即假定 $\phi_f = 0$。

　　围岩拟采用弹塑性本构，混凝土衬砌、喷混凝土和锚杆则采用线弹性本构。

　　（4）施工过程的模拟。利用 ANSYS 软件的荷载步功能和单元的生死技术可以有效地模拟发电洞的开挖和初期支护的施加，在一个荷载步计算结束后，根据施工过程，执行下一步相应的操作，如此循环，直至工程结束。ANSYS 软件通过单元的生死技术实现材料的添加和消除。所谓"杀死"单元，并不是将单元从模型中删除，而是程序用一个非常小的因子 ［ESTIF］（默认值为 1.0×10^{-6}）乘以其刚度矩阵，并从总质量矩阵中消去该单元质量，"死单元"的单元荷载将为 0，从而不对荷载向量生效，单元的应变在杀死的同时也将变为 0；同样，如果单元"出生"，也并不是将单元加到模型中，而是重新激活它们，使其刚度、质量和单元荷载等恢复原始数值。并且，如果大应变选项打开，激活的单元会自动修改自身的几何性质（长度、面积等）来协调当前的位移。

　　对于引水发电洞的开挖采用单元的杀死技术实现，对于初期支护的施加采用单元的激活技术实现，从而有效地实现对整个施工进程的模拟。同时应当注意，当求解处理为非线性分析时，不能因为杀死或重新激活单元而引起奇异性，这将使得收敛困难，本工程在求解分析时打开牛顿-拉普森方法的自适应下降选项。

（5）计算模型与参数。

1）计算剖面及网格划分。针对Ⅱ～Ⅲ类围岩，计算断面为引Ⅰ2+583、引Ⅰ2+970，其中引Ⅰ2+970位于F_{203}断层相交处。针对Ⅲ～Ⅳ类围岩，计算断面为发电洞进口段，引Ⅰ0+013、引Ⅰ0+020主要针对f_{204}与发电洞相交洞段进行稳定性分析。

引Ⅰ0+013计算模型宽140m，高60.4m，岩体和后期浇筑混凝土支护采用四节点面单元划分网格，锚杆和初期喷混凝土支护采用两节点线单元划分网格，共计9388个节点，9946个单元。模型两侧边界在水平方向施加滑动支座约束，模型底边界在竖直方向施加滑动支座约束，计算模型见图6.3-3。

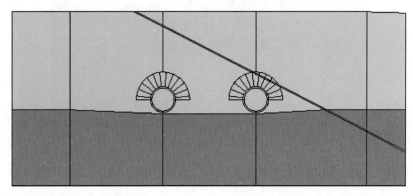

图6.3-3　引Ⅰ0+013有限元计算模型

引Ⅰ0+020有限元计算模型宽140m，高60.4m，岩体和后期浇筑混凝土支护采用四节点面单元划分网格，锚杆和初期喷混凝土支护采用两节点线单元划分网格，共计10319个节点，10865个单元。模型两侧边界在水平方向施加滑动支座约束，模型底边界在竖直方向施加滑动支座约束，计算模型见图6.3-4。

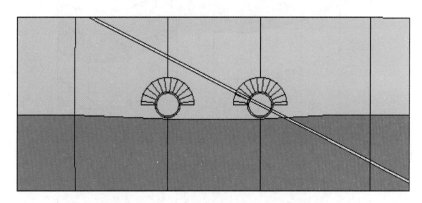

图6.3-4　引Ⅰ0+020有限元计算模型

引Ⅰ2+583计算模型宽110m，高105m，岩体和浇筑混凝土支护采用四节点面单元划分网格，共计10874个节点，10735个单元。模型两侧边界在水平方向施加滑动支座约束，模型底边界在竖直方向施加滑动支座约束，计算模型见图6.3-5。

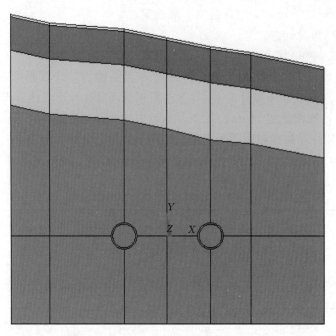

图 6.3-5　引Ⅰ2+583 有限元计算模型

引Ⅰ2+970 计算模型宽 140m，高 138m，岩体和浇筑混凝土支护采用四节点面单元划分网格，共计 19330 个节点，20018 个单元。模型两侧边界在水平方向施加滑动支座约束，模型底边界在竖直方向施加滑动支座约束，计算模型见图 6.3-6。

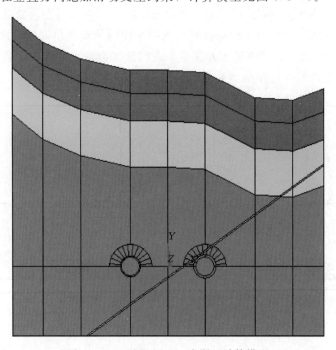

图 6.3-6　引Ⅰ2+970 有限元计算模型

2）计算参数。

a. 岩体物理力学参数。室内试验测得的物理力学参数实质上是完整岩石的参数。在实际工程中，岩体发育着大量的节理、裂隙等地质构造，这些地质构造的存在及其产生的尺寸效应大大劣化了岩体的物理力学性能。岩体的力学参数与岩体结构特征、节理裂隙等不连续面的发育程度、岩体的赋存环境密切相关，且在本质上受不连续面的发育程度及其力学特性控制。当岩体的完整性较差、不连续面较为发育时，岩体的综合力学参数往往远低于完整岩石的力学参数。因此，不宜直接采用室内试验给出的力学参数进行有限元分析计算。通过参照计算手册、类比类似工程，并考虑该工程的各种影响因素，本次有限元分析采用的岩体物理力学参数见表6.3-1。

表 6.3-1　　　　　　　　　　　岩 体 物 理 力 学 参 数

岩性	容重/(kg/m³)	弹性模量/GPa	泊松比	黏聚力/MPa	摩擦角/(°)
覆盖层	2100	0.03	0.35	0.005	22
全风化	2600	2.3	0.3	0.035	22.5
弱风化上部	2650	6.5	0.28	0.75	39.5
弱风化下部	2650	7.5	0.26	0.75	46
微风化	2650	10.5	0.24	0.93	48
C20 混凝土	2349	26	0.2	—	—
C25 混凝土	2449	28.5	0.2	—	—
φ22 锚杆	7959	170	0.3	—	—
断层	2200	2.0	0.35	0.035	22

b. 初始地应力场分布。模拟初始地应力时，引水发电隧洞开挖尚未完成，锚杆、初期喷射混凝土和后期浇筑混凝土并未起支护作用，故应杀死相应单元，在后续模拟过程中，根据工程施工进度，依次激活单元参与计算。

3）计算工况。计算工况主要分施工期和运行期，且不同时期对应不同的荷载组合。

对引水发电洞进行有限元分析时，首先应对其施工过程进行模拟：洞室开挖完成后、支护尚未施加时洞身的稳定性分析；洞室开挖完成后、施加初期支护时洞身的稳定性分析；洞室开挖完成后、施加初期支护和后期支护时洞身的稳定性分析。施工期各种计算工况对应的荷载组合见表6.3-2。

表 6.3-2　　　　　　　施工期各种计算工况对应的荷载组合

施工期计算工况	荷 载 组 合	施工期计算工况	荷 载 组 合
毛洞	初始自重应力场＋开挖荷载	初期支护＋后期支护	初始自重应力场＋开挖荷载
初期支护	初始自重应力场＋开挖荷载		

对引水发电洞运行期各种工况进行模拟：引水发电洞满水运行工况；引水发电洞单洞运行工况；引水发电洞满水运行工况＋地震荷载；引水发电洞单洞运行工况＋地震荷载。运行期各种计算工况对应的荷载组合见表6.3-3。

表 6.3-3　　　　　　　　　运行期各种计算工况对应的荷载组合

运行期计算工况	荷　载　组　合
双洞满水运行工况	初始自重应力场+开挖荷载+外水压力+双洞满水内水压力
单洞满水运行工况	初始自重应力场+开挖荷载+外水压力+单洞满水内水压力
双洞满水运行工况+地震荷载	初始自重应力场+开挖荷载+外水压力+双洞满水内水压力+地震荷载
单洞满水运行工况+地震荷载	初始自重应力场+开挖荷载+外水压力+单洞满水内水压力+地震荷载

外水压力的取值：遵循荷载组合可能出现最不利应力状态的原则，当引水发电洞放空时，外水压力折减系数取为 0.6；当引水发电洞满水运行时，外水压力折减系数取为 0.4。

内水压力的取值：正常蓄水位为 255.00m，校核洪水位为 256.06m，相差较小，按照可能出现的最大内水压力原则，特征水位取校核洪水位。

地震荷载的取值：根据 1332 年至今的历史地震资料分析，工程区周围 25km 半径范围内，历史上未发生 5.0 级以上地震，地震活动不强烈。主要地震活动均分布在场区外围，其场区的影响烈度均小于Ⅶ度。在大盈江的正北方向 25km 附近及龙川一带均有 5.6～5.9 级以上地震。综合判定近场区龙川江断裂具备发生 7.0 级地震的构造条件。同时，由于本区整体构造与地震活动背景十分强烈，根据本区已知 6.0 级左右地震的发生情况，认为近场区其他断裂仍有可能发生 6.0 级左右的地震。太平江一级水电站坝址区断裂为大盈江断裂，为晚更新世以来活动性断裂，虽然坝址区历史上未发生 5.0 级以上地震，活动性较弱，但是根据本区所处构造位置，坝址区仍有发生地震的可能，并且大盈江活动性断裂横穿坝址左坝肩，因此大盈江断裂对下坝址场地稳定影响较大。综上分析，根据 1∶400万《中国地震动参数区划图》（GB 18306—2015）推定，工程区地震动峰值加速度为 0.15g，相应的地震基本烈度为Ⅶ度，地震动反应谱特征周期为 0.45s。针对有限元稳定性分析，洞身段地震动峰值加速度取为 0.10g。

3. 围岩及衬砌结构变形与应力状态有限元计算结果

在以下显示的计算结果中，水平方向位移以向右为正，向左为负；竖直方向位移以向上为正，向下为负；应力以拉应力为正，压应力为负。本书表述中，对于第一主应力，"增大、减小"指数值的增大和减小，其他情况"增大、减小"均指应力绝对值的增大和减小。

（1）剖面引Ⅰ0+013 计算结果与分析。对于剖面引Ⅰ0+013，围岩及支护的应力、变形情况进行分析计算，对应各工况的分析成果见表 6.3-4、表 6.3-5。计算表中引Ⅰ洞为现引Ⅱ洞。

剖面引Ⅰ0+013 有以下结论：

1）施工阶段围岩稳定性情况：如果不进行初期支护，拱顶总位移最大值达到 0.103cm，总的下沉量是很小的，整个地层大部分区域都是受压的，只是在隧洞附近一个很小的范围内出现拉应力，围岩能够稳定。

2）若毛洞形成后立即实施初期支护，拱顶总位移为 0.094cm，对围岩变形有抑制作用；若毛洞形成后立即实施初期支护和后期支护，则拱顶总位移仅为 0.041cm，相应地，围岩第一主应力有明显的减小，并且没有出现拉应力。综合考虑工程实际与计算结果可知，施工期剖面引Ⅰ0+013 附近围岩处于稳定状态。

表 6.3-4　　　　　　　　　　围岩受力、变形计算结果汇总表

项目工况		总位移最大值 /cm		剪应力最大值 /MPa		第一主应力最大值 /MPa		第三主应力最大值 /MPa	
		数值	位置	数值	位置	数值	位置	数值	位置
毛洞	引Ⅰ	0.090	拱顶	0.63	拱肩	0.11	拱脚	−1.98	拱腰
	引Ⅱ	0.103	拱顶	0.69	拱肩	0.095	拱脚	−2.05	拱腰
初期支护	引Ⅰ	0.083	拱顶	0.81	拱脚	0.54	拱腰	−3.41	拱腰
	引Ⅱ	0.094	拱顶	0.91	拱脚	0.51	拱腰	−3.62	拱腰
后期支护	引Ⅰ	0.041	拱顶	1.30	拱脚	−0.024	拱底	−4.36	拱腰
	引Ⅱ	0.046	拱肩	1.31	拱脚	−0.058	拱底	−4.5	拱腰
引Ⅰ单独运行	引Ⅰ	0.037	拱顶	0.66	拱脚	−0.2	拱顶	−2.66	拱腰
	引Ⅱ	0.048	拱顶	1.00	拱脚	−0.06	拱顶	−3.15	拱腰
引Ⅱ单独运行	引Ⅰ	0.048	拱顶	0.97	拱脚	−0.031	拱底	−3.16	拱腰
	引Ⅱ	0.039	拱顶	0.68	拱脚	−0.22	拱顶	−2.66	拱腰
双洞同时运行	引Ⅰ	0.037	拱顶	0.66	拱脚	−0.21	拱顶	−2.66	拱腰
	引Ⅱ	0.038	拱顶	0.68	拱脚	−0.22	拱肩	−2.66	拱腰
引Ⅰ单独运行＋地震	引Ⅰ	0.053	拱顶	0.65	拱脚	−0.18	拱腰	−2.67	拱腰
	引Ⅱ	0.063	拱顶	1.03	拱脚	−0.068	拱腰	−3.14	拱腰
引Ⅱ单独运行＋地震	引Ⅰ	0.063	拱顶	0.98	拱脚	−0.045	拱腰	−3.15	拱腰
	引Ⅱ	0.058	拱顶	0.66	拱脚	−0.20	拱腰	−2.68	拱腰
双洞同时运行＋地震	引Ⅰ	0.052	拱顶	0.63	拱脚	−0.19	拱顶	−2.66	拱腰
	引Ⅱ	0.054	拱顶	0.71	拱脚	−0.24	拱腰	−2.65	拱腰

表 6.3-5　　　　　　　　　　支护受力、变形情况计算结果

项目工况		锚杆轴向应力最值 /MPa		初期衬砌轴力最值 /kN		初期衬砌弯矩最大值 /(kN·m)		后期衬砌第一主应力最大值 /MPa		后期衬砌第三主应力最大值 /MPa	
		数值	位置	数值	位置	数值	位置	数值	位置	数值	位置
初期支护	引Ⅰ	15.1	拱顶	−128.1	拱顶	−0.52 0.83	拱顶 拱腰	—		—	
		0.56	拱腰	−442.1	拱腰						
	引Ⅱ	52.3	与断层相交处	−145.1	拱顶	0.49 −0.84	拱顶 拱腰	—		—	
		0.4	拱腰	−489.8	拱腰						
后期支护	引Ⅰ	12.4	拱顶	−161.3	拱顶	0.45	拱顶 拱腰	0.018	拱顶 拱底	−5.3	拱腰
		−1.4	拱腰	−62.0	拱腰						
	引Ⅱ	28.6	与断层相交处	−171.8	拱顶	0.51	拱顶 拱腰	0.004	拱顶 拱底	−5.5	拱腰
		−1.4	拱腰	−67.9	拱腰						

续表

项目 工况		锚杆轴向应力最值 /MPa		初期衬砌轴力最值 /kN		初期衬砌弯矩最大值 /(kN·m)		后期衬砌第一主应力最大值 /MPa		后期衬砌第三主应力最大值 /MPa	
		数值	位置	数值	位置	数值	位置	数值	位置	数值	位置
引I 运行	引I	13.4	拱顶	−115.9	拱顶	0.38	拱顶 拱腰	−0.095	拱顶	−4.9	拱腰
		−3.1	拱腰	−40.4	拱腰						
	引II	29.9	与断层相交处	−211.2	拱顶	0.56	拱顶 拱腰	0.004	拱顶 拱底	−5.8	拱腰
		−0.5	拱腰	−89.1	拱腰						
引II 运行	引I	13.5	拱顶	−199.6	拱顶	0.52	拱顶 拱腰	0.02	拱顶 拱底	−5.6	拱腰
		−0.35	拱腰	−82.3	拱腰						
	引II	25.5	与断层相交处	−124.9	拱顶	0.44	拱顶 拱腰	−0.094	拱顶	−5.06	拱腰
		−2.9	拱腰	−45.3	拱腰						
双洞 运行	引I	10.4	拱顶	−117.2	拱顶	0.37	拱顶 拱腰	−0.099	拱顶 拱底	−4.89	拱腰
		−3.1	拱腰	−39.9	拱腰						
	引II	24.5	与断层相交处	−126.3	拱顶	0.44	拱顶 拱腰	−0.098	拱顶 拱底	−5.05	拱腰
		−3.0	拱腰	−44.9	拱腰						
引I 运行 +地震	引I	10.5	拱顶	−106.9	拱顶	0.38	拱顶 拱腰	−0.067	拱顶	−4.95	拱腰
		−3.0	拱腰	−40.3	拱腰						
	引II	30.7	与断层相交处	−220.5	拱顶	0.54	拱顶 拱腰	0.0045	拱顶 拱底	−5.77	拱腰
		−0.75	拱腰	−88.8	拱腰						
引II 运行 +地震	引I	13.5	拱顶	−212.2	拱顶	−0.51	拱顶 拱腰	0.02	拱顶拱底	−5.6	拱腰
		−0.75	拱腰	−82.3	拱腰						
	引II	23.3	与断层相交处	−119.3	拱顶	−0.47	拱顶 拱腰	−0.07	拱顶	−5.1	拱腰
		−3.0	拱腰	−45.6	拱腰						
双洞 运行 +地震	引I	10.5	拱顶	−108.1	拱顶	0.39	拱腰	−0.071	拱顶	−4.94	拱腰
		−3.0	拱腰	−39.9	拱腰						
	引II	25.3	与断层相交处	−135.4	拱顶	0.42	拱腰	−0.12	拱顶	−5.0	拱腰
		−2.9	拱腰	−44.7	拱腰						

　　3）运行阶段稳定性情况为：满水运行工况下的隧洞其围岩的总位移最大值、剪应力最大值、第一主应力以及第三主应力的最大值均比非运行工况下略小，原因在于满水运行工况下后期支护对围岩的主动承受力使得围岩的受力条件得到改善，并且没有出现拉应

力，综合考虑计算结果，运行区剖面引Ⅰ0+013附近围岩处于稳定状态。

4）施工期支护结构的受力情况：实施初期支护后，锚杆在洞壁端全为拉应力，初期衬砌全为压应力；实施后期支护后，锚杆在洞壁端拉应力变小，且在拱腰处锚杆出现压应力，同时初期衬砌的压应力明显变小。计算结果表明初期喷锚支护和后期支护能有效阻止围岩的径向变形，施工期剖面引Ⅰ0+013附近支护结构不会发生破坏。

5）运行阶段支护结构的受力情况：满水运行的隧洞其锚杆轴向、初期衬砌轴向应力比非运行的隧洞轴向应力小。锚杆轴向最大值为29.9MPa，远小于锚杆抗拉强度设计值；9+000后期衬砌最大拉应力为0.02MPa，后期衬砌最大压应力为5.8MPa，小于C25混凝土抗拉、抗弯压设计值；且拉应力区仅在拱顶和底板有小范围的分布。综合考虑计算结果，运行期剖面引Ⅰ0+013附近支护结构处于稳定状态。

6）在地震作用下，围岩与衬砌结构的受力、变形情况发生了变化，在各种运行工况下，围岩最大位移略有增大，最大为0.063cm，后期衬砌第一主应力最大值为0.02MPa，结果显示，隧洞能在地震工况下能够安全运行。对C25的衬砌混凝土，其轴心抗拉强度为1.75MPa。根据《水工隧洞设计规范》（SL 279—2016）的规定，对本3级隧洞，基本荷载组合工况下取衬砌混凝土的抗拉安全系数为1.8（特殊条件下为1.6），可以推算基本荷载组合工况下衬砌混凝土的允许拉应力为0.972MPa，特殊荷载组合条件下衬砌混凝土的允许拉应力为1.09MPa。因此本计算剖面衬砌混凝土的应力未超过其允许拉应力。

7）综合分析，本计算剖面的围岩稳定，现有支护参数能够保证衬砌结构的安全。

从计算结果看，在地震工况下，围岩最大位移、支护结构第一主应力最值增大得很少，地震对围岩及支护结构影响很小，在剖面引Ⅰ0+020计算中不进行计算。

（2）剖面引Ⅰ0+020计算结果与分析。对于剖面引Ⅰ0+020，围岩及支护的应力、变形情况进行计算分析，对应工况的分析成果见表6.3-6、表6.3-7。

表6.3-6 围岩受力、变形计算结果汇总表

项目工况		总位移最大值 /cm		剪应力最大值 /MPa		第一主应力最大值 /MPa		第三主应力最大值 /MPa	
		数值	位置	数值	位置	数值	位置	数值	位置
毛洞	引Ⅰ	0.097	拱顶	0.66	拱肩	0.012	拱脚	−2.03	拱腰
	引Ⅱ	0.152	拱顶	0.58	拱肩	0.153	拱肩	−1.69	拱腰
初期支护	引Ⅰ	0.089	拱顶	0.79	拱脚	0.43	拱腰	−3.51	拱腰
	引Ⅱ	0.25	与断层相交处	0.71	拱肩	0.30	拱肩	−3.39	拱腰
后期支护	引Ⅰ	0.041	拱顶	0.81	拱脚	−0.095	拱底	−2.88	拱腰
	引Ⅱ	0.042	与断层相交处	1.75	拱脚	1.19	拱腰	−6.66	拱腰
引Ⅰ单独运行	引Ⅰ	0.037	拱底	0.64	拱脚	−0.18	拱底	−2.65	拱腰
	引Ⅱ	0.050	与断层相交处	1.89	拱脚	1.17	拱肩	−6.89	拱腰

项目工况		总位移最大值/cm		剪应力最大值/MPa		第一主应力最大值/MPa		第三主应力最大值/MPa	
		数值	位置	数值	位置	数值	位置	数值	位置
引Ⅱ单独运行	引Ⅰ	0.047	拱顶	0.94	拱脚	−0.073	拱底	−3.13	拱腰
	引Ⅱ	0.046	与断层相交处	1.65	拱脚	1.15	拱肩	−6.44	拱腰
洞引Ⅰ2同时运行	引Ⅰ	0.037	拱顶	0.64	拱脚	−0.18	拱顶	−2.64	拱腰
	引Ⅱ	0.046	与断层相交处	1.65	拱脚	1.15	拱肩	−6.42	拱腰
引Ⅰ单独运行 +地震	引Ⅰ	0.047	拱顶	0.62	拱脚	−0.16	拱腰	−2.64	拱腰
	引Ⅱ	0.061	与断层相交处	1.88	拱脚	1.18	拱肩	−6.85	拱腰
引Ⅱ单独运行 +地震	引Ⅰ	0.59	拱顶	0.96	拱脚	−0.078	拱腰	−3.15	拱腰
	引Ⅱ	0.054	与断层相交处	1.67	拱脚	1.13	拱腰	−6.5	拱腰
洞引Ⅰ2同时运行 +地震	引Ⅰ	0.046	拱顶	0.62	拱脚	−0.16	拱顶	−2.63	拱腰
	引Ⅱ	0.062	与断层相交处	1.64	拱脚	1.16	拱腰	−6.37	拱腰

剖面引Ⅰ0+020有以下结论：

1) 施工阶段围岩的变形与稳定性状态：在初期支护实施前，拱顶总位移最大值为0.152cm；若毛洞形成后立即实施初期支护，则拱顶总位移为0.14cm，若毛洞形成后立即实施初期支护和后期支护，则拱顶总位移仅为0.042cm，开挖后引Ⅱ出现较大的拉应力。

表6.3-7　　　　　　　　　支护受力、变形情况计算结果

项目工况		锚杆轴向应力最值/MPa		初期衬砌轴力最值/kN		初期衬砌弯矩最大值/(kN·m)		后期衬砌第一主应力最大值/MPa		后期衬砌第三主应力最大值/MPa	
		数值	位置	数值	位置	数值	位置	数值	位置	数值	位置
初期支护	引Ⅰ	15.4	拱顶	−151.1	拱顶	0.73	拱腰	—	—	—	—
		0.71	拱腰	−467.9	拱腰						
	引Ⅱ	27.8	与断层相交处	−105.6	与断层相交处	1.1	与断层相交处	—	—	—	—
		1.5	拱腰	−863.1	拱腰						
后期支护	引Ⅰ	11.9	拱顶	−164.0	拱顶	0.44	拱顶拱腰	0.003	拱顶拱底	−5.32	拱腰
		−1.0	拱腰	−67.8	拱腰						
	引Ⅱ	52.3	与断层相交处	−270.9	拱腰	32	与断层相交处	2.24	与断层相交处	−14.7	与断层相交处
		−10.8	拱腰	1500	与断层相交处						

续表

项目 工况		锚杆轴向应力最值 /MPa		初期衬砌轴力最值 /kN		初期衬砌弯矩最大值 /(kN·m)		后期衬砌第一主应力最大值 /MPa		后期衬砌第三主应力最大值 /MPa	
		数值	位置	数值	位置	数值	位置	数值	位置	数值	位置
引Ⅰ运行	引Ⅰ	10.1	拱顶	−119.6	拱顶	0.38	拱顶拱腰	−0.12	拱顶	−4.95	拱腰
		−2.7	拱腰	−44.9	拱腰						
	引Ⅱ	52.0	与断层相交处	−309.0	拱顶	32.1	与断层相交处	2.19	与断层相交处	−15.0	与断层相交处
		−10.1	拱腰	1450	与断层相交处						
引Ⅱ运行	引Ⅰ	13.1	拱顶	−203.5	拱顶	0.41	拱顶拱腰	−0.003	拱顶拱底	−5.7	拱腰
		−0.13	拱腰	−88.8	拱腰						
	引Ⅱ	51.9	与断层相交处	−226.1	拱顶	32	与断层相交处	2.15	与断层相交处	−14.4	拱腰
		−11.7	拱腰	1550	与断层相交处						
双洞运行	引Ⅰ	10.1	拱顶	−120.7	拱顶	0.381	拱顶拱腰	−0.12	拱顶拱底	−4.93	拱腰
		−2.7	拱腰	−44.3	拱腰						
	引Ⅱ	51.6	与断层相交处	−223.3	拱顶	32.1	与断层相交处	2.15	与断层相交处	−14.3	拱腰
		−11.6	拱腰	1540	与断层相交处						
引Ⅰ运行+地震	引Ⅰ	10.1	拱顶	−106.0	拱顶	0.39	拱顶拱腰	−0.11	拱顶	−4.93	拱腰
		−2.7	拱腰	−44.5	拱腰						
	引Ⅱ	53	与断层相交处	−308	拱顶	32	与断层相交处	2.2	与断层相交处	−15.0	拱腰
		−10.2	拱腰	1460	与断层相交处						
引Ⅱ运行+地震	引Ⅰ	13.1	拱顶	−210.7	拱顶	0.47	拱顶拱腰	−0.004	拱顶拱底	−5.7	拱腰
		−0.4	拱腰	−89.2	拱腰						
	引Ⅱ	51.5	与断层相交处	−228.6	拱顶	32.1	与断层相交处	2.13	与断层相交处	−14.4	拱腰
		−11.5	拱腰	1540	拱腰						
双洞运行+地震	引Ⅰ	10.1	拱顶	−117.2	拱顶	0.39	拱腰	−0.12	拱顶	−4.92	拱腰
		−2.7	拱腰	−43.9	拱腰						
	引Ⅱ	51.8	与断层相交处	−221.6	拱顶	32.1	与断层相交处	2.16	与断层相交处	−14.3	拱腰
		−11.7	拱腰	1550	与断层相交处						

2）运行阶段围岩的变形与稳定性状态：满水运行工况下，围岩的总位移最大值、剪应力最大值、第一主应力以及第三主应力的最大值均比非满水运行工况下略小，表明对围岩而言，非运行工况为其最不利工况。

在施工期和运行期，开挖后引Ⅰ围岩中出现高达 1.15～1.19MPa 的拉应力，该拉应力区分布在围岩断层与衬砌接触处一个很小范围，属于应力集中，对岩体的整体稳定影响不大。

3）运行阶段衬砌及锚杆的应力状态：最不利的荷载工况为满水运行工况。运行工况下，锚杆的最大轴向拉应力为 52MPa，而初喷混凝土的最大轴向拉力值达 1550kN；后期引Ⅰ衬砌上第一主应力最大达 2.19MPa，出现在与断层交界处，超过 C25 衬砌混凝土的强度标准值，表明在此计算工况下衬砌混凝土将会破坏。

4）在地震作用下，围岩最大位移、支护结构第一主应力最值增大得很少，地震对围岩及支护结构影响很小。但该工况下后期引Ⅰ衬砌第一主应力最大值达 2.2MPa，发生在衬砌与断层交界处，其超过 C25 衬砌混凝土的强度标准值，现有的支护参数无法保证地震条件下支护结构的安全。

5）本计算剖面的围岩总体是稳定的，但现有的支护参数无法保证衬砌结构的稳定性要求。

（3）剖面引Ⅰ2+583 计算结果与分析。对于剖面引Ⅰ2+583，围岩及支护结构的应力、变形情况进行分析计算，对应工况的分析成果见表 6.3-8、表 6.3-9。

表 6.3-8　　　　　　　　　　围岩受力、变形计算结果汇总表

项目工况		总位移最大值/cm		剪应力最大值/MPa		第一主应力最大值/MPa		第三主应力最大值/MPa	
		数值	位置	数值	位置	数值	位置	数值	位置
毛洞	引Ⅰ	0.155	拱顶	1.46	拱肩	0.012	拱顶	−4.74	拱腰
	引Ⅱ	0.145	拱顶	1.45	拱肩	0.0076	拱顶	−4.53	拱腰
衬砌	引Ⅰ	0.091	拱顶	1.44	拱肩	−0.14	拱顶	−5.19	拱腰
	引Ⅱ	0.085	拱顶	1.43	拱肩	−0.17	拱顶	−4.96	拱腰
引Ⅰ单独运行	引Ⅰ	0.084	拱顶	1.24	拱脚	−0.28	拱底	−5.0	拱腰
	引Ⅱ	0.087	拱顶	1.61	拱脚	−0.13	拱底	−5.24	拱腰
引Ⅱ单独运行	引Ⅰ	0.096	拱顶	1.64	拱脚	−0.12	拱底	−5.47	拱腰
	引Ⅱ	0.080	拱顶	1.24	拱脚	−0.32	拱底	−4.78	拱腰
双洞同时运行	引Ⅰ	0.083	拱顶	1.24	拱脚	−0.28	拱顶	−4.99	拱腰
	引Ⅱ	0.076	拱顶	1.23	拱脚	−0.31	拱顶	−4.75	拱腰
引Ⅰ单独运行+地震	引Ⅰ	0.087	拱顶	1.23	拱脚	−0.26	拱肩	−4.9	拱腰
	引Ⅱ	0.089	拱顶	1.62	拱脚	−0.14	拱底	−5.25	拱腰
引Ⅱ单独运行+地震	引Ⅰ	0.096	拱顶	1.61	拱脚	−0.12	拱底	−5.47	拱腰
	引Ⅱ	0.08	拱脚	1.24	拱脚	−0.32	拱肩	−4.78	拱腰
双洞同时运行+地震	引Ⅰ	0.085	拱脚	1.23	拱脚	−0.27	拱腰	−4.98	拱脚
	引Ⅱ	0.079	拱脚	1.24	拱脚	−0.33	拱肩	−4.76	拱顶

表 6.3-9　　　　　　　　　　　　支护受力情况计算结果

项目工况		后期衬砌第一主应力最大值/MPa		后期衬砌第三主应力最大值/MPa	
		数值	位置	数值	位置
衬砌	引Ⅰ	0.058	拱顶	−10.1	拱腰
	引Ⅱ	0.048	拱顶	−9.53	拱腰
引Ⅰ单独运行	引Ⅰ	0.014	拱顶	−9.76	拱腰
	引Ⅱ	0.029	拱顶	−10.0	拱腰
引Ⅱ单独运行	引Ⅰ	0.056	拱顶	−10.7	拱腰
	引Ⅱ	−0.13	拱顶	−9.2	拱腰
双洞同时运行	引Ⅰ	−0.032	拱顶	−9.73	拱腰
	引Ⅱ	−0.14	拱顶	−9.11	拱腰
引Ⅰ单独运行＋地震	引Ⅰ	0.15	拱顶	−9.76	拱腰
	引Ⅱ	0.022	拱顶	−10.0	拱腰
引Ⅱ单独运行＋地震	引Ⅰ	0.061	拱顶	−10.7	拱腰
	引Ⅱ	−0.16	拱顶	−9.2	拱腰
双洞同时运行＋地震	引Ⅰ	0.11	拱顶	−9.73	拱腰
	引Ⅱ	−0.17	拱顶	−9.11	拱腰

剖面引Ⅰ2+583有以下结论：

1）施工阶段围岩稳定性情况：如果不进行支护，拱顶总位移最大值达到 0.155cm（引Ⅱ），总的下沉量是很小的；从毛洞形成后的地层应力图及主应力图可以看出，整个地层大部分区域都是受压的，只是在隧洞附近一个很小的范围内出现小的拉应力，使围岩稳定。

2）若毛洞形成后立即实施衬砌支护，则拱顶总位移仅为 0.091cm（引Ⅱ），相应地，围岩剪应力最值、第一主应力在支护后都有明显的减小。综合考虑工程实际与计算结果可知，施工期剖面引Ⅰ2+583附近围岩处于稳定状态。

3）运行阶段稳定性情况：满水运行工况下的隧洞其围岩的总位移值比非运行工况下要略小，剪应力最大值、第一主应力最大值亦均比其非运行工况下略小，原因在于满水运行工况下后期支护对围岩的主动承受力使得围岩的受力条件得到改善，不管是单洞运行还是双洞运行工况，围岩出现拉应力较小，综合考虑计算结果，运行期剖面引Ⅰ2+258附近围岩处于稳定状态。

4）正常工况下运行阶段衬砌混凝土最大拉应力为 0.056MPa，衬砌最大压应力为 10.7MPa，均小于 C25 混凝土抗拉、抗弯压设计值；且拉应力区均仅在拱顶和底板有小范围的分布。综合考虑计算结果，运行期剖面引Ⅱ2+583附近衬砌结构处于稳定状态。

5）在地震作用下，围岩与衬砌结构的受力、变形情况发生了一定变化，在各种运行工况下，围岩最大位移稍有增大，最大为 0.096cm，衬砌第一主应力最大值为 0.15MPa，结果显示，隧洞能在地震工况下能够安全运行。对 C25 的衬砌混凝土，其轴心抗拉强度为1.75MPa。根据《水工隧洞设计规范》(SL 279—2016)的规定，对本3级隧洞，基本荷载组合工况下取衬砌混凝土的抗拉安全系数为1.8（特殊条件下为1.6），可以推算基本荷载组合工况下衬砌混凝土的允许拉应力为0.972MPa，特殊荷载组合条件下衬砌混凝土的允许拉应力为1.094MPa，因此本计算剖面衬砌混凝土的应力未超过其允许拉应力，满足规范抗裂要求。

6）本计算剖面在各种工况下围岩稳定，衬砌结构安全。

（4）剖面引I2+970计算结果与分析。对于剖面引I2+970，围岩及支护的应力、变形情况进行分析计算，对应工况的分析成果见表6.3-10、表6.3-11。

表 6.3-10　　　　　　　　围岩受力、变形计算结果汇总表

项目工况		总位移最大值 /cm		剪应力最大值 /MPa		第一主应力最大值 /MPa		第三主应力最大值 /MPa	
		数值	位置	数值	位置	数值	位置	数值	位置
毛洞	引I	0.182	拱顶	0.90	拱脚	0.01	拱底	−2.77	拱腰
	引II	0.350	拱顶	2.72	拱肩	0.007	拱肩	−5.77	拱肩
初期支护	引I	0.169	拱顶	1.82	拱脚	0.023	拱腰	−6.95	拱腰
	引II	0.30	拱顶	2.81	拱肩	0.018	拱肩	−6.84	拱腰
后期支护	引I	0.146	拱顶	1.12	拱脚	−0.061	拱顶	−4.51	拱腰
	引II	0.224	拱顶	1.51	拱肩	−0.18	拱脚	−3.97	拱腰
引I单独运行	引I	0.14	拱底	1.0	拱脚	−0.19	拱顶	−4.42	拱腰
	引II	0.231	拱顶	1.65	拱肩	−0.14	拱脚	−4.13	拱腰
引II单独运行	引I	0.148	拱顶	1.23	拱脚	0.005	拱底	−4.68	拱腰
	引II	0.211	拱顶	1.36	拱肩	−0.33	拱底	−3.88	拱腰
双洞同时运行	引I	0.138	拱顶	1.0	拱脚	−0.19	拱顶	−4.41	拱腰
	引II	0.21	拱顶	1.36	拱肩	−0.33	拱底	−3.87	拱腰

表 6.3-11　　　　　　　　支护受力、变形情况计算结果

项目工况		锚杆轴向应力最值 /MPa		初期衬砌轴力最值 /kN		初期衬砌弯矩最大值 /(kN·m)		后期衬砌第一主应力最大值 /MPa		后期衬砌第三主应力最大值 /MPa	
		数值	位置	数值	位置	数值	位置	数值	位置	数值	位置
初期支护	引I	28.5	拱顶	−124	拱顶	0.75	拱腰	—	—	—	—
		−1.06	拱腰	−943	拱腰						
	引II	300.4	与断层相交处	−583	拱顶	6.5	与断层相交处				
		−2.3	拱腰	−1890	与断层相交处						

续表

项目	工况	锚杆轴向应力最值 /MPa 数值	位置	初期衬砌轴力最值 /kN 数值	位置	初期衬砌弯矩最大值 /(kN·m) 数值	位置	后期衬砌第一主应力最大值 /MPa 数值	位置	后期衬砌第三主应力最大值 /MPa 数值	位置
后期支护	引Ⅰ	27.9	拱顶	−183	拱顶	0.9	拱顶 拱腰	0.012	拱顶 拱底	−3.93	拱腰
		−1.2	拱腰	786	拱腰						
	引Ⅱ	229	与断层相交处	−492	拱腰	2.11	与断层相交处	−0.028	拱顶 拱底	−441	拱腰
		−2.4	拱腰	1130	与断层相交处						
引Ⅰ运行	引Ⅰ	25.8	拱顶	−130	拱顶	0.86	拱顶 拱腰	−0.097	拱顶 拱底	−3.89	拱腰
		−1.8	拱腰	−739	拱腰						
	引Ⅱ	239	与断层相交处	−557	拱顶	2.25	与断层相交处	−0.036	拱顶 拱底	−4.59	与断层相交处
		−1.9	拱腰	1250	与断层相交处						
引Ⅱ运行	引Ⅰ	29.9	拱顶	−239	拱顶	0.92	拱顶 拱腰	0.013	拱顶 拱底	−4.08	拱腰
		−0.59	拱腰	−84	拱腰						
	引Ⅱ	213.1	与断层相交处	−439	拱顶	2.05	与断层相交处	−0.19	与断层相交处	−4.32	拱腰
		−2.8	拱腰	1030	与断层相交处						
双洞运行	引Ⅰ	25.8	拱顶	−133.3	拱顶	0.85	拱顶 拱腰	−0.10	拱顶 拱底	−3.88	拱腰
		−1.8	拱腰	−736	拱腰						
	引Ⅱ	213	与断层相交处	−442.2	拱顶	2.04	与断层相交处	−0.19	与断层相交处	−4.3	拱腰
		−2.8	拱腰	1030	与断层相交处						

剖面引Ⅰ2+970 有以下结论：

1）施工阶段围岩稳定性情况为：如果不进行初期支护，拱顶总位移最大值达到 0.35cm（引Ⅰ），总的下沉量是很小的；从毛洞形成后的地层应力图及主应力图可以看出，整个地层大部分区域都是受压的，只是在隧洞附近一个很小的范围内出现拉应力，围岩能够稳定。若毛洞形成后立即实施初期支护，则拱顶总位移为 0.3cm（引Ⅰ），若毛洞形成后立即实施初期支护和后期支护，则拱顶总位移仅为 0.224cm（引Ⅰ），相应地，围岩剪应力最值、第一主应力、第三主应力最值均有明显的减小。并且围岩没有出现拉应力，处于弹性阶段。综合考虑工程实际与计算结果可知，施工期剖面引Ⅰ2+970 附近围岩处于稳定状态。

2）运行阶段围岩稳定性情况：满水运行工况下的隧洞其围岩的总位移最大值比非运行下要略小、剪应力最大值、第一主应力以及第三主应力的最大值也均比其非运行工况下略小，原因在于满水运行工况下后期支护对围岩的主动承受力使得围岩的受力条件得到改善。不管是单洞运行还是双洞运行工况，围岩出现最大拉应力为 0.005MPa，远小于衬砌混凝土抗拉强度允许值，综合考虑计算结果，运行期剖面引Ⅰ2+970 附近围岩处于稳定状态。

3）运行期后期衬砌混凝土最大拉应力为 0.012MPa，衬砌最大压应力为 4.6MPa，小于 C25 混凝土抗拉、抗弯压强度设计值。

在施工期和运行期，锚杆最大拉应力在 213～300MPa 之间，小于 ϕ22 钢筋抗拉强度设计值 380MPa，但初期衬砌混凝土上轴向力较大，其位于断层相交处，在施工期初期衬砌混凝土会产生局部破坏。综合考虑计算结果，运行期剖面引Ⅰ2+970 附近支护结构基本处于稳定状态。

4）在地震作用下，围岩与衬砌结构的受力、变形情况会发生一定的变化，经过前面几个剖面的计算，其变化较小，可以认为本剖面围岩与衬砌结构在地震作用下处于稳定状态。

5）本计算剖面的围岩稳定，现有支护参数能够保证衬砌结构的安全。

（5）结论与建议。通过以上分析与讨论，可得到以下初步结论：

1）对于剖面引Ⅰ2+583 和剖面引Ⅰ2+970，各种计算工况下的围岩中均未出现塑性区，围岩稳定；各计算工况下衬砌结构中的第一主应力均小于混凝土的允许拉应力，现有的支护参数能够保证围岩与支护结构的稳定与安全。

2）剖面引Ⅰ0+013 属于 f_{204} 断层的影响区，围岩属于Ⅲ～Ⅳ类，其各种计算工况下围岩中均未出现塑性区，围岩稳定；正常工况和地震工况下衬砌结构中的第一主应力最大为 0.02MPa，远低于衬砌混凝土的允许拉应力（0.972MPa），现有的支护参数能够保证支护结构的安全。

3）剖面引Ⅰ0+020，属于 f_{204} 断层直接与隧洞腰部相交区，围岩属于Ⅲ～Ⅳ类，在施工期和运行期，开挖后引Ⅱ围岩中出现高达 1.15～1.19MPa 的拉应力，该拉应力区分布在围岩断层与衬砌接触处一个很小范围，属于应力集中，对岩体的整体稳定影响不大。

运行阶段衬砌及锚杆的应力状态：最不利的荷载工况为满水运行工况；运行工况下，锚杆的最大轴向拉应力为 52MPa，而初喷混凝土的最大轴向拉力值达 1550kN；后期引Ⅰ衬砌上第一主应力最大达 2.19MPa，出现在与断层交界处，超过 C25 衬砌混凝土的强度标准值，表明在此计算工况下衬砌混凝土将会破坏。

在地震作用下，围岩最大位移、支护结构第一主应力最值增大得很少，地震对围岩及支护结构影响很小。但该工况下后期引Ⅰ衬砌第一主应力最大值达 2.2MPa，发生在衬砌与断层交界处，其超过 C25 衬砌混凝土的强度标准值，现有的支护参数无法保证地震条件下支护结构的安全。

本计算剖面的围岩总体是稳定的，但现有的支护参数无法保证衬砌结构的稳定性要求。

4）正常工况下，对各计算剖面的隧洞围岩而言，非运行工况为其最不利工况；对混凝土衬砌结构而言，最不利的荷载工况为满水运行工况。

5）地震条件下，最不利的荷载工况为满水＋地震工况。

需要说明的是，作为一种安全储备，在本阶段的有限元计算分析中，假设了开挖荷载全部施加在衬砌结构上。事实上，本隧洞的衬砌施工在隧洞全部贯通后再进行，大部分开挖荷载已经释放。根据隧洞开挖实际揭示的地质条件，考虑开挖荷载的分期释放、钢支撑的施加、断层破碎带固结灌浆后岩体强度的提高等因素，开展剖面引Ⅰ0＋020围岩洞段的稳定性校核和支护参数优化。

6.3.2　压力管道支洞群稳定性及支护优化研究

1. 计算剖面及有限元模型

计算平面位置见图 6.3－7。

建立剖面引Ⅱ3＋136 有限元计算模型，剖面引Ⅱ3＋136 有限元计算模型宽 140m，高 118.9m，岩体和后期浇筑混凝土支护采用四节点面单元划分网格，锚杆和初期喷混凝土支护采用两节点线单元划分网格，共计 11601 个节点，12187 个单元。模型两侧边界在水平方向施加滑动支座约束，模型底边界在竖直方向施加滑动支座约束，计算模型见图 6.3－8。

2. 计算参数

（1）岩（土）体物理力学参数。室内试验测得的物理力学参数实质上是完整岩石的参数。在实际工程中，岩体发育着大量的节理、裂隙等地质构造，这些地质构造的存在及其产生的尺寸效应大大劣化了岩体的物理力学性能。岩体的力学参数与岩体结构特征、节理裂隙等不连续面的发育程度、岩体的赋存环境密切相关，且在本质上受不连续面的发育程度及其力学特性控制。当岩体的完整性较差、不连续面较为发育时，岩体的综合力学参数往往远低于完整岩石的力学参数。因此，不宜直接采用室内试验给出的力学参数进行有限元分析计算。通过参照计算手册、类比类似工程，并考虑该工程的各种影响因素，本次有限元分析采用的岩（土）体物理力学参数见表 6.3－12。

（2）初始地应力场分布。结合该工程的特点，仅考虑岩体的自重应力，而忽略区域构造应力，模型在自重作用下产生水平向应力。值得指出的是，在模拟初始地应力时，引水发电洞的开挖尚未完成，锚杆、初期喷射混凝土和后期浇筑混凝土并未起支护作用，故应杀死相应单元，在后续模拟过程中，根据工程施工进度，依次激活单元参与计算。

3. 计算工况

计算工况主要分施工期和运行期，且不同时期对应不同的荷载组合。

对引水发电洞进行有限元分析时，首先应对其施工过程进行模拟：洞室开挖完成后、支护尚未施加时洞身的稳定性分析；洞室开挖完成后、施加初期支护时洞身的稳定性分析；洞室开挖完成后、施加初期支护和后期支护时洞身的稳定性分析。计算引水发电洞施工期工况对应的荷载组合见表 6.3－13。

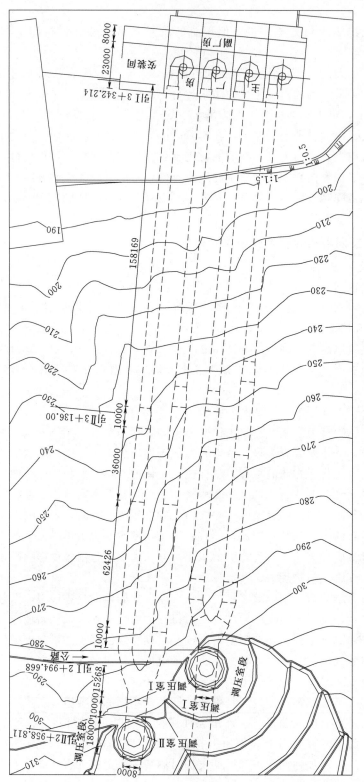

图 6.3 - 7　计算平面位置图（高程：m；尺寸：mm）

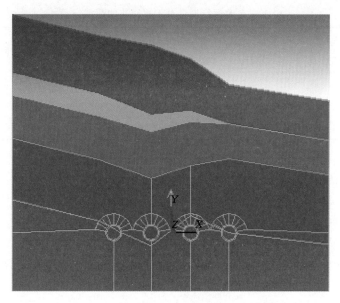

图 6.3-8　剖面引Ⅱ3+136 有限元计算模型

表 6.3-12　　　　　　　　　岩（土）体物理力学参数

岩性	容重 /(kg/m³)	弹性模量 /GPa	泊松比	黏聚力 /MPa	摩擦角 /(°)
覆盖层	2100	0.03	0.35	0.005	22
全风化	2600	2.3	0.30	0.035	22.5
强风化	2600	3.0	0.30	0.3	31
弱风化带上部	2650	6.5	0.28	0.75	39.5
弱风化带下部	2650	7.5	0.26	0.75	46
微风化	2650	10.5	0.24	0.93	48
C20 混凝土	2349	26	0.20	—	—
C25 混凝土	2449	28.5	0.20	—	—
$\phi22$ 锚杆	7959	170	0.30	—	—
断层	2200	2.0	0.35	0.035	22

表 6.3-13　　　　　　引水发电洞施工期计算工况对应的荷载组合

施工期计算工况	荷 载 组 合
毛洞	初始自重应力场＋开挖荷载
初期支护	初始自重应力场＋开挖荷载
初期支护＋后期支护	初始自重应力场＋开挖荷载

对引水发电洞运行期各种工况进行模拟：引水发电洞满水运行工况；引水发电洞单洞运行工况；引水发电洞满水运行工况＋地震荷载；引水发电洞单洞运行工况＋地震荷载。引水发电洞运行期计算工况对应的荷载组合见表 6.3-14。

表 6.3－14　　　　　　引水发电洞运行期计算工况对应的荷载组合

运行期计算工况	荷 载 组 合
双洞满水运行工况	初始自重应力场＋开挖荷载＋外水压力＋双洞满水内水压力
单洞满水运行工况	初始自重应力场＋开挖荷载＋外水压力＋单洞满水内水压力
双洞满水运行工况＋地震荷载	初始自重应力场＋开挖荷载＋外水压力＋双洞满水内水压力＋地震荷载
单洞满水运行工况＋地震荷载	初始自重应力场＋开挖荷载＋外水压力＋单洞满水内水压力＋地震荷载

　　外水压力的取值：遵循荷载组合可能出现最不利应力状态的原则，当引水发电洞放空时，外水压力折减系数取为 0.6；当引水发电洞满水运行时，外水压力折减系数取为 0.4。

　　4. 围岩及衬砌结构变形与应力状态有限元计算结果

　　在以下的计算结果显示中，水平方向位移以向右为正，向左为负；竖直方向位移以向上为正，向下为负；应力以拉应力为正，压应力为负。本书表述中，对于第一主应力，"增大、减小"指数值的增大和减小，其他情况"增大、减小"均指应力绝对值的增大和减小。围岩受力、变形计算成果见表 6.3－15 和表 6.3－16。

表 6.3－15　　　　　　　　围岩受力、变形计算结果汇总表

项目工况			总位移最大值/cm		剪应力最大值/MPa		第一主应力最大值/MPa		第三主应力最大值/MPa	
			数值	位置	数值	位置	数值	位置	数值	位置
毛洞	引Ⅰ	支1	0.18	拱顶	1.8	拱脚	0.21	拱底	−5.7	拱腰
		支2	0.18	拱顶	1.68	拱肩	0.04	拱顶	−4.99	拱腰
	引Ⅱ	支3	0.16	拱顶	1.8	拱脚	0.045	拱顶	−5.43	拱腰
		支4	0.151	拱顶	1.51	拱脚	0.14	拱腰	4.73	拱腰
初期支护	引Ⅰ	支1	0.167	拱顶	0.91	拱脚	0.126	拱腰	−4.08	拱腰
		支2	0.167	拱顶	0.826	拱肩	0.386	拱腰	−6.09	拱腰
	引Ⅱ	支3	0.149	拱顶	0.906	拱脚	0.193	拱腰	−5.03	拱腰
		支4	0.139	拱顶	0.791	拱脚	0.264	拱腰	−4.1	拱腰
后期支护	引Ⅰ	支1	0.086	拱顶	2.61	拱肩	0.17	拱肩	−8.4	拱腰
		支2	0.078	拱顶	2.31	拱脚	−0.0002	拱脚	−8.74	拱腰
	引Ⅱ	支3	0.074	拱肩	2.19	拱脚	−0.094	拱底	−8.76	拱腰
		支4	0.068	拱顶	2.12	拱肩	−0.12	拱底	−8.43	拱腰
引Ⅰ单独运行	引Ⅰ	支1	0.066	拱顶	1.08	拱肩	−0.19	拱肩	−4.9	拱腰
		支2	0.059	拱顶	0.91	拱脚	−0.41	拱顶	−4.41	拱腰
	引Ⅱ	支3	0.073	拱顶	1.53	拱脚	−0.23	拱脚	−6.35	拱腰
		支4	0.068	拱顶	1.47	拱脚	−0.32	拱脚	−5.92	拱腰
引Ⅱ单独运行	引Ⅰ	支1	0.089	拱顶	1.78	拱肩	−0.086	拱肩	−6.19	拱腰
		支2	0.082	拱顶	1.57	拱脚	−0.25	拱脚	−6.23	拱腰
	引Ⅱ	支3	0.055	拱顶	1.33	拱脚	−0.37	拱顶	−4.91	拱腰
		支4	0.047	拱顶	1.29	拱脚	−0.38	拱底	−4.26	拱腰

续表

项目工况			总位移最大值/cm		剪应力最大值/MPa		第一主应力最大值/MPa		第三主应力最大值/MPa	
			数值	位置	数值	位置	数值	位置	数值	位置
双洞同时运行	引Ⅰ	支1	0.064	拱顶	1.83	拱肩	−0.15	拱肩	−7.16	拱腰
		支2	0.054	拱顶	1.52	拱肩	−0.098	拱脚	−6.55	拱腰
	引Ⅱ	支3	0.051	拱顶	1.42	拱脚	−0.21	拱脚	−6.74	拱腰
		支4	0.045	拱顶	1.38	拱脚	−0.27	拱肩	−6.18	拱腰

表 6.3-16　　支护受力、变形情况计算结果

项目工况			锚杆轴向应力最值/MPa		初期衬砌轴力最值/kN		初期衬砌弯矩最大值/(kN·m)		后期衬砌第一主应力最大值/MPa		后期衬砌第三主应力最大值/MPa	
			数值	位置	数值	位置	数值	位置	数值	位置	数值	位置
初期支护	引Ⅰ	支1	35.3	拱顶	−133	拱顶	1.95	拱顶				
			−1.72	拱腰	−1100	拱腰	3.84	拱腰				
		支2	33.35	拱顶	−198	拱顶	1.28	拱顶				
			−0.23	拱腰	−976	拱腰	5.14	拱腰				
	引Ⅱ	支3	26.7	拱顶	−130	拱顶	0.94	拱顶				
			−1.25	拱腰	−918	拱腰	1.86	拱腰				
		支4	30.96	拱顶	−240	拱顶	1.49	拱顶				
			−0.845	拱腰	−875	拱腰	1.53	拱腰				
后期支护	引Ⅰ	支1	30.1	拱顶	−358	拱顶	2.1	拱顶拱腰	0.32	拱顶内侧	−11.7	拱腰
			−8.29	拱腰	−159	拱腰						
		支2	27.5	拱顶	−342	拱顶	0.99	拱顶拱腰	0.0056	拱顶底板内侧	−11.4	拱腰
			−8.27	拱腰	−88	拱腰						
	引Ⅱ	支3	22.2	拱顶	−282	拱顶	0.97	拱顶	0.023	拱顶底板内侧	−10.2	拱腰
			−3.34	拱腰	−153	拱腰	1.04	拱腰				
		支4	24.1	拱顶	−311	拱顶	0.78	拱顶拱腰	0.0022	拱顶底板内侧	−9.79	拱腰
			−4.42	拱腰	−81	拱腰						
引Ⅰ运行	引Ⅰ	支1	23.7	拱顶	−211	拱顶	1.98	拱顶拱腰	1.57	拱顶内侧	−10.3	拱腰
			−14.2	拱腰	−17.3	拱腰						
		支2	20.9	拱顶	−192	拱顶	0.91	拱顶拱腰	0.88	拱顶内侧	−9.92	拱腰
			−14.3	拱腰	−8.2	拱腰						
	引Ⅱ	支3	23.6	拱顶	−319	拱顶	1.1	拱顶	0.025	拱顶底板内侧	−10.5	拱腰
			−2.8	拱腰	−172	拱腰						
		支4	25.7	拱顶	−357	拱顶	0.83	拱顶	0.003	拱顶底板内侧	−10.2	拱腰
			−2.4	拱腰	−102	拱腰						

续表

项目工况			锚杆轴向应力最值/MPa		初期衬砌轴力最值/kN		初期衬砌弯矩最大值/(kN·m)		后期衬砌第一主应力最大值/MPa		后期衬砌第三主应力最大值/MPa	
			数值	位置	数值	位置	数值	位置	数值	位置	数值	位置
引Ⅱ运行	引Ⅰ	支1	32.1	拱顶	-410	拱顶	2.2	拱顶	0.12	拱顶内侧	-12.2	拱腰
			-6.0	拱腰	-206	拱腰						
		支2	29.4	拱顶	-400	拱顶	1.0	拱顶拱腰	-0.006	拱顶底板	-11.9	拱腰
			-5.9	拱腰	-112	拱腰						
	引Ⅱ	支3	16.4	拱顶	-141	拱顶	0.83	拱顶拱腰	0.72	拱顶内侧	-8.9	拱腰
			-8.3	拱腰	-74	拱腰						
		支4	17	拱顶	-156	拱顶	0.69	拱顶拱腰	0.23	拱顶内侧	-8.4	拱腰
			-10.9	拱腰	-6.6	拱腰						

表6.3-17　　　　支护受力、变形情况计算结果

项目工况			锚杆轴向应力最值/MPa		初期衬砌轴力最值/kN		初期衬砌弯矩最大值/(kN·m)		后期衬砌第一主应力最大值/MPa		后期衬砌第三主应力最大值/MPa	
			数值	位置	数值	位置	数值	位置	数值	位置	数值	位置
双洞运行	引Ⅰ	支1	23.6	拱顶	-214	拱顶	1.98	拱肩	1.52	拱顶	-10.2	拱腰
			-14.2	拱腰	-15.5	拱腰						
		支2	20.8	拱顶	-199.3	拱顶	0.88	拱顶拱腰	0.76	拱顶	-9.8	拱腰
			-14.2	拱腰	-4.9	拱腰						
	引Ⅱ	支3	16.4	拱顶	-136.1	拱顶	0.80	拱顶拱腰	0.58	拱顶	-8.67	拱腰
			-8.3	拱腰	-68.3	拱腰						
		支4	17.1	拱顶	-159.1	拱顶	0.67	拱顶拱腰	0.20	拱顶	-8.32	拱腰
			-10.9	拱腰	-5.4	拱腰						
引Ⅰ运行+地震	引Ⅰ	支1	28.7	拱顶	70.5	拱顶	3.9	拱顶拱腰	1.78	拱顶	-0.79	拱腰
			-6.6	拱腰	854	拱腰						
		支2	28.9	拱顶	119	拱顶	0.48	拱顶拱腰	1.82	拱顶	-0.86	拱腰
			-5.4	拱腰	792	拱腰						
	引Ⅱ	支3	31.1	拱顶	-13.7	拱顶	0.54	拱顶拱腰	0.18	拱顶	-0.73	拱腰
			1.5	拱腰	610	拱腰						
		支4	28.7	拱顶	1.5	拱顶	3.6	拱顶拱腰	0.22	拱顶	-0.63	拱腰
			2.9	拱腰	690	拱腰						

续表

项目工况			锚杆轴向应力最值/MPa		初期衬砌轴力最值/kN		初期衬砌弯矩最大值/(kN·m)		后期衬砌第一主应力最大值/MPa		后期衬砌第三主应力最大值/MPa	
			数值	位置	数值	位置	数值	位置	数值	位置	数值	位置
双洞运行+地震	引Ⅰ	支1	35.9	拱顶	74	拱顶	3.95	拱顶拱腰	1.71	拱腰	−0.78	拱腰
			−6.6	拱腰	854							
		支2	32.3	拱顶	110	拱腰	0.49	拱顶拱腰	1.63	拱腰	−0.8	拱腰
			−5.9	拱腰	792							
	引Ⅱ	支3	33.5	拱顶	140	拱顶	0.34	拱顶拱腰	1.53	拱腰	−0.78	拱腰
			−3.3	拱腰	609							
		支4	28.7	拱顶	164	拱腰	3.4	拱顶拱腰	1.70	拱腰	−0.83	拱腰
			−3.1	拱腰	692							

5. 结论

(1) 由表 6.3-15 可知，施工阶段围岩稳定性情况为：如果不进行初期支护，拱顶总位移最大值达到 0.18cm（支洞 1），总的下沉量是很小的；从毛洞形成后的地层应力图及主应力图可以看出，整个地层大部分区域都是受压的，只是在隧洞附近一个很小的范围内出现拉应力，围岩能够稳定。若毛洞形成后立即实施初期支护，则拱顶总位移为 0.167cm（支洞 1），若毛洞形成后立即实施初期支护和后期支护，则拱顶总位移仅为 0.086cm（支洞 1），相应地，围岩剪应力最值、第一主应力和第三主应力在支护后都有明显减小。开挖后围岩未出现塑性区，表明围岩稳定。

(2) 运行阶段围岩稳定及变形情况为：满水运行工况下的隧洞其围岩的总位移最大值、剪应力最大值、第一主应力以及第三主应力的最大值均比非运行工况下略小，原因在于满水运行工况下后期支护对围岩的主动承受力使得围岩的受力条件得到改善，并且没有出现拉应力。无论是单洞运行还是双洞运行，围岩没有出现拉应力。非运行情况为其最不利工况，从表 6.3-15 知，引Ⅱ单独运行下，支洞 1 围岩的最大变形为 0.089cm，剪应力最大值和第一主应力分别为 1.78MPa 和 −0.086MPa，围岩处于弹性应力状态。综合考虑计算结果，运行期剖面引Ⅱ 3+136 附近围岩处于稳定状态。

(3) 运行阶段支护结构的受力情况为：满水运行的隧洞其锚杆轴向、初期衬砌轴向应力比非运行的隧洞轴向应力小。锚杆轴向最大值为 32.1MPa，远小于锚杆抗拉强度设计值；后期衬砌最大拉应力值为 1.52~1.57MPa（分别为引Ⅱ和引Ⅰ运行下支洞 1），后期衬砌最大压应力值为 12.2MPa，小于混凝土抗拉、抗压强度标准值［对 C25 的衬砌混凝土，其轴心抗拉强度标准值为 1.75MPa，轴心抗压强度标准值为 17MPa；根据《水工隧洞设计规范》（SL 279—2016）的规定，对 3 级隧洞，基本荷载组合工况下取衬砌混凝土的抗拉安全系数为 1.8、特殊条件下为 1.6，可以推算基本荷载组合工况下衬砌混凝土的允许拉应力为 0.972MPa，特殊荷载组合条件下衬砌混凝土的允许拉应力为 1.09MPa］，如大于混凝土允许拉应力，衬砌混凝土将会开裂，但不会破坏。

其他工况下隧洞各支洞后期衬砌最大拉应力在 −0.006~0.88MPa，满足衬砌混凝的允许拉应力要求。

（4）地震条件下，最不利的荷载工况为满水＋地震工况。与正常工况相比，衬砌结构内的第一主应力值增大值为 0.3～1.0MPa。后期衬砌最大拉应力值为 0.18～1.82MPa，部分工况下衬砌最大拉应力值大于混凝土轴心抗拉强度标准值，表明衬砌混凝土将会破坏。

锚杆的最大拉应力也有一定程度的增大，但最大值不超过 36MPa，远小于锚杆抗拉强度设计值。因此对于剖面引Ⅱ3＋136，现有的支护参数无法保证地震条件下支护结构的安全。

从引Ⅰ单独运行或引Ⅱ单独运行来看，满水运行的荷载压力对非满水运行隧洞围岩应力、变形影响很小，对非满水运行隧洞后期支护结构大小主应力影响也很小，说明隧洞之间围岩厚度可行。

第7章 调压室设计

7.1 调压室布置方案分析

7.1.1 调压室设置条件

根据《水电站调压室设计规范》（NB/T 35021—2014）的规定，隧洞设置上游调压室的判别式为

$$T_W > [T_W] \tag{7.1-1}$$

其中

$$T_w = \frac{\sum L_i V_i}{g H_P}$$

式中：T_W 为压力水道中水流惯性时间常数，s；L_i 为压力水道及蜗壳和尾水管（无下游调压室时应包括压力尾水道）各分段的长度，m；V_i 为各分段内相应的流速，m/s；g 为重力加速度，m/s^2；H_P 为设计水头，m；

经计算，$T_W = 4.3$s，大于 $[T_W]$（2～4s），因此需设置调压室。

7.1.2 调压室布置

1. 调压室选型

调压室布置及选型原则一般如下：

（1）从调节保证的角度考虑，调压室的位置应尽量靠近厂房，以减少压力钢管及机组所承受的水击压力，有利于机组运行。

（2）在负荷变化时水面振幅小，波动衰减快，正常运行时水头损失小。

（3）结构简单，经济合理，施工方便。

简单圆筒式调压室结构最简单，反射水击波效果最好，但波动衰减慢，需较大容积，没有连接管时水头损失较大。

阻抗式调压室具有容积小、波动衰减较快、结构简单等优点，当孔口尺寸选择恰当时，可做到不恶化压力水道受力条件的效果，适用范围较广。

根据工程地形地质条件，采用简单圆筒式调压室水平断面较大，井挖及衬砌钢筋混凝土工程量较大，同时大断面井挖施工难度也较大。鉴于上述原因，拟采用阻抗式调压室结构型式。

2. 调压室断面尺寸确定

由于阻抗孔口使水流进出调压室的阻力增大，消耗了一部分能量，在同样条件下水位波动振幅较简单式调压室小，且衰减快，因而调压室所需的体积小于简单式，正常运行时的水头损失也小。但由于阻抗的存在，水击波可能不能完全反射，隧洞可能受到水击的影

响，设计时必须选择合适的阻抗孔口尺寸。

调压室为阻抗式，大井直径为 16m，阻抗孔尽量小。

经核算，在采用 5m 内径阻抗孔时，调压室涌浪水位计算成果见表 7.1-1。

表 7.1-1 调压室涌浪水位计算成果（阻抗孔内径为 5m）

序号	工况	糙率	调压室 I		调压室 II	
			最高涌浪水位/m	最低涌浪水位/m	最高涌浪水位/m	最低涌浪水位/m
1	（250.00，180.80）事故甩全负荷	平均糙率	277.41	230.05	277.11	230.29
2		最小糙率	278.20	229.17	277.88	229.44

注 250.00—死水位，180.80—4 台机发电尾水位。

引水道采用平均糙率计算，最低涌浪水位（调压室 I）230.05m，仅比图纸规定的最低涌浪水位高出 0.03m；而且，调压室 II 的最低涌浪水位已经不满足比调压室底部高程多 1m 的裕量要求。从安全角度考虑，计算调压室的最高、最低涌浪水位应采用最不利的水力条件，即在最低水位运行，甩负荷时用最小糙率；在增负荷时，用最大糙率，计算结果见表 7.1-1，所以，采用阻抗孔直径 5.0m 已经不满足要求。

经试算，阻抗孔直径采用 4.0m 时，对过渡过程中的机组调保计算产生较大的不利影响。所以，减小阻抗孔直径，采用 4.5m。

3. 调压室布置

调压室布置于厂房后坡上，两引水隧洞分设两座调压室。

调压室 I 位于引 I 2+958.811 桩号（中心线），距厂房轴线水平距离约 270m，调压室顶平台高程为 305.00m，该处隧洞中心线高程为 221.31m；调压室 II 位于引 II 3+039.072 桩号（中心线），距厂房轴线水平距离约 300m，调压室顶平台高程为 295.00m，该处隧洞中心线高程为 220.91m；调压室采用阻抗式，阻抗孔内径 4.5m，调压室内径 16.0m。

根据《缅甸太平江一级水电站引水发电系统水力过渡过程分析》分析结果，调压室 I 最高涌浪水位 283.54m，最低涌浪水位 232.07m；调压室 II 最高涌浪水位 283.86m，最低涌浪水位 231.82m。竖井顶高程调压室 I 为 305.50m，调压室 II 为 295.50m，竖井顶部平台高程调压室 I 为 305.00m，调压室 II 为 295.00m，顶部平台设公路与对外交通相连。

7.2 调压室结构分析

7.2.1 地质条件

调压室布置在厂区两条冲沟所夹的由北往南的山脊之上，处于左侧冲沟的下游侧的边坡上，自然地形坡度一般为 35°～40°。

调压室部位基岩岩性为中元古界高黎贡山群第二段（$Pt_2 g^2$）的斜长角闪岩夹条带状混合岩化斜长角闪片麻岩。

调压室部位片麻理产状为 N0°～20°E，SE∠70°～80°。覆盖层 25～30m，全风化下限为 30～35m；强风化带下限为 35～40m；弱风化带下限为 55～60m。

地下水埋深为 20～35m，为基岩裂隙水及孔隙水，施工中应加强排水。

调压室上部为全风化岩体，散体结构，围岩类别属 V 类，稳定性差。围岩不能自稳，变形破坏严重，应采取有效支护措施，保持该部分井壁稳定，并应做好井口的锁口工作。

强风化岩体一般为碎裂结构，围岩类别属 IV 类，稳定性较差。在开挖至该类岩体前，应完成上部井壁的钢筋混凝土衬砌工作。

弱风化岩体主要为碎裂镶嵌结构、碎裂状结构，围岩类别属 III～IV 类，稳定性一般至较差。施工中应及时对井壁岩体进行喷锚支护，并预留排水孔，降低支护结构的静水压力。

调压室下部井壁为微风化岩体，一般具镶嵌碎裂结构，以 III 类围岩为主，稳定性一般。陡倾角结构面与其它结构面不利组合，形成倾向井壁内的不稳定块体，加上地下水的影响，对井壁稳定不利。施工中应及时对井壁进行支护处理。

7.2.2 调压室结构分析

调压室围岩类别及力学参数建议值见表 7.2－1。

表 7.2－1　　　　　　　　　　调压室围岩类别及力学参数建议值表

部位	风化程度	围岩类别	力学参数		坚固性系数 f_k	单位弹性抗力系数 K_0/(MPa/cm)
			岩体抗剪断强度			
			f'	c'/MPa		
引 I 调压室	覆盖层					
	全风化					
	强风化	IV	0.60～0.65	0.30～0.35	1～2	10～12
	弱风化上部	III～IV	0.80～0.85	0.70～0.75	2～3	18～22
	弱风化下部	II～III	1.0～1.1	1.00～1.20	4～6	40～45
	微风化	II	1.10～1.20	1.20～1.50	6～7	55～60
引 II 调压室	覆盖层					
	全风化					
	强风化	IV	0.60～0.65	0.30～0.35	1～2	10～12
	弱风化上部	III～IV	0.80～0.85	0.70～0.75	2～3	18～22
	弱风化下部	II～III	1.0～1.1	1.00～1.20	4～6	40～45
	微风化	II	1.10～1.20	1.20～1.50	6～7	55～60
备注	各调压室岩体的分布范围数据以钻孔点为依据，调压室 I、II 的钻孔分别为 ZK244、ZK243，平面的分布范围见相应的剖面图					

1. 计算工况和荷载组合

（1）运行工况：内水压力＋外水压力＋围岩压力＋衬砌自重。

（2）施工工况：外水压力＋灌浆压力＋围岩压力＋衬砌自重。

（3）检修工况：外水压力＋围岩压力＋衬砌自重。

2. 结构计算

调压室按 3 级建筑物设计，衬砌混凝土强度等级采用 C25，钢筋保护层厚度为 5cm，钢筋采用 II 级钢筋。调压室结构计算采用国家电力公司中南勘测设计研究院《水工隧洞钢筋混凝土衬砌计算程序 SDCAD4.0（电力版）》，对衬砌进行限裂计算，按限制裂缝开展宽度 0.25mm 设计。根据计算，调压室衬砌厚度及配筋见表 7.2-2。

表 7.2-2　　　　　　　　　　　调压室衬砌厚度及配筋表

部　位	衬砌厚度/m	配筋位置	计算配筋值	实际配筋值	裂缝宽度/mm	允许裂缝宽度/mm
覆盖层、全风化段	0.6	内侧	$5\phi25$	$5\phi25$	0	0.25
		外侧	$5\phi25$	$5\phi25$	0	0.25
强风化段	0.6	内侧	$5\phi16$	$5\phi25$	0	0.25
		外侧	$5\phi16$	$5\phi25$	0	0.25
弱风化上部段	0.6	内侧	$5\phi20$	$5\phi25$	0	0.25
		外侧	$5\phi20$	$5\phi25$	0	0.25
弱风化下部段	0.6	内侧	$5\phi25$	$5\phi28$	0.21	0.25
		外侧	$5\phi25$	$5\phi28$	0.21	0.25
微风化段	0.6	内侧	$8\phi32$	$8\phi32$	0.21	0.25
		外侧	$8\phi32$	$8\phi32$	0.21	0.25

7.3　调压室衬砌措施

7.3.1　调压室衬砌措施选择

为避免围岩或喷混凝土脱落掉入压力管道影响机组运行安全，调压室宜采用系统挂钢筋网锚喷支护或钢筋混凝土衬砌等支护型式。根据地质条件、结构、防渗及施工方法等，本工程调压室采用筋混凝土衬砌永久支护。

两调压室采用阻抗式调压室结构型式，下部阻抗孔内径 4.5m，钢筋混凝土衬砌厚1.5m，上部调压室内径 16m，底板高程调压室 I 为 227.41m，调压室 II 为 227.81m。调压室井筒顶部 4.0m 高为锁口衬砌混凝土，厚 1.2m，下部井筒衬砌混凝土厚 0.6m，井筒底板厚 2.0m。调压室下部连接段引水道顺水流方向长 18m，内径 8m，衬砌混凝土厚0.8m。引水道中心高程调压室 I 为 220.91m，调压室 II 为 221.31m。以上混凝土均采用C25 钢筋混凝土。

7.3.2　调压室开挖边坡处理

根据本工程地形、地质条件及工程布置，为防止边坡受雨水冲刷，增加边坡的稳定性，设计土质边坡采用挂钢筋网、喷 10cm 厚 C20 混凝土，1.2m 长锚筋进行支护；岩质边坡采用喷 8.0cm 厚 C20 混凝土支护。坡面埋设 $\phi70$ PVC 排水管，排水管间距 2.0m，梅花形布置。坡顶及马道内侧均设置 0.5m×0.5m 浆砌石截（排）水沟。

7.3.3 调压室基础处理

根据本工程地质条件，考虑开挖震动及混凝土施工影响，调压室及其下部隧洞全段进行固结灌浆，灌浆孔距为30°弧线长，排距3.0m，调压室段深入围岩5.0m，隧洞段深入围岩3.5m，排向错开布置，遇断层破碎带加密；调压室下部隧洞顶拱120°范围进行回填灌浆，灌浆孔伸入围岩0.1m，孔距同调压室，排距3.0m，排向错位布置。

考虑调压室井口覆盖层较厚，调压室井筒直径较大，施工时先期在混凝土衬砌外环覆盖层内进行高喷注浆，形成2.0m厚环向混凝土刚性墙，然后进行覆盖层段井筒开挖，自井口平台向下开挖至4.0m深后进行锁口混凝土浇筑，锁口混凝土厚1.2m，高4.0m，待锁口混凝土达一定强度后，再进行井筒下部开挖。锁口混凝土以下井筒及井下隧洞段均采用挂钢筋网喷15cm厚C20混凝土临时支护。

7.4 调压室边坡稳定分析

7.4.1 边坡稳定性安全系数

水利水电工程边坡按其所属枢纽工程等级、建筑物级别、边坡所处位置、边坡重要性和失事后的危害程度，划分边坡类别和安全级别。

根据《水电水利工程边坡设计规范》（DL/T 5353—2006）规定，水工建筑物等级划分标准见表7.4-1，在采用极限平衡方法中的下限解时，边坡设计安全系数不低于表7.4-2规定的数值。

表 7.4-1　　　　　　　　水工建筑物边坡等级划分标准

边坡等级	枢纽工程区边坡	水库边坡
1	影响1级水工建筑物安全的边坡	滑坡产生危害性涌浪或滑坡灾害可能危及1级水工建筑物安全的边坡
2	影响2、3级水工建筑物安全的边坡	可能发生滑坡并危及2、3级水工建筑物安全的边坡
3	影响4、5级水工建筑物安全的边坡	要求整体稳定而允许部分失稳或缓慢滑落的边坡

表 7.4-2　　　　　　　　水电水利工程边坡设计安全系数

等级	类别及工况					
	枢纽工程区边坡			水库边坡		
	持久状况	短暂状况	偶然状况	持久状况	短暂状况	偶然状况
Ⅰ	1.30～1.25	1.20～1.15	1.10～1.05	1.25～1.15	1.15～1.05	1.05
Ⅱ	1.25～1.15	1.15～1.05	1.05	1.15～1.05	1.10～1.05	1.05～1.00
Ⅲ	1.15～1.05	1.10～1.05	1.00	1.10～1.00	1.05～1.00	≤1.00

表7.4-2中持久状况主要指边坡正常运用工况，短暂状况包括施工期缺少或部分缺少加固力；缺少排水设施或施工用水形成地下水位增高；运行期暴雨或久雨、或可能的泄流雾化雨，以及地下排水失效形成的地下水位增高；水库水位骤降等情况；偶然状况主要为遭遇地震、水库紧急放空等情况。

《水电水利工程边坡设计规范》（DL/T 5353—2006）中规定：针对具体边坡工程所采

用的设计安全标准，应根据对边坡与建筑物关系、边坡工程规模、工程地质条件复杂程度以及边坡稳定分析的不确定性等因素的分析，从表 7.4-1 中所给的范围内选取。对于失稳风险度大的边坡，或稳定分析中不确定因素较多的边坡，设计安全系数宜取上限值，反之取下限值；边坡稳定的基本方法是平面极限平衡下限解法，当有充分论证时，可以采用上限解法，其设计安全系数按表 7.4-2 规定不变。

太平江一级水电站工程规模为中型，工程等别为Ⅲ等，调压室为 3 级水工建筑物，根据表中规定，影响 2、3 级水工建筑物安全的边坡为Ⅱ级边坡，因此本边坡稳定分析时按照 2 级边坡的要求进行计算。

7.4.2 计算剖面、工况及参数

1. 计算剖面

调压室边坡的 15 个计算剖面平面布置见图 7.4-1。

2. 计算工况

(1) 正常工况，不考虑降雨和地震影响。

(2) 降雨工况，普通降雨按地下水位高度为滑体厚度的 10% 考虑，记为 $W_{0.1}$；以及特大暴雨，按地下水位高度为滑体厚度的 20% 考虑，记为 $W_{0.2}$。

(3) 地震工况，不考虑降雨。

正常工况对应于持久状况，降雨工况对应于短暂状况，地震工况对应于偶然状况。

3. 计算参数

综合反演分析成果、类比同地区同类工程经验、结合勘察试验成果，调压室边坡岩（土）体物理力学参数见表 7.4-3。

表 7.4-3　　　　　　　　　调压室边坡岩（土）体物理体力学参数表

风化程度	岩（土）体抗剪断强度		备 注
	$\varphi/(°)$	c/kPa	
覆盖层	32.5	22	覆盖层力学参：$r=20kN/m^3$；岩石容重取 $26kN/m^3$
强风化	31.0	300	
弱风化上部	38.7	700	
弱风化下部	45.0	1000	
微风化	47.7	1200	

7.4.3 施工期边坡的稳定性分析

将施工期分为两个阶段：第一阶段开挖至井口高程，即调压室Ⅰ开挖至 295.00m 高程，调压室Ⅱ开挖至 305.00m 高程；第二阶段从各自井口向下开挖。下面分别对两阶段边坡进行稳定性分析。

1. 开挖至井口高程过程中的边坡稳定性分析

采用剩余推力法、摩根法和严格简布法对调压室边坡 15 个典型剖面开挖至井口的稳定性进行了分析计算，施工期边坡各剖面最危险工况稳定性安全系数见表 7.4-4。

从表 7.4-4 中可知，施工期边坡在正常工况及降雨工况下均能处于稳定状态，工程

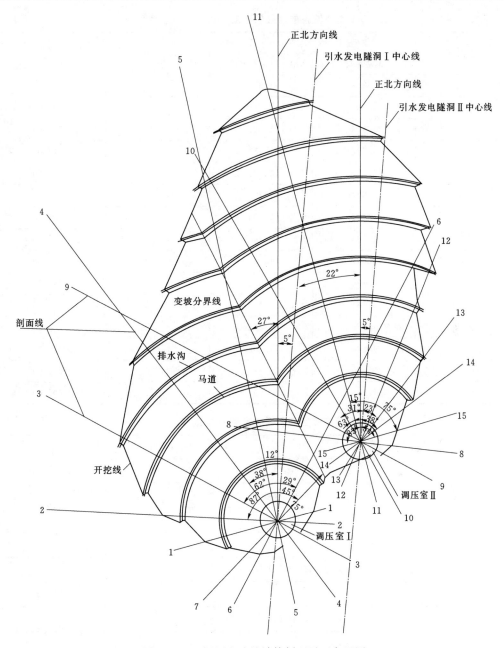

图 7.4 - 1 调压室边坡计算剖面平面布置图

施工中可按现设计边坡进行施工。

2. 井口高程以下开挖过程中的边坡稳定性分析

在没有现场试验资料的前提下，根据相关工程经验，计算中高喷固结后土体的内摩擦角取为 $29°\sim30°$，黏聚力 c 分别取 $500\mathrm{kPa}$、$500\mathrm{kPa}$ 以及 $600\mathrm{kPa}$ 进行分析，以确定高喷固结范围。分析过程中，取降雨工况 $W_{0.1}$ 下安全系数约等于 1.05。计算成果见表 $7.4-5$ 和表 $7.4-6$。

表 7.4 – 4　　　　　　　　施工期边坡各剖面最危险工况稳定性安全系数

剖面	安 全 系 数			最危险剖面对应的开挖高程/m
	正常工况	降雨工况（普通降雨）	降雨工况（暴雨）	
1—1	1.753	1.676	1.598	295.00
2—2	1.495	1.421	1.348	295.00
3—3	1.363	1.292	1.223	295.00
4—4	1.527	1.457	1.390	317.00
5—5	1.264	1.192	1.123	317.00
6—6	1.344	1.266	1.192	317.00
7—7	1.897	1.820	1.743	295.00
8—8	1.886	1.799	1.713	317.00
9—9	1.697	1.615	1.538	305.00
10—10	1.296	1.223	1.153	341.00
11—11	1.231	1.161	1.092	329.00
12—12	1.279	1.205	1.134	305.00
13—13	1.508	1.387	1.297	305.00
14—14	2.012	1.851	1.730	305.00
15—15	2.966	2.758	2.551	305.00

表 7.4 – 5　　　　　　　　井壁高喷固结所需的宽度 D 的成果 （一）

灌浆区域力学参数 $(\varphi = 29°)$		灌浆需要宽度 D		
		$c = 400\text{kPa}$	$c = 500\text{kPa}$	$c = 600\text{kPa}$
剖面	1—1	$D=1$，$K=1.284$	—	—
	2—2	$D=1$，$K=1.271$	—	—
	3—3	$D=1$，$K=1.534$	—	—
	6—6	$D=1$，$K=1.527$	—	—
	7—7	$D=1$，$K=1.129$	—	—
	8—8	$D=1$，$K=1.095$	—	—
	9—9	$D=1$，$K=1.237$	—	—
	10—10	$D=1$，$K=1.378$	—	—
	11—11	$D=1$，$K=1.278$	—	—
	12—12	$D=1$，$K=1.246$	—	—
	13—13	$D=2$，$K=1.237$	$D=1$，$K=1.080$	—
	14—14	$D=2$，$K=1.145$	$D=2$，$K=1.240$	$D=1$，$K=1.068$
	15—15	$D=3$，$K=1.143$	$D=2$，$K=1.071$	$D=2$，$K=1.158$

表 7.4－6　　　　　　　　　井壁高喷固结所需的宽度 D 的成果（二）

灌浆区域力学参数 ($\varphi=30°$)		灌浆需要宽度 D		
		$c=400\text{kPa}$	$c=500\text{kPa}$	$c=600\text{kPa}$
剖面	1—1	$D=1$，$K=1.287$	—	—
	2—2	$D=1$，$K=1.272$	—	—
	3—3	$D=1$，$K=1.536$	—	—
	6—6	$D=1$，$K=1.529$	—	—
	7—7	$D=1$，$K=1.132$	—	—
	8—8	$D=1$，$K=1.098$	—	—
	9—9	$D=1$，$K=1.239$	—	—
	10—10	$D=1$，$K=1.380$	—	—
	11—11	$D=1$，$K=1.281$	—	—
	12—12	$D=1$，$K=1.248$	—	—
	13—13	$D=2$，$K=1.241$	$D=1$，$K=1.084$	—
	14—14	$D=2$，$K=1.149$	$D=2$，$K=1.245$	$D=1$，$K=1.072$
	15—15	$D=3$，$K=1.148$	$D=2$，$K=1.075$	$D=2$，$K=1.163$

计算结果表明，1～12 剖面在高喷固结范围 $D=1\text{m}$、$c=400\text{kPa}$ 时，已处于稳定状态，根据工程经验，在 $D>1\text{m}$、$c>400\text{kPa}$ 井壁稳定性肯定有所提高，故计算结果略去。采用高喷固结的加固措施，可以使调压室下挖过程中覆盖层的稳定性得到明显有效的提高。从 D 值范围上看，高喷固结范围 $D=1.0\sim2.0\text{m}$ 已能满足井壁的稳定性要求。

鉴于调压室覆盖层较深厚，对调压室的稳定性影响较大，因此建议采用高喷固结的方式，在高喷固结后土体的内摩擦角达到 $30°$，黏聚力 c 达到 0.5MPa 的前提下，高喷固结范围自调压室开挖边线到边线外不小于 2.0m。

7.4.4　运行期边坡的稳定性分析

依旧采用剩余推力法、摩根法和严格简布法对调压室边坡 15 个典型剖面的运行期稳定性进行了分析计算，计算结果取平均值，由于缺乏具体试验资料及设计参数，分析过程中暂时不考虑灌浆加固处理效果。

边坡失稳模式及潜在滑动面通过计算程序自动优化搜索得到。稳定分析成果见表 7.4－7。

表 7.4－7　　　　　　　　　运行期边坡各剖面稳定性安全系数

剖面	安 全 系 数			
	正常工况	降雨工况（普通降雨）	降雨工况（暴雨）	地震
1—1	1.770	1.696	1.621	1.368
2—2	1.495	1.421	1.348	1.286
3—3	1.375	1.305	1.235	1.185
4—4	1.564	1.492	1.419	1.338
5—5	1.275	1.204	1.133	1.094

续表

剖面	安　全　系　数			
	正常工况	降雨工况（普通降雨）	降雨工况（暴雨）	地震
6—6	1.344	1.269	1.199	1.150
7—7	1.890	1.813	1.737	1.635
8—8	1.886	1.799	1.713	1.886
9—9	1.697	1.615	1.538	1.439
10—10	1.296	1.223	1.153	1.116
11—11	1.231	1.161	1.092	1.059
12—12	1.279	1.205	1.134	1.096
13—13	1.418	1.347	1.277	1.231
14—14	1.640	1.573	1.507	1.467
15—15	1.843	1.775	1.709	1.683

从表7.4-7中可知，运行期多数剖面滑动模式和施工期开挖到调压室平台时的一致，仅剖面13—13、剖面14—14、剖面15—15有所改变，而且运行期各剖面在正常工况、降雨工况及地震工况下均能处于稳定状态。

第8章 边坡稳定分析及支护措施

8.1 厂房后边坡稳定分析

8.1.1 施工图设计及主要施工过程

厂房后边坡残坡积层覆盖层较厚，而边坡高度大，边坡失稳直接威胁到厂房的安全，因此该边坡的安全稳定问题一直是高度重视的。为给边坡的开挖和支护提供依据，保证边坡安全，施工图设计前，江西省水利规划设计研究院联合武汉大学对厂房后边坡进行了安全稳定分析，2008年11月完成了初步计算分析成果，待开挖揭露地质情况后再进行复核。根据安全稳定分析初步成果，完成了厂房后边坡的开挖及前期支护设计图。下游侧厂房后正向边坡高程为188.00～198.00m开挖坡比为1:1.25，其他均为1:1.5；下游侧侧坡第一个台阶边坡坡比为1:1，其他均为1:1.25，正坡与侧坡之间采用1:1的坡连接。每10m坡高设置一级马道，马道宽2.0m，马道内侧及坡顶处均设置截水沟和排水沟。

厂房后边坡前期支护措施采用混凝土网格种草护坡，并设土层插筋（砂浆锚杆，$L=3.0$m，$\phi=22$mm，布置间距2.2m×3.6m）。坡面排水管采用$\phi50$ PVC排水管，布置间距2.2m×3.6m，外露长度10cm，坡度为$i=3\%$，每级坡面上最上三排排水管长度为1m，其余的排水管长度为2m。

2009年2月，根据施工单位反映，混凝土网格草皮护坡施工进度较慢，为了加快施工进度，保证在雨季来临前完成边坡支护，根据现场情况，设计同意厂房后边坡土质边坡面采用钢筋网（$\phi6.5@200$mm×200mm）喷10cm厚C20混凝土加插筋（$\phi22@2500$mm×2500mm，$L=1.2$m），插筋与钢筋网焊接；岩质边坡采用喷8cm厚C20混凝土进行一期支护；排水管的布置及型式：采用$\phi70$ PVC排水管，布置间距2.0m×2.0m，深2.0m的排水孔和浅表排水孔间隔布置。

8.1.2 厂房边坡工程地质条件

厂房后边坡多由冲积层组成，冲积层埋深14.4～16.3m，边坡底部由全、强风化的眼球状混合片麻岩夹黑云角闪斜长片麻岩组成。冲积层表层为壤土、砂壤土或粉细砂，厚度为5.0m左右，因离山体远近不同沉积的土层不同，离山体越近土层越细。下部为细砂夹漂（卵）石，直径一般为0.5～1m。厂房后边坡基本上是在冲积层中开挖。

边坡上部干燥，位于地下水位以上，土质稍密；边坡下部位于地下水位以下，坡面渗水现象明显，同时与江水联系密切。饱水状态的砂壤土、粉细砂，物理力学性质差，抗剪强度低，稳定性差。

综上所述，地表、地下水的活动对边坡稳定影响突出。边坡表部抗冲刷性弱。疏排地下水不仅有利于边坡的稳定性，也有利于斜坡的深层稳定。建议对永久边坡，土质边坡进行加固处理，强风化、弱风化上部岩质边坡进行锚固喷混凝土处理，局部加钢筋网喷锚处理，对弱风化下部岩质边坡进行喷混凝土处理，边坡建议值：覆盖层及全风化取1:1.25～1:1.50，弱风化上部取1:0.5～1:0.75，坡高及马道的设置需满足有关规范要求。并应完善边坡的截、防、排水等措施，加强变形监测，确保边坡长期安全。

对临时边坡须进行支护，同时对地表水、地下水进行截、防、排水等处理，防止地表水对砂质边坡的冲刷以及地下水的管涌淘蚀，使边坡土层处于干燥状。满足上述防护条件的边坡建议值：砂壤土、粉细砂比值取1:1.5，全风化取1:1.0，弱风化上部取1:0.5。

边坡开挖及支护工程已于2009年4月完成。

8.1.3 边坡稳定分析

1. 边坡稳定性安全系数

水利水电工程边坡按其所属枢纽工程等级、建筑物级别、边坡所处位置、边坡重要性和失事后的危害程度，划分边坡类别和安全级别。根据《水电水利工程边坡设计规范》（DL/T 5353—2006）规定，边坡级别划分标准见表7.4-1，在采用极限平衡方法中的下限解时，其设计安全系数不低于表7.4-2规定的数值。

太平江一级水电站工程规模为中型，工程等别为Ⅲ等，地面厂房及调压室均为Ⅲ级水工建筑物，根据表7.4-1的规定，影响Ⅱ级、Ⅲ级水工建筑物安全的边坡为Ⅱ级边坡，因此边坡稳定分析时按照Ⅱ级边坡的要求进行计算。

2. 计算剖面

为全面计算厂房基坑及厂房后边坡的稳定性，根据地形及厂房位置，拟选取10个典型二维剖面进行分析，分别为剖面1—1、剖面2—2、剖面3—3、剖面4—4、剖面5—5与剖面6—6，以及厂房到调压室处4条压力管道剖面边坡，其中剖面6—6与4号压力管道剖面近似重合，不进行分析。故实际分析9个剖面，其平面位置见图8.1-1。

因厂房后边坡残坡积层覆盖层较厚，而边坡高度较大，厂房基坑开挖时，厂房后边坡稳定可能存在问题，因此考虑尽量多的挖掉覆盖层。分析过程中，自起坡点起，第一级台阶高程为186.00m，比较分析了坡底1～4个台阶边坡坡比分别为1:1.0、1:1.2、1:1.3、1:1.5，其他台阶边坡坡比均为1:1.5的等多种工况。最终，设计推荐厂房后压力管道边坡第一个台阶边坡坡比为1:1.25，其他均为1:1.5；变坡段第一个台阶边坡坡比为1:1，其他均为1:1.25。各剖面边坡详图见图8.1-2～图8.1-10。

3. 计算工况

厂房基坑后边坡稳定性分析分为两个阶段，即施工期以及运行期，计算工况如下：

（1）正常工况，不考虑降雨和地震影响。

（2）降雨工况，普通降雨按地下水位高度为滑体厚度的10%考虑，记为$W_{0.1}$。

（3）地震工况，对于地震加速度，根据1:400万《中国地震动参数区划图》（GB 18306—2015）推定，本工程区地震动峰值加速度为0.15g，计算时取地震加速度分布系数为0.25。

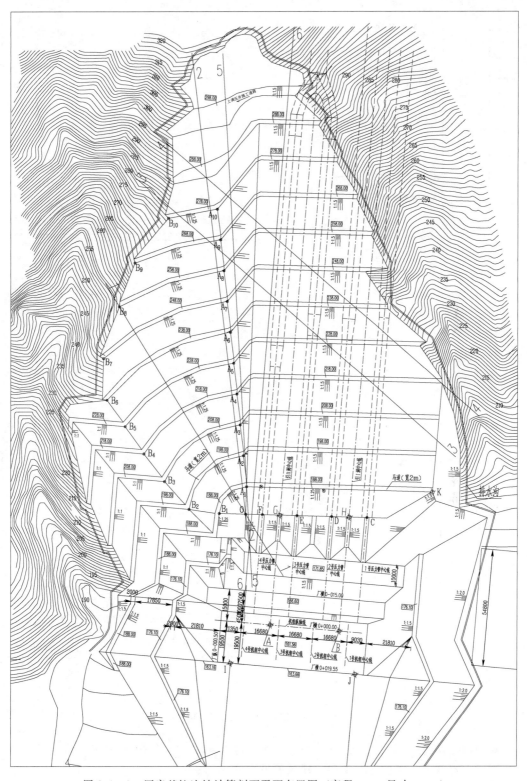

图 8.1-1　厂房基坑边坡计算剖面平面布置图（高程：m；尺寸：mm）

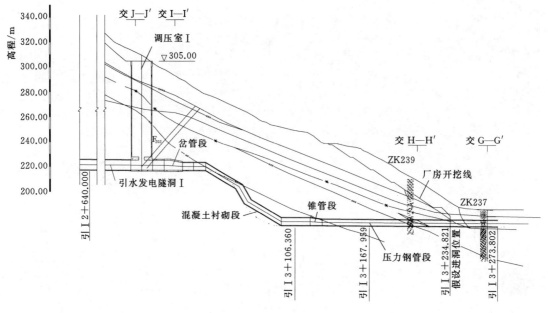

图 8.1-2　1 号压力管道剖面详图

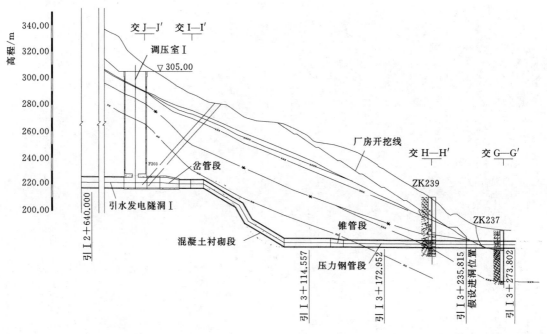

图 8.1-3　2 号压力管道剖面详图

4. 计算参数

厂房区岩（土）体物理力学参数建议值见表 8.1-1。

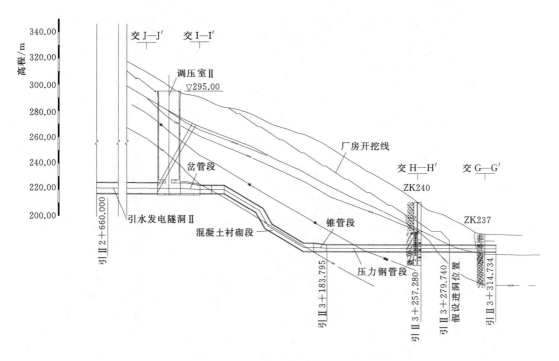

图 8.1-4　3 号压力管道剖面详图

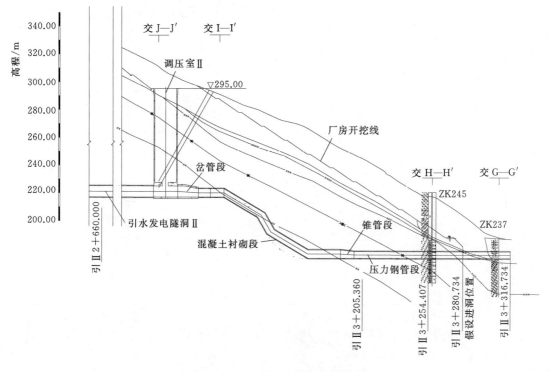

图 8.1-5　4 号压力管道剖面详图

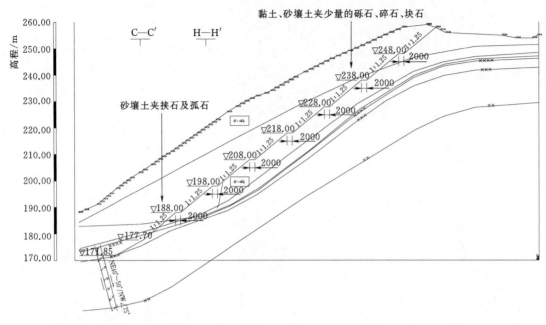

图 8.1-6　剖面 1—1 详图（高程：m；尺寸：mm）

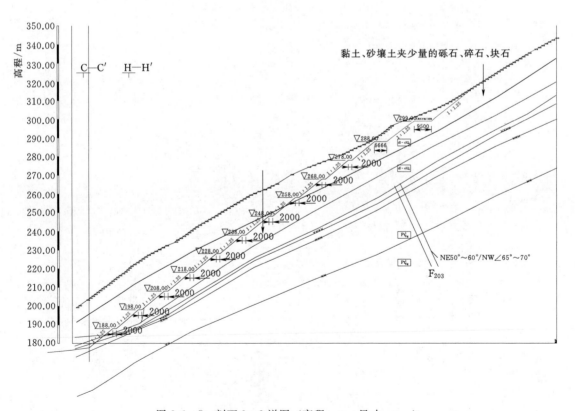

图 8.1-7　剖面 2—2 详图（高程：m；尺寸：mm）

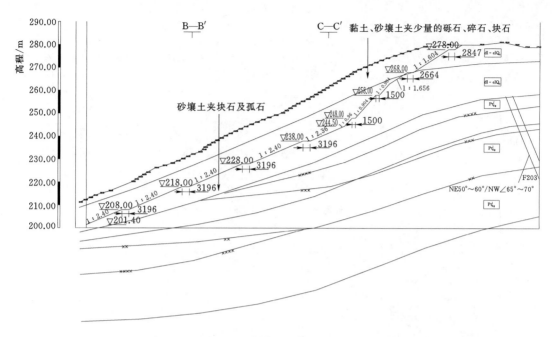

图 8.1-8　剖面 3—3 详图（高程：m；尺寸：mm）

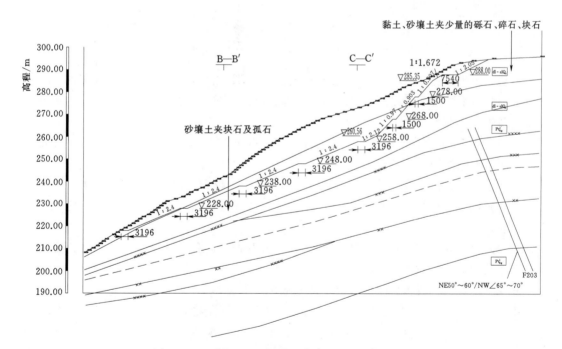

图 8.1-9　剖面 4—4 详图（高程：m；尺寸：mm）

5. 施工期边坡稳定性分析

在施工过程中，考虑两个开挖台阶：高程 258.00m 与高程 228.00m。考虑到此施工期主要关心的是已开挖坡体上部会不会出现滑坡现象，因此每台阶计算时，如果搜索的最

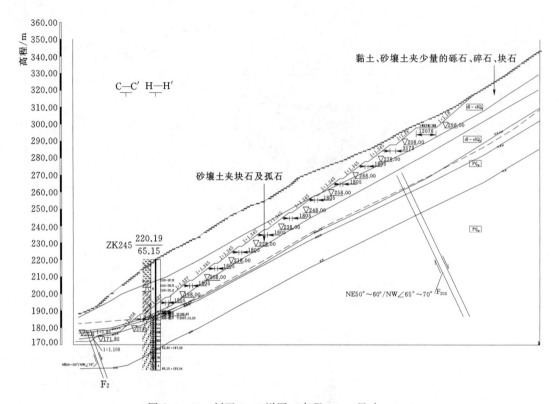

图 8.1-10　剖面 5—5 详图（高程：m；尺寸：mm）

危险滑动面出现在已开挖坡体上（或经过开挖体），那么视这种工况为最危险工况；如果开挖过程中最危险滑动面并没有出现在开挖体上（或经过开挖体），那么视开挖中出现最小安全系数的工况为最危险工况。

采用表 8.1-1 参数计算分析开挖到台阶 258.00m 与 228.00m 的最危险工况，采用剩余推力法、摩根法和严格简布法对 4 个压力管道剖面及厂房后边坡的 5 个典型剖面的施工期稳定性进行了分析计算。对每个剖面，分别计算了开挖到每台阶的稳定性系数。

（1）开挖至高程 258.00m。开挖至高程 258.00m 时，施工期边坡各剖面稳定性安全系数见表 8.1-2 中。

（2）开挖至高程 228.00m。从高程 258.00m 开挖至高程 228.00m，边坡各剖面稳定性安全系数计算结果与滑动面位置见表 8.1-3。

开挖到不同高程时各剖面边坡稳定性系数比较见表 8.1-4。

由表 8.1-6 可知，边坡开挖施工过程中，相同计算参数下，随着开挖高程的降低，1 号、2 号、3 号压力管道剖面及剖面 1—1、剖面 2—2 边坡滑动范围增大，边坡稳定性降低，但稳定性系数满足规范要求；在边坡开挖到 258.00m 高程以下时，4 号压力管道剖面及剖面 4—4 边坡滑动面保持不变；开挖到高程 228.00m 时，剖面 3—3、剖面 5—5 边坡滑动面保持不变。

边坡在下挖过程中，稳定性系数随滑动面的不同而变化，一般存在降低趋势。

表 8.1－1　厂房区岩（土）体物理力学参数建议值表

岩体	风化程度	饱和抗压强度/MPa	允许承载力/MPa	软化系数	静弹性模量/GPa	变形模量/GPa	泊松比	抗剪强度 f	抗剪强度 c/MPa	抗剪断强度（混凝土/岩石） f'	抗剪断强度（混凝土/岩石） c'/MPa	抗剪断强度（岩石/岩石） f'	抗剪断强度（岩石/岩石） c'/MPa
眼球状黑云角闪斜长片麻岩，黑云角闪斜长片麻岩夹条痕状斜长角闪片麻岩及长角闪片麻岩花岗质片麻岩	全风化		0.3～0.4					0.35～0.40	0			0.40～0.45	0.03～0.04
	强风化	20～25	2.0～2.5	0.60	3.0～3.5	2.0～2.5	0.30	0.45～0.50	0	0.60～0.65	0.20～0.25	0.60～0.65	0.30～0.35
	弱风化上部	40～45	4.0～4.5	0.70	7.0～8.0	6.0～7.0	0.28	0.55～0.60	0	0.70～0.75	0.60～0.65	0.80～0.85	0.70～0.75
	弱风化下部	50～70	5.0～7.0	0.75	8.0～9.0	7.0～8.0	0.26	0.70～0.75	0	0.90～0.95	0.70～0.75	1.0～1.1	1.00～1.20
	微风化	80～100	8.0～9.0	0.80	11～12	10～11	0.24	0.80～0.85	0	1.0～1.10	0.85～0.90	1.10～1.20	1.20～1.50

土体	风化程度	天然密度/(g/cm³)	含水率/%	干密度/(g/cm³)	相对密度	内摩擦角 φ/(°)	黏聚力 c/kPa	备注
黏土、砂壤土夹少量的砾石、碎石、块石	覆盖层	1.86	27.0	1.45	2.70	20.0	30.0	表层的坡积层
砂壤土夹块石及孤石		2.10	18.0	1.60	2.72	25.0～28.0	10～15	残积层（258.00m以上高程边坡可采用此参数）
砂壤土夹块石及孤石		2.10	18.0	1.60	2.72	30.0～32.0	10～15	残积层（198.00～258.00m高程边坡可以采用此参数）
砾石、碎石、夹块石及孤石充填砂壤土		2.10	18.0	1.60	2.72	35.0～38.0	5～10	残积层（188.00～198.00m高程边坡可以采用此参数）

表 8.1－2　　　　　施工期边坡各剖面稳定性安全系数（开挖至 258.00m）

剖面	工况	安　全　系　数			
		剩余推力法	摩根法	严格简布法	平均值
1号压力管道	正常工况	1.433	1.431	1.451	1.438
	降雨工况 $W_{0.1}$	1.368	1.366	1.385	1.373
	地震工况	1.256	1.262	1.277	1.265
2号压力管道	正常工况	1.669	1.665	1.695	1.676
	降雨工况 $W_{0.1}$	1.595	1.591	1.620	1.602
	地震工况	1.445	1.453	1.475	1.458
3号压力管道	正常工况	1.369	1.366	1.351	1.362
	降雨工况 $W_{0.1}$	1.311	1.308	1.293	1.304
	地震工况	1.213	1.219	1.205	1.212
4号压力管道	正常工况	1.278	1.277	1.300	1.285
	降雨工况 $W_{0.1}$	1.216	1.215	1.237	1.223
	地震工况	1.135	1.141	1.160	1.145
2—2	正常工况	1.166	1.163	1.152	1.160
	降雨工况 $W_{0.1}$	1.116	1.113	1.112	1.114
	地震工况	1.040	1.044	1.034	1.039
3—3	正常工况	1.504	1.502	1.488	1.498
	降雨工况 $W_{0.1}$	1.451	1.449	1.435	1.445
	地震工况	1.353	1.360	1.347	1.353
4—4	正常工况	1.015	1.012	0.993	1.007
	降雨工况 $W_{0.1}$	0.967	0.964	0.945	0.959
	地震工况	0.922	0.929	0.910	0.920
5—5	正常工况	1.156	1.155	1.144	1.152
	降雨工况 $W_{0.1}$	1.104	1.103	1.092	1.100
	地震工况	1.033	1.040	1.030	1.034

表 8.1－3　　　　　施工期边坡各剖面稳定性安全系数（开挖至 228.00m）

剖面	工况	安　全　系　数			
		剩余推力法	摩根法	严格简布法	平均值
1号压力管道	正常工况	1.410	1.408	1.434	1.417
	降雨工况 $W_{0.1}$	1.345	1.343	1.370	1.353
	地震工况	1.236	1.242	1.263	1.247
2号压力管道	正常工况	1.400	1.397	1.389	1.395
	降雨工况 $W_{0.1}$	1.332	1.329	1.321	1.327
	地震工况	1.243	1.246	1.239	1.243

续表

剖面	工况	安 全 系 数			
		剩余推力法	摩根法	严格简布法	平均值
3号压力管道	正常工况	1.303	1.302	1.294	1.300
	降雨工况 $W_{0.1}$	1.237	1.236	1.231	1.235
	地震工况	1.155	1.160	1.153	1.156
4号压力管道	正常工况	1.278	1.277	1.300	1.285
	降雨工况 $W_{0.1}$	1.216	1.215	1.237	1.223
	地震工况	1.135	1.141	1.160	1.145
1—1	正常工况	1.361	1.356	1.346	1.354
	降雨工况 $W_{0.1}$	1.302	1.297	1.287	1.295
	地震工况	1.222	1.225	1.216	1.221
2—2	正常工况	1.122	1.120	1.114	1.119
	降雨工况 $W_{0.1}$	1.064	1.062	1.056	1.061
	地震工况	1.007	1.010	1.004	1.007
3—3	正常工况	1.164	1.160	1.152	1.159
	降雨工况 $W_{0.1}$	1.103	1.100	1.091	1.098
	地震工况	1.056	1.060	1.051	1.056
4—4	正常工况	1.024	1.023	1.033	1.027
	降雨工况 $W_{0.1}$	0.972	0.970	0.980	0.974
	地震工况	0.931	0.937	0.946	0.938
5—5	正常工况	1.155	1.154	1.152	1.154
	降雨工况 $W_{0.1}$	1.094	1.093	1.091	1.093
	地震工况	1.031	1.032	1.030	1.031

表 8.1-4　　　　　　　　施工期各剖面稳定性安全系数比较

剖　　面	工况	安 全 系 数	
		开挖至高程 258.00m	开挖至高程 228.00m
1号压力管道剖面	正常工况	1.438	1.417
	降雨工况 $W_{0.1}$	1.373	1.353
	地震工况	1.265	1.247
2号压力管道剖面	正常工况	1.676	1.395
	降雨工况 $W_{0.1}$	1.602	1.327
	地震工况	1.458	1.243
3号压力管道剖面	正常工况	1.362	1.300
	降雨工况 $W_{0.1}$	1.304	1.235
	地震工况	1.212	1.156

续表

剖　　面	工况	安　全　系　数	
		开挖至高程258.00m	开挖至高程228.00m
4号压力管道剖面	正常工况	1.285	1.285
	降雨工况 $W_{0.1}$	1.223	1.223
	地震工况	1.145	1.145
1—1	正常工况	—	1.354
	降雨工况 $W_{0.1}$	—	1.295
	地震工况	—	1.221
2—2	正常工况	1.160	1.119
	降雨工况 $W_{0.1}$	1.114	1.061
	地震工况	1.039	1.007
3—3	正常工况	1.498	1.159
	降雨工况 $W_{0.1}$	1.445	1.098
	地震工况	1.353	1.056
4—4	正常工况	1.027	1.027
	降雨工况 $W_{0.1}$	0.974	0.974
	地震工况	0.938	0.938
5—5	正常工况	1.152	1.154
	降雨工况 $W_{0.1}$	1.100	1.093
	地震工况	1.034	1.031

6. 运行期边坡稳定性分析

利用剩余推力法、摩根法和严格简布法对4个压力管道剖面及厂房后边坡的5个典型剖面的运行期稳定性进行了分析计算，计算结果取平均值，运行期边坡各剖面稳定性安全系数见表8.1-5。其失稳模式及潜在滑动面通过计算程序自动优化搜索得到，计算得到各剖面潜在滑动面及条块剖分图见图8.1-11～图8.1-19。

表 8.1-5　　　　　　　　　　运行期边坡各剖面稳定性安全系数

剖面	工况	安　全　系　数			
		剩余推力法	摩根法	严格简布法	平均值
1号压力管道剖面	正常工况	1.350	1.350	1.344	1.348
	降雨工况 $W_{0.1}$	1.278	1.277	1.272	1.276
	地震工况	1.194	1.199	1.194	1.196
2号压力管道剖面	正常工况	1.333	1.332	1.314	1.326
	降雨工况 $W_{0.1}$	1.265	1.264	1.246	1.258
	地震工况	1.183	1.186	1.169	1.179

续表

剖面	工况	安 全 系 数			
		剩余推力法	摩根法	严格简布法	平均值
3号压力管道剖面	正常工况	1.258	1.257	—	1.258
	降雨工况 $W_{0.1}$	1.190	1.189	—	1.19
	地震工况	1.115	1.118	—	1.117
4号压力管道剖面	正常工况	1.278	1.277	1.300	1.285
	降雨工况 $W_{0.1}$	1.216	1.215	1.237	1.223
	地震工况	1.135	1.141	1.160	1.145
1—1	正常工况	1.235	1.234	1.268	1.246
	降雨工况 $W_{0.1}$	1.169	1.169	1.203	1.180
	地震工况	1.108	1.110	1.140	1.119
2—2	正常工况	1.121	1.120	1.116	1.119
	降雨工况 $W_{0.1}$	1.060	1.060	1.055	1.058
	地震工况	1.001	1.003	0.999	1.001
3—3	正常工况	1.164	1.160	1.152	1.159
	降雨工况 $W_{0.1}$	1.103	1.100	1.091	1.098
	地震工况	1.056	1.060	1.051	1.056
4—4	正常工况	1.024	1.023	1.033	1.027
	降雨工况 $W_{0.1}$	0.972	0.970	0.980	0.974
	地震工况	0.931	0.937	0.946	0.938
5—5	正常工况	1.155	1.154	1.152	1.154
	降雨工况 $W_{0.1}$	1.094	1.093	1.091	1.093
	地震工况	1.031	1.032	1.030	1.031

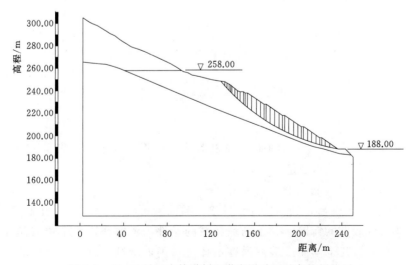

图 8.1-11 1号压力管道剖面潜在滑动面及条块剖分图

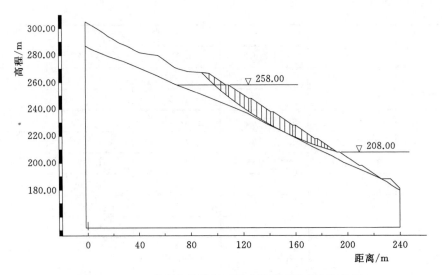

图 8.1-12　2 号压力管道剖面潜在滑动面及条块剖分图

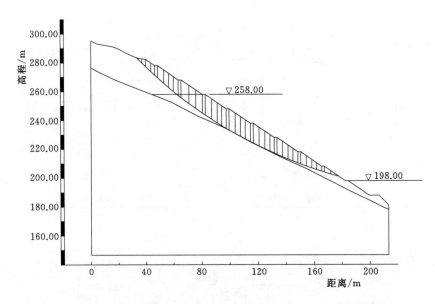

图 8.1-13　3 号压力管道剖面潜在滑动面及条块剖分图

由表 8.1-5，可得以下初步结论：

压力管道剖面、剖面 1—1、剖面 3—3 边坡各工况下稳定系数均满足规范要求，而其他剖面边坡均有部分工况不满足要求。

7. 削坡减载后运行期边坡稳定性分析

目前边坡开挖完成后，边坡剖面 2—2、剖面 4—4、剖面 5—5 在高程 278.00～298.00m 处均存在较宽的台阶，具备削坡减载的条件，考虑到这几个边坡剖面的稳定性系数也较低，拟对这几个剖面边坡的潜在滑体进行削坡减载处理，分析削坡后的边坡稳定性。

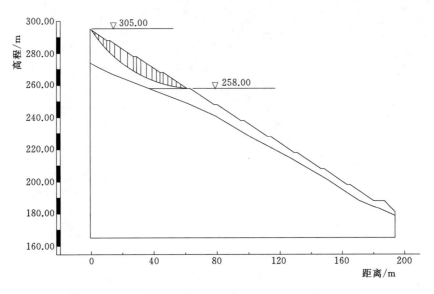

图 8.1-14 4 号压力管道剖面潜在滑动面及条块剖分图

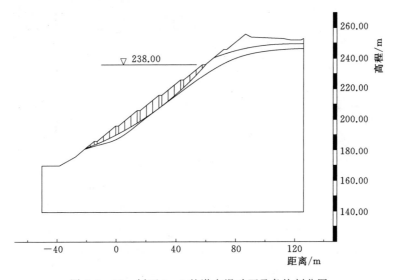

图 8.1-15 剖面 1—1 的潜在滑动面及条块剖分图

剖面 2—2、剖面 4—4、剖面 5—5 的削坡剖面见图 8.1-20~图 8.1-22。

利用剩余推力法、摩根法和严格简布法对削坡后的剖面 2—2 及剖面 4—4 的运行期稳定性进行了分析计算,计算结果取平均值。其失稳模式及潜在滑动面通过计算程序自动优化搜索得到。运行期边坡各剖面稳定性安全系数见表 8.1-6 所示,计算得到运行期边坡各剖面潜在滑动面及条块剖分见图 8.1-23~图 8.1-25。

削坡前后运行期边坡剖面 2—2、剖面 4—4、剖面 5—5 稳定性安全系数见表 8.1-7。

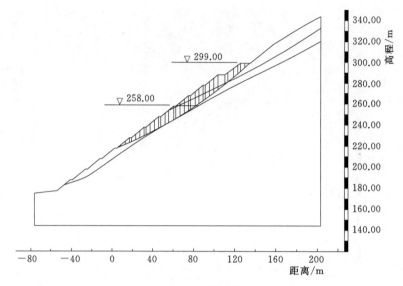

图 8.1-16　剖面 2—2 的潜在滑动面及条块剖分图

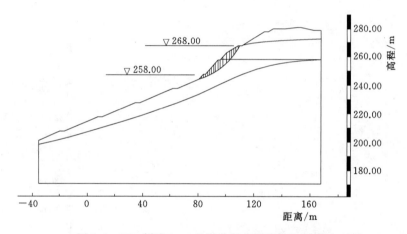

图 8.1-17　剖面 3—3 的潜在滑动面及条块剖分图

表 8.1-6　　　　　　　　　　运行期边坡各剖面稳定安全系数

剖面	工况	安　全　系　数			
		剩余推力法	摩根法	严格简布法	平均值
2—2	正常工况	1.136	1.135	1.128	1.133
	降雨工况 $W_{0.1}$	1.090	1.090	1.083	1.088
	地震工况	1.020	1.022	1.016	1.019
4—4	正常工况	1.136	1.135	1.128	1.133
	降雨工况 $W_{0.1}$	1.082	1.080	1.062	1.075
	地震工况	1.020	1.016	1.016	1.017

剖面	工况	安 全 系 数			
		剩余推力法	摩根法	严格简布法	平均值
5—5	正常工况	1.165	1.165	1.159	1.163
	降雨工况 $W_{0.1}$	1.107	1.107	1.100	1.105
	地震工况	1.039	1.043	1.036	1.039

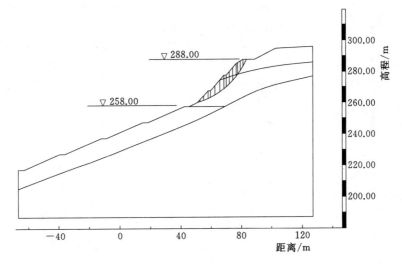

图 8.1-18　剖面 4—4 的潜在滑动面及条块剖分图

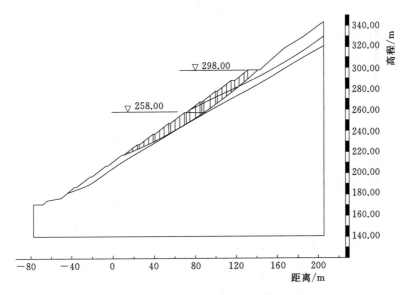

图 8.1-19　剖面 5—5 的潜在滑动面及条块剖分图

由表 8.1-7 可看出，3 个典型剖面在削坡后安全系数都增大，说明削坡后边坡的稳定性提高，但削坡减载对剖面 5—5 边坡稳定提升效果不明显。

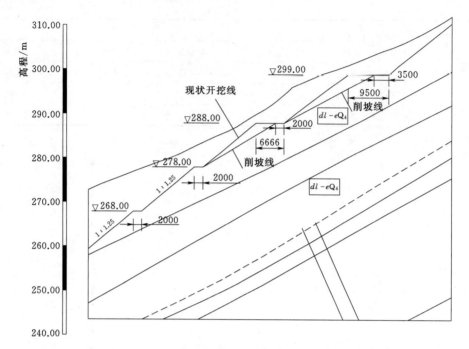

图 8.1-20　2—2 削坡剖面图（高程：m；尺寸：mm）

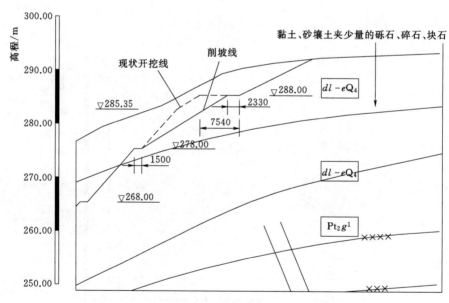

图 8.1-21　4—4 削坡剖面图（高程：m；尺寸：mm）

8. 主要结论

根据以上分析计算，可得以下结论：

（1）边坡岩（土）体强度参数对边坡稳定性影响较大。取设计推荐参数的最大值分析厂房后边坡的稳定性，当压力管道边坡台阶高 10m 马道宽为 2m，主要坡比为 1：1.5 时，

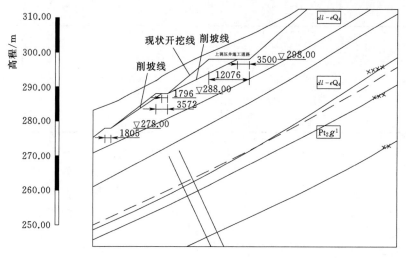

图 8.1-22　5—5 削坡剖面图（高程：m；尺寸：mm）

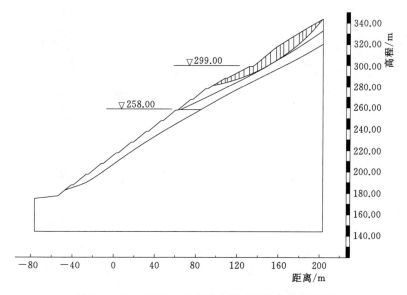

图 8.1-23　剖面 2—2 的潜在滑动面及条块剖分图

表 8.1-7　削坡前后运行期边坡各剖面稳定性安全系数比较

剖面	工　况	安　全　系　数	
		削坡前	削坡后
2—2	正常工况	1.119	1.133
	降雨工况 $W_{0.1}$	1.058	1.088
	地震工况	1.001	1.019
4—4	正常工况	1.027	1.133
	降雨工况 $W_{0.1}$	0.974	1.075
	地震工况	0.938	1.017

213

剖面	工　况	安 全 系 数	
		削坡前	削坡后
5—5	正常工况	1.154	1.163
	降雨工况 $W_{0.1}$	1.093	1.105
	地震工况	1.031	1.039

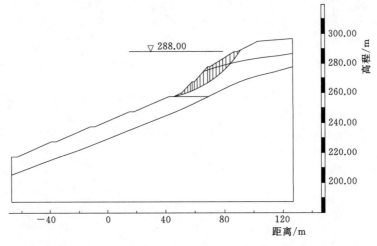

图 8.1-24　剖面 4—4 的潜在滑动面及条块剖分图

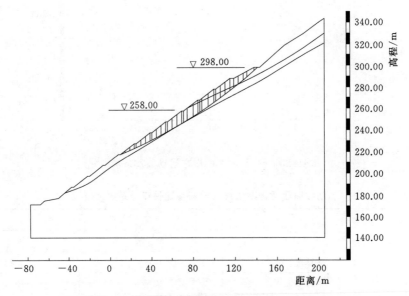

图 8.1-25　剖面 5—5 的潜在滑动面及条块剖分图

边坡在各种工况下均可处于稳定状态；而变坡段边坡在 1∶1 与 1∶1.25 的组合坡比下，在地震工况下可能失稳。

（2）厂房基坑后边坡剖面 2—2、剖面 4—4、剖面 5—5 等典型边坡剖面在削坡后安全系数都增大，说明削坡后边坡的稳定性提高，但削坡减载对剖面 5—5 边坡稳定提升效果不明显，而且削坡后的边坡在正常及地震工况下的安全系数仍不能满足设计规范要求。

8.2 进水口后边坡稳定分析

8.2.1 进水口边坡工程地质条件

进水口开挖边坡最大坡高约 82m，洞脸边坡 255.00m 高程以上为土质边坡，以下为岩质边坡；进口引渠多在左侧多为土质边坡，右侧多为岩质边坡。进水口开挖边坡的岩体片麻理产状 N40°～55°E，NW∠40°～55°，发育属Ⅳ级结构面的断层 f_{204}，破碎带宽 0.5～1m，由糜棱岩、碎块岩等组成，呈全风化散体结构。

残坡积层及其下的全风化岩体主要分布于进口洞脸 255.00m 高程以上部位，在引渠左边坡有残坡积层及少量全风化带岩体沿斜坡分布。残坡积层及全风化岩体为含砾黏土、粉质黏土、粉土等夹块石、碎石组成，结构松散。其边坡稳定性受土体的抗剪强度、地下水及地表水下渗等因素影响较大，一般稳定性较差，边坡失稳的主要型式为圆弧形坍滑。

岩质边坡中强风化岩体一般厚 5～12m，其中发育的节理裂隙普遍张开夹泥，且节理裂隙发育，块度小，完整性差，为碎裂状结构，又处于地下水变幅带范围内，边坡易坍塌，稳定性差。

弱风化带岩质边坡，其主要结构面的走向与边坡斜交，倾向坡内，边坡稳定性较好。进水口引渠右边坡为顺向坡，又处于地下水位变幅带内，受不利地质结构面组合切割、施工期强降雨、地下水活动剧烈、施工强度高等综合因素影响，边坡稳定性较差。

进水口开挖边坡稳定性受岩体风化、不利结构面组合，以及地下水及地表水下渗等综合因素影响较大。特别是土质边坡（坡残积层及全风化），在地下水及地表水下渗作用下，易产生边坡失稳。建议对土质边坡进行加固处理，对引渠左侧岩质边坡进行锚固喷混凝土处理，边坡建议值：覆盖层及全风化取 1∶1.25～1∶1.50，弱风化上部取 1∶0.5～1∶0.75，弱风化下部取 1∶0.3～1∶0.5，坡高及马道的设置需满足有关规范要求。并应完善边坡的截、防、排水等措施，加强变形监测，确保边坡长期安全。

8.2.2 边坡稳定分析

太平江水电站工程规模为中型，工程等别为Ⅲ等，引水隧洞为 3 级水工建筑物，根据有关的规定，影响 2 级、3 级水工建筑物安全的边坡为Ⅱ级边坡，因此本边坡设计时按照Ⅱ级边坡分析。

为全面计算引水发电隧洞进口边坡开挖后的稳定性，根据进口边坡地形，共选取 5 个典型二维剖面进行分析，分别为剖面 1—1、剖面 2—2、剖面 3—3、剖面 4—4 及剖面 5—5，这 5 个剖面的平面布置及其相互关系见图 8.2-1。其中剖面 4—4、剖面 5—5 为进口左侧高边坡剖面，其坡高达 50m，坡比 1∶1.25，因此沿隧洞轴线方向在左侧高边坡处选取两个典型剖面，剖面 4—4 开挖面高程相对高，覆盖层相对厚，坡高也最大；剖面 5—5 相对开挖面高程最低，覆盖层相对薄。剖面岩层分界线参照引水发电隧洞Ⅱ进行，侧坡范围覆盖层厚为 3～20m。

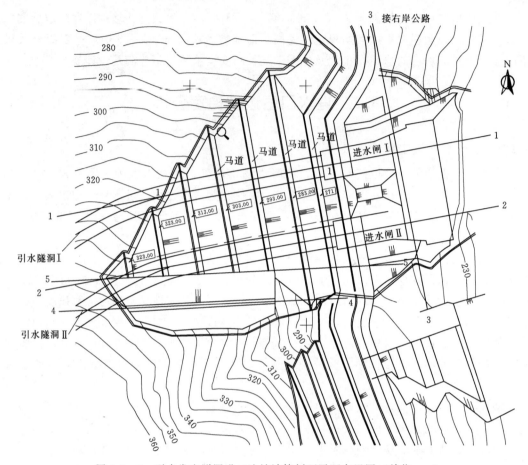

图 8.2-1 引水发电隧洞进口边坡计算剖面平面布置图（单位：m）

剖面 1—1、剖面 2—2 的原始地形及地质情况见图 8.2-2、图 8.2-3。剖面 1—1、剖面 2—2、剖面 3—3、剖面 4—4 及剖面 5—5 开挖图见图 8.2-4～图 8.2-8。

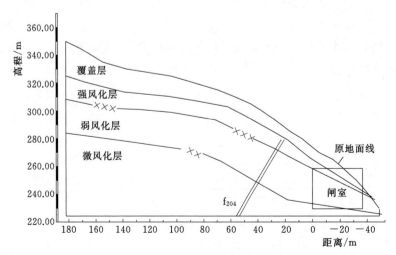

图 8.2-2 剖面 1—1 原始地形及地质情况图

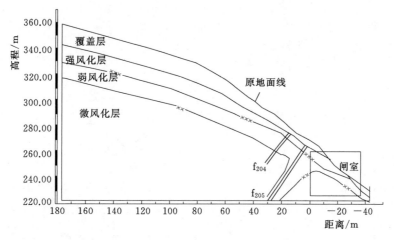

图 8.2-3　剖面 2—2 原始地形及地质情况图

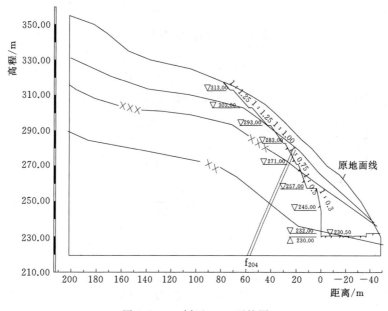

图 8.2-4　剖面 1—1 开挖图

8.2.3　计算工况

根据规范要求，需分别分析开挖前的天然边坡、施工期边坡及运行期边坡的稳定性，计算工况如下：

（1）正常工况，不考虑降雨和地震影响。

（2）降雨工况，普通降雨按地下水位高度为滑体厚度的 10% 考虑，记为 $W_{0.1}$；特大暴雨，按地下水位高度为滑体厚度的 20% 考虑，记为 $W_{0.2}$。

（3）地震工况，对于地震加速度，根据 1∶400 万《中国地震动参数区划图》（GB 18306—2015）推定，本工程区地震动峰值加速度为 $0.15g$，动反应谱特征周期为 $0.45s$，

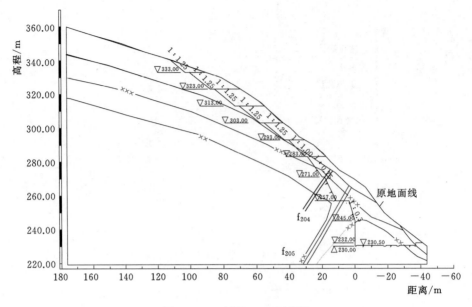

图 8.2-5　剖面 2—2 开挖图

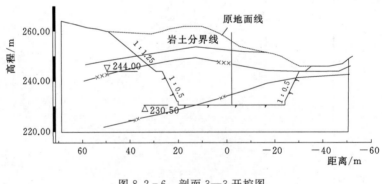

图 8.2-6　剖面 3—3 开挖图

相应的地震基本烈度为Ⅷ度。计算时取地震加速度为 $0.15g$。

正常工况对应于表 7.4-2 中的持久状况，降雨工况对应于短暂状况，地震工况对应于偶然状况。

8.2.4　计算参数

在边坡稳定性分析过程中，根据边坡岩（土）体物理力学参数进行计算分析，初步取值见表 8.2-1。

表 8.2-1　　　　　　　　　　初步计算中选取的岩（土）体物理力学参数

参数	覆盖层	强风化层	弱风化层
c/kPa	30	300	720
$\varphi/(°)$	20	31	39.5
$\gamma/(\text{kN/m}^3)$	18.6	25.7	26.5

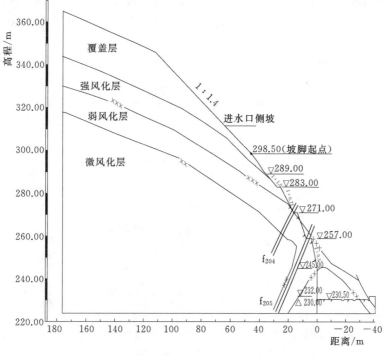

图 8.2 - 7 剖面 4—4 开挖图

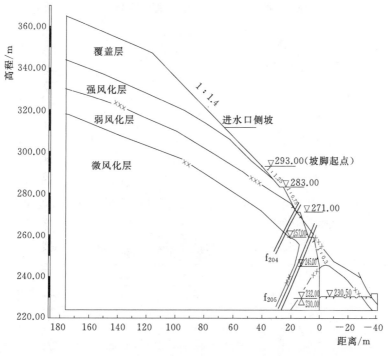

图 8.2 - 8 剖面 5—5 开挖图

对于地震加速度，根据 1 : 400 万《中国地震动参数区划图》（GB 18306—2015）推定，工程区地震动峰值加速度为 0.15g，动反应谱特征周期为 0.45s，相应的地震基本烈度为Ⅶ度。

根据对天然边坡稳定性校核，反演边坡岩体抗剪强度参数见表 8.2－2。

表 8.2－2　　　　　　　　　滑面抗剪强度参数反演分析成果

覆盖层各参数		$\varphi/(°)$	c/kPa		
			30	32	34
正常工况		20	0.969	0.998	1.027
		22	1.03	1.057	1.086
		24	1.088	1.117	1.146
		26	1.151	1.179	1.208
降雨工况		20	0.942	0.971	1.001
		22	0.998	1.027	1.056
		24	1.055	1.084	1.114
		26	1.115	1.143	1.173

由表 8.2－2 的计算成果可知，满足正常工况下稳定性系数等于 1.05 或略大于 1.05 的强度参数有三组。但考虑到降雨工况下系数需大于 1.00，并且通过参数敏感性分析，内摩擦角对安全系数影响比黏聚力要强得多，综合比较三组反演分析成果，并类比同地区同类工程经验、结合勘察试验成果，推荐覆盖层抗剪强度参数值如下：$\gamma = 18.6\text{kN/m}^3$，$c = 30\text{kPa}$，$\varphi = 24°$。

因此，在进口边坡各剖面稳定性分析中，对覆盖层采用前述反演参数，其他岩（土）体参数仍采用表 8.2－1 所列参数。

8.2.5　稳定性分析

1. 施工期边坡稳定性分析

采用传统的简化毕肖普法、摩根法和严格简布法对施工期引水发电洞进口边坡剖面 1—1、剖面 2—2、剖面 3—3、剖面 4—4、剖面 5—5 进行分析，计算结果取平均值。

表 8.2－3～表 8.2－6 为剖面 1—1、剖面 2—2、剖面 3—3、剖面 4—4 及剖面 5—5 开挖到不同高程时的稳定分析成果，各剖面的失稳模式及潜在滑动面通过计算程序在坡顶至开挖底线范围内自动优化搜索得到。

表 8.2－3　　　　　　剖面 1—1 的施工期边坡稳定分析成果

开挖工况		安 全 系 数		
		正常工况	降雨工况 $W_{0.1}$	降雨工况 $W_{0.2}$
剖面 1—1	开挖至 303.00m	1.674	1.616	1.525
	开挖至 293.00m	1.674	1.616	1.525
	开挖至 283.00m	1.674	1.616	1.525
	开挖至 230.50m	1.674	1.616	1.525

表 8.2－4　　　　　　　　剖面 2—2 的施工期边坡稳定分析成果

开挖工况		安　全　系　数		
		正常工况	降雨工况 $W_{0.1}$	降雨工况 $W_{0.2}$
剖面 2—2	开挖至 333.00m	2.149	2.063	1.951
	开挖至 323.00m	1.532	1.478	1.387
	开挖至 313.00m	1.381	1.348	1.268
	开挖至 303.00m	1.381	1.348	1.268
	开挖至 293.00m	1.381	1.348	1.268
	开挖至 230.50m	1.381	1.348	1.268

表 8.2－5　　　　　　　　剖面 3—3 的施工期边坡稳定分析成果

开挖工况		安　全　系　数		
		正常工况	降雨工况 $W_{0.1}$	降雨工况 $W_{0.2}$
剖面 3—3	开挖至 244.00m	1.945	1.893	1.809
	开挖至 230.50m	1.945	1.893	1.809

表 8.2－6　　　　　　　　剖面 4—4 的施工期边坡稳定分析成果

开挖工况		安　全　系　数		
		正常工况	降雨工况 $W_{0.1}$	降雨工况 $W_{0.2}$
剖面 4—4	开挖完成后	1.168	1.135	1.056
剖面 5—5	开挖完成后	1.314	1.284	1.210

由表 8.2－3～表 8.2－6 可知：剖面 1—1、剖面 2—2、剖面 3—3 开挖至 230.50m 高程，开挖边坡在正常工况下及降雨工况条件下安全系数均满足规范要求，剖面 4—4、剖面 5—5 在正常工况、降雨工况下均满足规范要求，边坡在施工过程中是稳定的。

2. 运行期边坡稳定性分析

边坡开挖至底部 230.50m 高程后，形成最终的进口边坡。引水发电洞进口共 5 个典型剖面的稳定性分析依旧采用传统的简化毕肖普法、摩根法和严格简布法，计算结果取平均值。其失稳模式及潜在滑动面通过计算程序自动优化搜索得到，稳定分析成果见表 8.2－7。相应的临界失稳滑裂面见图 8.2－9～图 8.2－13。

表 8.2－7　　　　　　　　　　稳 定 分 析 成 果

剖面	安　全　系　数			
	正常工况	降雨工况 $W_{0.1}$	降雨工况 $W_{0.2}$	地震
1—1	1.674	1.616	1.525	1.268
2—2	1.381	1.348	1.268	1.083
3—3	1.783	1.893	1.809	1.529
4—4	1.168	1.135	1.056	0.902
5—5	1.314	1.284	1.210	1.009

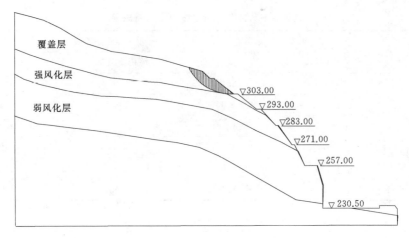

图 8.2-9　剖面 1—1 临界滑动面及条块剖分图

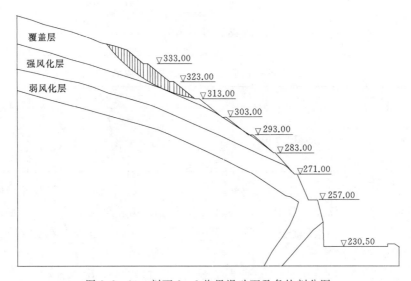

图 8.2-10　剖面 2—2 临界滑动面及条块剖分图

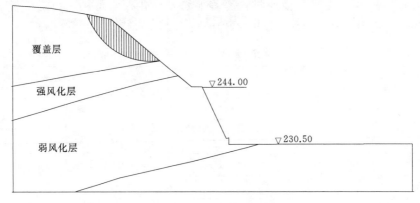

图 8.2-11　剖面 3—3 临界滑动面及条块剖分图

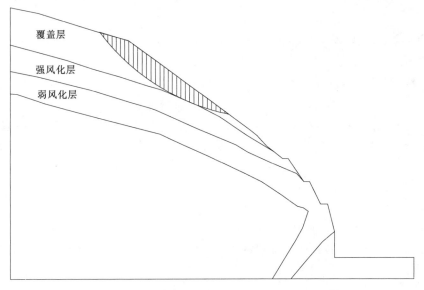

图 8.2-12　剖面 4—4 临界滑动面及条块剖分图

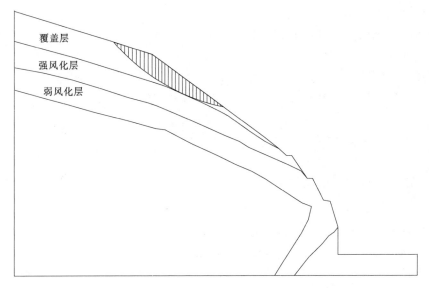

图 8.2-13　剖面 5—5 临界滑动面及条块剖分图

由表 8.2-7 可知，开挖至底部 230.50m 高程形成永久边坡以后，剖面 1—1、剖面 2—2 及剖面 3—3 在各种工况下安全系数都满足规范要求。

剖面 4—4、剖面 5—5 在正常工况、降雨工况下均满足要求，但在地震工况下安全系数小于 1.05，不满足要求。由于剖面 5—5 开挖高程相对最低，其覆盖层最薄，所以边坡稳定安全系数相对大；因此可以推断进口侧边坡的其他剖面在地震工况下边坡稳定安全系数也不满足要求。

因此，为了保证在地震工况下边坡稳定性，须对剖面 4—4、剖面 5—5 边坡进行加固处理，加固之后满足地震工况下安全系数大于等于 1.05 即可，即求得满足规范要求的最小锚固力。

8.2.6　进口左侧高边坡支护力的计算

1. 锚固方式

根据设计开挖可知，侧边坡覆盖土层厚薄不均，最大达 20m，最小的 2～3m，边坡高度达 50m，高度大，挡土墙、抗滑桩等边坡加固措施在这不能很好发挥效用，或者将导致过高的费用。拟采用锚杆或钢绞线进行加固。支护范围内的覆盖层在 2～15m 范围，这样必须采用长锚杆进行支护，长 16m。设计中，边坡坡面主要采用钢筋网、喷射混凝土及锚杆支护，抗滑力主要由锚杆提供。以下对锚杆、钢绞线统称为锚杆。

锚杆钢筋截面应满足公式（8.2-1）的要求：

$$A_s = \frac{r_0 N_a}{\xi_2 f_y} \tag{8.2-1}$$

式中：A_s 为锚杆钢筋或者预应力锚索钢绞线截面面积；ξ_2 为锚杆钢筋抗拉工作系数，永久性锚杆取 0.69；r_0 为边坡工程重要性系数，本工程取 1.1；f_y 为锚杆钢筋或预应力钢绞线抗拉强度设计值，对普通钢筋取为 315MPa，精轧螺纹钢筋采用 540MPa，七股 $\phi 5$ 钢绞线采用 1170MPa；N_a 为锚杆轴向拉力设计值。

2. 锚固力及锚固参数

选取 4—4 典型剖面，其加固之后的地震工况下安全系数大于等于 1.05 即达到规范要求，并由此反推最小锚固力。

试算过程中将锚固力施加于加固范围内的条块上，并且假定作用于每条块的力均为 F，方向为坡面法线的反方向（即垂直于坡面）。计算结果见表 8.2-8。

表 8.2-8　　　　　　　　　　锚固力试算成果表（单宽）

剖面	加锚范围	锚杆上下排间距 /m	锚杆作用于条块的力 F /kN	正常工况下 F_s	地震工况下 F_s
4—4	坡脚到坡顶大约50m高	2.5	86	1.397	1.05

如选用直径为 22mm 普通锚杆钢筋，由式（8.2-1）可得锚杆轴向拉力设计值 N_a = 75kN，锚杆水平间距为 75/86＝0.87m，间距太小。

如选直径为 32mm 普通锚杆钢筋，由式（8.2-1）可得锚杆轴向拉力设计值 N_a = 158.8kN，锚杆水平间距为 158.8/86＝1.85m。

同理，如选用 32mm 精轧螺纹钢筋，锚杆轴向拉力设计值 N_a = 272kN，锚杆水平间距为 3.16m。

如选用七股 $\phi 5$ 钢绞线，锚杆轴向拉力设计值 N_a = 100.8kN，锚杆水平间距为 1.17m，间距偏小。

8.2.7　结论与建议

根据以上的分析，可得以下结论：

（1）根据地质提供的原始参数，校核了天然条件下进口剖面 1—1、剖面 2—2 边坡的稳定性，正常工况的安全系数在 0.969～1.093 之间，降雨工况安全系数在 0.942～1.027

之间，根据计算结果，天然边坡在正常工况和降雨工况下处于极限状态或失稳状态，这与现场实际情况不符，说明所采用的材料强度参数过于安全，需要对部分抗剪强度参数进行反演。经过反演分析，推荐覆盖层抗剪强度参数值为：$c=30kPa$，$\varphi=24°$。

（2）剖面1—1、剖面2—2及剖面3—3在各种工况下安全系数都满足规范要求。

（3）根据分析进口左侧高边坡在正常工况、短暂工况下边坡的稳定性安全系数达到规范要求，在偶然工况即地震工况下边坡的稳定性安全系数达不到规范要求，需要施加一定的锚固力。根据支护力计算，采用直径为32mm普通锚杆钢筋，2.5m×1.8m布置间距，锚杆长16m，锚杆垂直坡面布置的加固方案满足要求。

（4）设计根据以上分析计算成果，视开挖实际情况对进口左侧高边坡进行必要的支护处理。

第9章　水轮发电机组选型研究

9.1　概　　述

9.1.1　研究的意义

水轮机技术参数选择是否合适，是关系到电站安全、稳定运行的基础，同时也是产生经济效益的关键，选择适合本电站水头的水轮机对于今后的运行稳定和经济效益具有至关重要的作用，对于本电站水轮发电机组的研究，主要通过选择适合本电站的水轮机，确定水轮机主要技术参数。

9.1.2　电站基本参数

太平江一级水电站工程采用引水式开发，厂房为地面厂房，装机总容量为 240MW。主要水工建筑物包括：首部枢纽、引水系统、调压室和厂区枢纽。本电站为径流式电站，本项目工程任务为发电。电站建成后送入南方电网，在系统中主要担任基荷和腰荷。电站基本参数如下：

1. 气象条件

多年平均气温：19.5℃

最高气温：36.8℃

最低气温：−0.8℃

年平均相对湿度：79.7%

月平均最大湿度：90%

2. 河水水质

多年平均含沙量：0.44kg/m³

实测最大含沙量：9.21kg/m³

悬移质多年平均输沙量：361 万 t

3. 地震基本烈度

地震基本烈度：Ⅶ度

4. 代表性流量

多年平均流量：245m³/s

多年平均发电流量：193m³/s

5. 水位

正常蓄水位：255.00m

设计洪水位：255.00m

校核洪水位（$P=0.2\%$）：256.06m

死水位：250.00m

厂房下游校核洪水位（$P=0.5\%$）：185.96m

厂房下游设计洪水位（$P=2\%$）：185.06m

6. 电站水头（净值）

最大水头：76.6m

最小水头：66.41m

加权平均水头：71.23m

7. 能量参数

总装机容量：240MW

保证出力（$P=90\%$）：30.05MW

年利用小时数：4470h

9.2 水轮机主要参数的选择

9.2.1 额定水头选择

额定水头 H_r 的选择涉及水能利用、机组设备投资、水轮机稳定运行、土建投资等多种因素，因此工作水头（H_{max}、H_r、H_{min}）必须控制在合理范围之内。根据本电站长系列径流计算结果，太平江一级水电站在加权平均水头至最大水头间运行频率较大，约为 76%。

为合理选择太平江一级水电站的额定水头，特与国内一些水头接近的水电站进行比较，见表 9.2 - 1。

表 9.2 - 1　　　　　　与国内水头相应水电站的水头参数比较表

参 数 站 名	安康	大朝山	新安江	万家寨	索风营	恰甫其海	双河口	太平江一级
最大水头 H_{max}/m	88	87.9	84.5	81.5	81.4	83.6	83	76.6
最小水头 H_{min}/m	53	50.1	57.8	51.3	58	51.2	61.3	67.7
额定水头 H_r/m	76.2	72.5	73	68	67	68	70	68.5
H_{max}/H_r	1.15	1.21	1.158	1.2	1.21	1.22	1.19	1.12
H_r/H_{min}	1.44	1.45	1.262	1.33	1.16	1.32	1.14	1.01
H_{max}/H_{min}	1.66	1.75	1.46	1.59	1.4	1.63	1.35	1.13

从 H_{max}/H_r、H_r/H_{min} 的比值来看，太平江一级水电站与表中多数电站基本接近，H_{max}/H_{min} 比值较小，水头变化幅度小。在正常蓄水位 255.00m，当电站满发时上下游水位之差减去水力损失后净水头为 69.5 m 左右，因此，太平江一级水电站额定水头范围在 68～69m 较合理。

现拟定 68m、68.5m、69m 三个额定水头进行综合分析比较，三个方案运行区域图详见图 9.2 - 1～图 9.2 - 3。

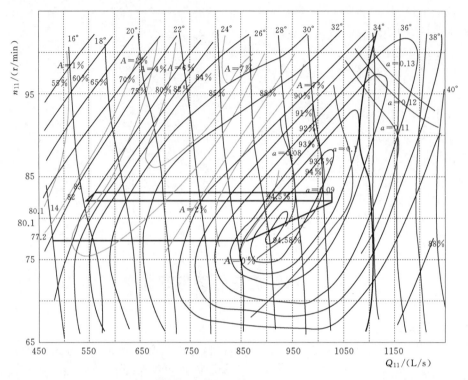

图 9.2 - 1　$H_r = 68\mathrm{m}$ 运行区域图（水轮机型号：HLD267，$D_1 = 3.38\mathrm{m}$，$n_r = 200\mathrm{r/min}$）

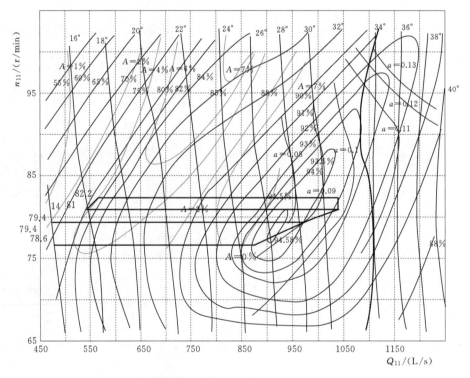

图 9.2 - 2　$H_r = 68.5\mathrm{m}$ 运行区域图（水轮机型号：HLD267，$D_1 = 3.35\mathrm{m}$，$n_r = 200\mathrm{r/min}$）

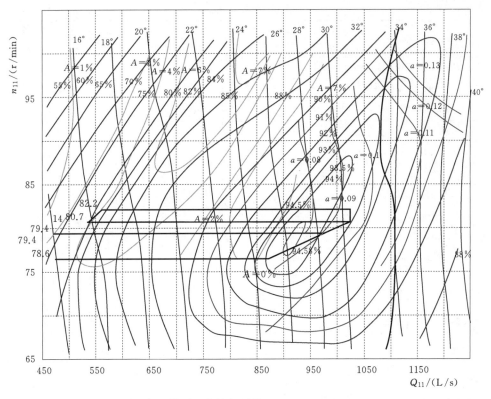

图 9.2-3　$H_r = 69$m 运行区域图（水轮机型号：HLD267，$D_1 = 3.35$m，$n_r = 200$r/min）

3 个方案比较如下：

（1）从运行区域图来看，69m 额定水头方案运行范围稍好，68.5m 方案其次，68m 方案较差。

（2）从年发电量衡量，3 个方案多年平均发电量没有明显差别。

（3）从土建工程量比较，3 个方案相当。

（4）从机组造价来看，由于 3 个方案发电机转速均为 200r/min，水轮机直径相差不大，主机设备投资也相当。

由于 69m 与 69.5m 相差太近，对尾水位的变化比较敏感，如下游出现风浪或尾水出水引起下游水位雍高超过 0.5m，那么电站将不能保证 4 台机组满发，因此，确定 68.5m 作为电站的额定水头。

9.2.2　机组型式及机组台数确定

根据本电站水头范围为 66.41～76.60m，水头变幅为 10.19m，适合此水头段的水轮机常规首选混流式水轮机。

对 3 台机组、4 台机组和 5 台机组方案进行比较，3 台机组单机容量为 80MW，4 台机组单机容量为 60MW，5 台机组单机容量为 48MW。

结合转轮选型型谱和国内制造厂家的咨询意见，以 HLD267 转轮计算 3 个方案，3 个方案装机台数的综合比较见表 9.2-2。

表 9.2 - 2　　　　　　　　　　　　装 机 台 数 比 较 表

方 案 项 目	方案一 3×80MW	方案二 4×60MW	方案三 5×48MW
装机容量/MW	240	240	240
装机台数	3	4	5
水轮机型号	HLD267 - LJ - 385	HLD267 - LJ - 335	HLD267 - LJ - 300
额定水头/m	68.5	68.5	68.5
额定出力/MW	82.05	61.54	49.23
额定流量/(m³/s)	128.53	96.5	77.86
额定转速/(r/min)	176.5	200	214.3
额定点效率/%	94.5	94.9	94.1
最高点效率/%	96.08	96.08	96.05
吸出高度/m	0.402	0.594	0.018
发电机额定容量/MW	80	60	48
桥机价格/万元	400	320	280
水轮机重量/(t/台)	281	207	163
水轮机总价/万元	1404	1033	813
发电机重量/(t/台)	633	481	396
发电机总价/万元	3165	2404	1978
附属机电设备总价/万元	1680	1920	2200
进水蝶阀直径/mm	5500	4800	4200
机电设备总价/万元	24923	24710	26071
厂房尺寸（长×宽）/(m×m)	81×30	88.07×27	94×26
厂房、机电可比投资/万元	35203	34120	35306
可比投资差价/万元	1083	0	1183
年电能/(万 kW·h)	105553	106000	105330
年电能差/(万 kW·h)	-447	0	-670

注　水轮机吸出高度为理论计算值。

从表 9.2 - 2 可以看出，3 台机组方案转轮直径 3.85m，转速为 176.5r/min，水轮机额定效率 94.5%，吸出高度 0.402m；4 台机组方案转轮直径 3.35m，转速为 200r/min，水轮机额定效率 94.9%，吸出高度 +0.594m；5 台机方案转轮直径 3.0m，转速为 214.3r/min，水轮机额定效率 94.1%，吸出高度 +0.018m。3 个方案的机组技术指标、制造和大件运输等方面均可行。

方案二与方案一相比：

（1）方案二吸出高度比方案一高，可以节省土建开挖，节省土建投资。

（2）方案一进水阀直径达到了 5.5m，运输有一定的困难。

（3）厂房、机电可比投资节省 1083 万元。

（4）每年增加电能 447 万 kW·h。

方案二与方案三相比：

（1）方案二吸出高度比方案三高，可以节省土建开挖，节省土建投资。

（2）厂房、机电可比投资节省 1186 万元。

（3）由于小流量的频率较低，方案三的机组台数多在小流量下能多发电的优势不能发挥出来，相反，方案三由于转轮直径小效率修正值相对小，为 1.2%，方案二效率修正值为 1.5%，因此，经水文水能专业计算，方案二比方案三每年多增加电能 670 万kW·h。

综上所述，本电站推荐采用方案二，即 4 台机组方案。

9.2.3　模型水轮机参数选择

随着我国国民经济的发展及科学技术进步，特别是加大了对外技术的交流，国内部分制造厂商与国外制造公司加大了合作力度，使我国水轮机设计、制造业有了很大的发展和提高。根据水轮机比转速选择水轮机仍是现阶段选型的主要手段，具体根据本电站水头变幅小和含沙量较大等特点，避免片面强调参数、高能量指标，而更注重机组运行稳定性、注重空蚀性能选择适合本电站的水轮机。

（1）水轮机比转速 n_s 和比转速系数 k 确定。比转速 n_s 是水轮机的一个基本特征参数，是表征水轮机能量性能的综合指标，反映了水轮机的能量、空化、效率等特性，不同水头段，转轮比转速 n_s 的范围也不同。目前，世界上普遍采用比转速系数值 k 来表达水轮机的技术水平。通常，在水头一定的情况下，选用较高比转速 n_s 的水轮机，可以提高机组转速，减小机组尺寸，从而降低水轮发电机组造价。因此，提高水轮机的比转速 n_s 能带来经济效益，随着水轮机科学技术水平的发展，各种水头段的水轮机比转速 n_s 在不断提高。但是，比转速 n_s 的提高受到水轮机强度、空化、泥沙磨损、运行稳定性诸因素的制约。如果片面强调提高水轮机比转速 n_s 值，尽管可以减小厂房尺寸和降低机组造价，从而降低整个工程的造价，但是会导致水轮机空蚀、泥沙磨损及水压脉动等性能恶化，最优效率降低，高效率运行工况区变窄，反而达不到提高综合性能的目标。因此，必须根据电站的实际情况，参考水轮机的各项指标来选择合适的比转速 n_s 值。

通常采用经验或统计公式来表征比转速 n_s 与水头的关系，并认为比速系数 k 值是代表比转速的特性参数。本阶段设计采用统计分析法，并结合国内部分水电设备制造厂提供的建议参数选择水轮机主要参数。国内相近水头的电站水轮机主要参数见表 9.2-3。

表 9.2-3　　　　　　　　国内相近水头的电站水轮机参数表

电站名称	额定水头 H_r/m	水轮机出力 N_r/MW	转轮直径 D_1/m	额定转速 n/(r/min)	比转速 n_s/(m·kW)	比速系数 k ($k=n_s\sqrt{H_r}$)	备注
三峡	80.6	710	9.8	75	261.7	2349	已投产
引子渡	92	122	3.95	200	243.16	2332.27	已投产
棉花滩	87.6	153	4.4	166.7	243.7	2280	已投产
丹江口改造	63.5	169	5.5	125	283.26	2257.21	已投产
江垭	80	102	3.9	187.5	247.82	2216.58	已投产
乌溪江	80	102	3.8	187.5	247.82	2216.58	已投产

续表

电站名称	额定水头 H_r/m	水轮机出力 N_r /MW	转轮直径 D_1/m	额定转速 n /(r/min)	比转速 n_s /(m·kW)	比速系数 k ($k=n_s\sqrt{H_r}$)	备注
大朝山	72.5	230	6.1	115.4	258.75	2203.15	已投产
小山	85	82	3.4	214.3	237.8	2192	已投产
漫湾	89	255	5.5	125.0	228.63	2156.94	已投产
恰甫其海	68	82.52	4.05	176.5	259.9	2139	已投产
宝珠寺	84.4	175	5.0	136.4	225	2067	已投产
鱼剑口	67	20.62	2.11	333.3	250	2046	已投产

从统计资料可知，水轮机额定工况比转速 n_s 在 225～283.26m·kW 之间，比速系数为 2046～2349。国内除三峡电站引进机组比速系数为 2349 和引子渡电站机组比速系数为 2332.27 外，其余均小于 2300，大部分在 2200 左右。由于本电站的水含泥沙量比较高，最大过机含沙量达到 9.21kg/m³，且电站水头变幅范围较窄，选择适中的比转速有利于机组安全稳定运行，故本电站推荐水轮机比转速 $n_s \geqslant 220$m·kW，比速系数 $k \geqslant 2000$。

（2）单位转速 n_1' 和单位流量 Q_1' 选择。选用较高的单位转速，可以提高机组的转速，从而可以减小发电机的尺寸和重量；选用较大的单位流量，可以减小水轮机的尺寸和重量。但单位转速和单位流量的提高又受到强度、空化和运行稳定性等诸多条件的制约。随着科学技术的进步，单位转速和单位流量都有了较大的提高。表 9.2-4 列出了国内外有关公司为近几年投产的电站推荐的最优单位转速和限制工况单位的流量统计表。

表 9.2-4　投产或在建电站的最优单位转速和限制工况单位流量统计表

电站名称	单机容量 /MW	最大水头 /m	额定水头 /m	最小水头 /m	最优单位转速 /(r/min)	限制工况单位流量/(L/s)
东风	172.94	132	117	95	69.3	950
隔河岩	316	121.5	103	80.7	77.7	1017
五强溪	248	60.9	44.5	36.24	80.3	1350
天生桥Ⅰ	310	143	111	83	72	950
三峡	710	113	80.6	71	75.1	940
索风营	200	81.4	68	58	75	1050

从表 9.2-4 可知：近几年投产或正在兴建的与本电站水头相近的电站水轮机最优单位转速在 70～80r/min 之间，限制工况单位流量在 940～1350L/s 范围之内。结合国内制造厂商为太平江一级水电站提供的相关资料综合比选，本电站额定工况单位转速在 70～80r/min 之间，最大单位流量在 1000～1250L/s 之间是比较合适的。

（3）水轮机效率的选择。水轮机效率是表征水轮机技术水平的重要指标，也是能量参数的重要指标。提高水轮机效率，可以提高发电效益，对电站有较大的经济意义。优良的转轮应具备较高的效率点和宽广的高效率稳定运行区域。目前国内外制造厂商在转轮开发时普遍 CFD 技术，模型研制水平和能力都有了巨大的飞跃。大型水轮机模型最优效率值已达 95.2%。我国兴建电站的大型混流式水轮机效率见表 9.2-5。

表 9.2 - 5   我国兴建电站的大型混流式水轮机效率表

电站名称	水轮机型号	额定出力/MW	额定水头/m	最高效率/%	投产年份
隔河岩	HLA384 - LJ - 573.92	316	103	95	1992
东风	HLTF12 - LJ - 410	172.94	117	95.5	1992
五强溪	HLA551 - LJ - 830	248	44.5	95.54	1994
莲花	HLA551 - LJ - 610	140.4	47	95.17	1996
丰满Ⅲ	HLA551 - LJ - 570	143	53	95	1999
二滩	HLA678 - LJ - 625.7	582	165	95.95	1999
天生桥Ⅰ	HLA630 - LJ - 577.5	310	111	96.27	1999
漫湾	HLA85 - LJ - 550	255.1	89	94.2	1992
三峡	HLA698 - LJ - 1042.78	710	80.6	96.26	2003

从表 9.2 - 5 中得知：20 世纪 90 年代投产的大型混流式水轮机最高效率值已超过 95%。本电站水头变幅为 10.19m，水头变幅不大，水轮机运行范围较窄，因此，本电站的水轮机模型最高效率应具有较高水平。

综合比较，认为本电站水轮机模型最高效率应不低于 93%，原型水轮机最高效率应不低于 94.5%，额定工况水轮机模型效率应不低于 92%，额定工况原型水轮机效率应不低于 93.5% 比较合理、可行。

（4）水轮机模型空蚀系数 σ_m 和装置空蚀系数 σ_y 的确定。水轮机空化性能直接影响电站土建工程量、投资、机组稳定运行、检修周期等。因此水轮机具有良好的空化性能，合理选取水轮机装置空化系数和吸出高度，对电站工程的经济效益将发生重大影响。原型水轮机的空蚀破坏也与制造（安装）质量、转轮材质、运行工况等有关。目前国外一般按水轮机模型试验出现初生气泡时的空化系数来确定装置空化系数，国内一般则采用外特性法，即效率下降点的临界空化系数值，并留有一定的裕量来确定空化系数。表 9.2 - 6 为国内外提出的装置空化系数经验计算公式。

表 9.2 - 6   国内外提出的装置空化系数经验计算公式表

相关国家（机构、单位）	经验计算公式
IEEJ	$\sigma_y = 0.0477 \times (n_s/100)^{1.732}$
美国垦务局	$\sigma_y = n_s^{1.64}/39564.3$
日本	$\sigma_y = 3.46 \times 10^{-6} n_s^2$
中国哈尔滨电气集团公司	$\sigma_y = 8 \times 10^{-6} n_s^{1.8} + 0.01$

结合本电站的实际情况，认为限制工况下的模型空蚀系数 σ_m 取值为 0.11，装置空蚀系数 $\sigma_y \leqslant 0.18$ 较为合理。

（5）水轮机模型参数预测值。经过上述综合分析，本电站水轮机模型参数预测值如下：

水轮机比转速：$n_s = 220 \sim 260 \text{m} \cdot \text{kW}$

比速系数：$k = 2000 \sim 2250$

导叶相对高度：$b_0 = 0.25 \sim 0.31$

最优单位转速：$n'_{10} = 76 \sim 80 \text{r/min}$

限制单位流量：$Q'_1 = 1.0 \sim 1.25 \text{m}^3/\text{s}$

模型空蚀系数：$\sigma_m = 0.1 \sim 0.12$

装置空蚀系数：$\sigma_y = 0.14 \sim 0.16$

水轮机模型最高效率：$\eta_{M\max} \geqslant 93\%$

9.2.4　原型水轮机参数的确定

太平江一级水电站的水头范围为 $66.41 \sim 76.6\text{m}$，适应于水头段且各项技术指标接近以上分析预测水平的混流式模型转轮比较多，为减少机组空蚀磨损，保证机组稳定运行，机组选型应立足国内，且能量指标适中的方案。现选择具有代表性的 HLD41-35、HLA384-30.6、HLA743-37.2、HLD267-36.52 等几个转轮进行比较，其模型转轮主要技术参数见表 9.2-7，转轮综合特性曲线见图 9.2-4～图 9.2-7，原型水轮机各工况主要技术参数见表 9.2-8。

表 9.2-7　　　　　　　　　水轮机模型转轮主要技术参数比较表

型　号	使用水头 /m	导叶相对 高度	最优工况				限制工况			
			n_{10}	Q_{10}	η_0	σ_{m0}	Q_{10}	η	σ_m	n_s
HLD41-35	105	0.25	77	0.95	92.0	0.09	1.123	87.6	0.105	239
HLA384-30.6	125	0.27	77.7	0.82	93.1	0.09	1.017	90.4	0.1	233
HLA743-37.2	110	0.27	75	0.85	94.21	0.07	1.14	87.5	0.09	246
HLD267-36.52	90	0.285	78.27	0.91	94.58	0.08	1.1	91.4	0.11	245.6

表 9.2-8　　　　　　　　　原型水轮机各工况主要技术参数比较表

项　目		方案一	方案二	方案三	方案四
水轮机型号		HLD41-LJ-335	HLA384-LJ-345	HLA743-LJ-345	HLD267-LJ-335
发电机型号		SF60-32/700	SF60-32/700	SF60-32/700	SF60-30/675
机组台数		4	4	4	4
额定转速/(r/min)		187.5	187.5	187.5	200
转轮直径/m		3.35	3.45	3.45	3.35
额定 工况	额定水头/m	68.5	68.5	68.5	68.5
	额定流量/(m³/s)	100.41	97.94	98.26	96.5
	单位转速/(r/min)	75.89	78.16	77.16	81.0
	单位流量/(m³/s)	1.08	0.99	1.0	1.039
	水轮机效率/%	91.2	93.5	93.2	94.9
	空蚀系数	0.096	0.093	0.09	0.096
	比转速/(m/kW)	236.0	236.0	236.0	251.6
	水轮机出力/kW	61538	61538	61538	61538

续表

项 目		方案一	方案二	方案三	方案四
最小水头工况	最小水头/m	66.41	66.41	66.41	66.41
	流量/(m³/s)	100.37	98.49	98.49	96.61
	单位转速/(r/min)	77.08	79.38	79.38	82.22
	单位流量/(m³/s)	1.07	0.99	0.99	1.03
	水轮机效率/%	92.2	94.2	93.7	95.0
	空蚀系数	0.094	0.095	0.076	0.96
	水轮机出力/kW	58779	58931	58618	58300
最大水头工况	最大水头/m	76.6	76.6	76.6	76.6
	流量/(m³/s)	87.9	86.7	86.0	85.7
	单位转速/(r/min)	71.77	73.91	73.91	76.6
	单位流量/(m³/s)	0.89	0.83	0.83	0.873
	水轮机效率/%	93.2	94.5	95.2	95.55
	空蚀系数	0.08	0.065	0.11	0.08
	水轮机出力/kW	61538	61538	61538	61538

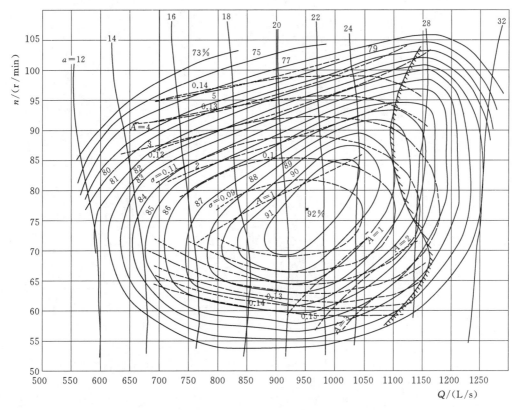

图 9.2-4　HLD41-35 模型转轮综合特性曲线

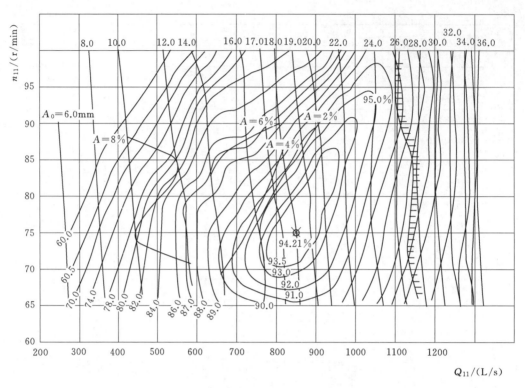

图 9.2 - 5　HLA384 - 30.5 模型转轮综合特性曲线

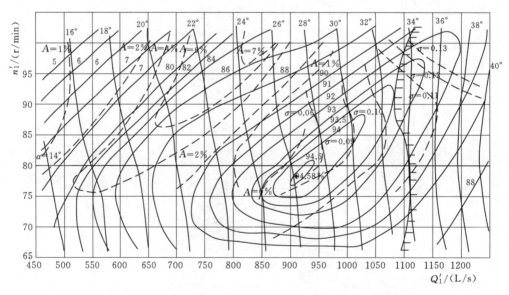

图 9.2 - 6　HLA743 - 37.2 模型转轮综合特性曲线

由表 9.2 - 7 和表 9.2 - 8 的比较可以看出:

(1) 机组尺寸及重量比较。方案一转轮直径, 为 3.35m, 方案二和方案三转轮直径相等, 为 3.45m, 水轮机总重量相差约 13t, 3 个方案转速相同, 发电机参数及重量相同;

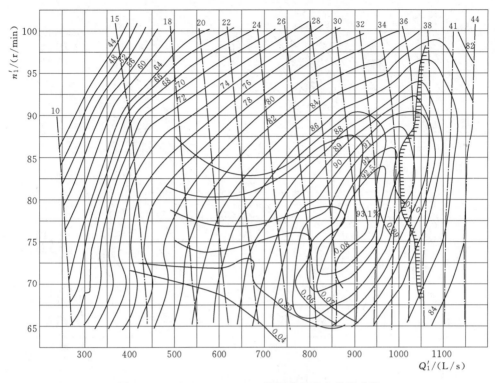

图 9.2 - 7　HLD267 - 36.52 模型转轮综合特性曲线

方案四转轮直径为 3.35m，转速高一档，机组尺寸及重量最小，发电机比其他方案发电机的重量要轻约 20t。

（2）能量指标比较。在 4 个转轮中，各转轮在额定工况、最小水头工况和最大水头工况下，除方案一效率较低外，其他 3 个方案的效率都比较高，均超过了 93％，其中方案四的效率优势最为明显，在上述 3 种工况下效率均在 95％ 左右。

（3）空蚀性能比较。总的来说，这 4 个方案的转轮抗空蚀性能较接近，没有太大差别，其中 HLA743 转轮的抗空蚀性最好，最小吸出高度为 1.169m；HLA384 转轮其次，最小吸出高度都为 0.881m。HLD267 和 HLD41 转轮相对较差，最小吸出高度都为 0.594m。

（4）运行工况比较。4 个转轮在加权平均水头至最小水头范围内，且水轮机出力在 45％～100％ 额定出力运行时，水轮机效率均比较高，水轮机都在较优效率区运行；当转轮在最大水头或较高水头运行时，HLD267 转轮在较高效率区运行，HLA743、HLA384 转轮次之，HLD41 转轮的运行工况略差。

综合上述的比较，方案四的 HLD267 转轮作为本电站的推荐机型，其理由如下：

（1）HLD267 - LJ - 335 机型，具有宽广的稳定运行区域及较高的抗泥沙磨损能力。

（2）转轮的水力性能优越、效率高、稳定性好，已成功运行于云南大朝山电站、安徽港口湾电站，有运行经验。

（3）厂房土建及枢纽布置不复杂，投资较少。因此，HLD267 - LJ - 335 为本电站所选用的水轮机机型，其转轮的运行特性曲线和区域图分别见图 9.2 - 8、图 9.2 - 9。

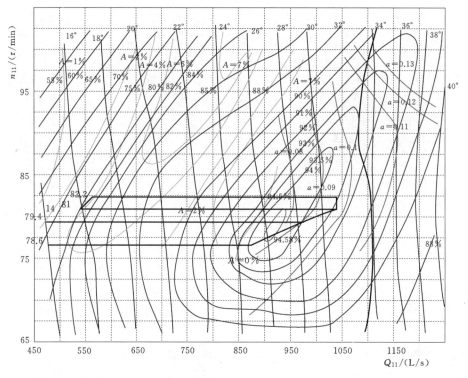

图 9.2-8　HLD267-LJ-335 转轮运行区域图

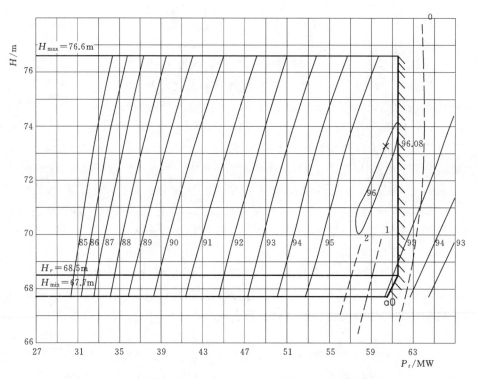

图 9.2-9　HLD267-LJ-335（200r/min）转轮运行特性曲线

9.2.5 选定方案机组额定转速的比较

现就推荐的 HLD267 转轮为基础，进一步作机组额定转速比较。经计算，本电站机组额定转速有 187.5r/min、200r/min、214r/min 3 种方案可供选择。其运行范围区域比较见图 9.2-10~图 9.2-12。

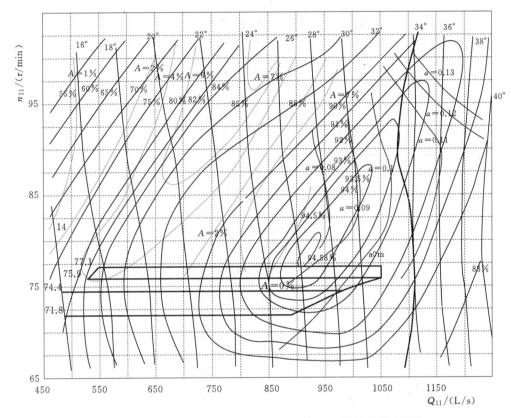

图 9.2-10 HLD267-LJ-335 （187.5r/min）运行范围区域图

由图 9.2-10~图 9.2-12 可以看出，HLD267-LJ-335 水轮机额定转速取200r/min较好，包络的高效率区范围较大；而额定转速 187.5r/min 和 214r/min，水轮机偏离高效率区，运行稳定性稍差。因此，推荐机组额定转速为 200r/min。

综上所述，本阶段推荐水轮机机型为 HLD267，电站装机台数为 4 台。

推荐方案的主要设备及参数如下：

水轮机型号：HLD267-LJ-335

最大水头：76.6m

额定水头：68.5m

最小水头：66.41m

水轮机额定流量：96.5m³/s

水轮机额定出力：61.54MW

水轮机额定转速：200r/min

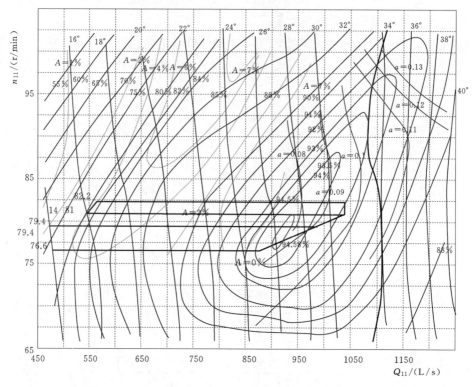

图 9.2 - 11　HLD267 - LJ - 335（200r/min）运行范围区域图

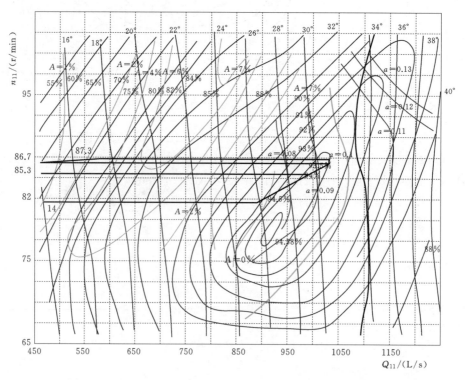

图 9.2 - 12　HLD267 - LJ - 335（214.3r/min）运行范围区域图

水轮机额定效率：94.9%

水轮机吸出高度：＋0.594m（水轮机吸出高度为理论计算值）

发电机型号：SF60－30/675

发电机额定出力：60MW

额定功率因数：0.85（滞后）

发电机额定效率：97.5%

调速器型号：WDT－80－6.3

调速器油压装置型号：HYZ－2.5－6.3

进口蝶阀直径：φ4800水轮机液控蝶阀

阀用油压装置：HYZ－1.6－4.0

9.3 水轮机主要参数汇总及小结

9.3.1 原型水轮机主要参数汇总

综上所述，本电站推荐水轮机机型为HLD267，电站装机台数为4台。

推荐方案的主要设备及参数如下：

水轮机型号：HLD267－LJ－335

最大水头：76.6m

额定水头：68.5m

最小水头：66.41m

水轮机额定流量：96.5m³/s

水轮机额定出力：61.54MW

水轮机额定转速：200r/min

水轮机额定效率：94.9%

水轮机吸出高度：＋0.594m（水轮机吸出高度为理论计算值）

发电机型号：SF60－30/675

发电机额定出力：60MW

额定功率因数：0.85（滞后）

发电机额定效率：97.5%

9.3.2 小结

根据太平江一级水电站的水头情况，对我国目前水轮机发展水平、实际应用情况进行了充分比较和分析，预测了适合电站的水轮机模型的主要技术参数，同时依据适合该电站水轮机模型预测值，通过比较、计算选出较优适合的原型水轮机主要技术参数，为下一步水轮机的选用提供了参考。

第 10 章　引水发电系统水力过渡过程分析

10.1　概　　述

10.1.1　定义和研究范围

水电站的引水系统、水轮机及其调速设备、发电机、电力负荷等组成一个大的动力系统。这个系统有两个稳定状态：静止和恒速运行。当动力系统从一个状态转移到另一状态，或在恒速运行时受到扰动，系统都会出现非恒定的暂态（过渡）过程，由此产生一系列工程问题：压力水管（道）的水锤现象、调压室水位波动现象、机组转速变化和调速系统的稳定等问题。

引水式电站过渡过程主要包括大波动情况下过渡过程、小波动情况下调节系统的稳定、调压室及其波动等。

10.1.2　发展历程和研究现状

1. 发展历程

（1）1759 年，欧拉建立了弹性波传播理论及波动方程。

（2）1858 年，门纳布里亚发表的有关水击笔记中提到水击计算必须考虑管道的弹性与水体的压缩性等论点，奠定了弹性水击的基础理论。

（3）1897 年，儒可夫斯基在大量的试验与理论研究基础上，发表了有关水击理论的经典报告，并于 1904 年提出了直接水击压强计算公式。

（4）1902 年，意大利水击理论专家阿列维提出了水击连锁方程组，并建立了阿列维水击图解曲线及末相水击计算公式，奠定了水击计算的理论基础。

（5）1926 年，乌德提出分析水击的图解法，格伯朗将图解法引申用于确定管道中间断面的状态，施尼德第一次在图解分析法中计入了阻力损失。

（6）1963 年，斯特里特与赖创造了特征线法和计算机分析瞬变流理论。

2. 研究现状

我国在水力过渡过程方面的研究起步较晚。20 世纪 60 年代，王守仁和龙期泰等做了大量的试验，为后期的水锤计算机防护奠定了基础。特别是对下开式水锤消除器的研究，为其 70 年代的普及使用起到了很好的指导作用。70 年代以来，我国在过渡过程的研究方面也进行了很多模型试验观测及分析研究工作。国内的一些高等院校、水电勘测设计研究院以及科学研究设计院，都建立了水击和调压室波动的试验室，并结合生产实践，进行了大量的试验与调查研究工作。80 年代初期，随着《瞬变流》和《水击与压力脉动》的出版，我国进行瞬变流研究的科技人员越来越多。刘竹溪等将计算机技术用于国内的泵站水锤研究中，其论文还涉及了水泵全特性曲线的研究。刘光临等将特征线法应用于工程实际，并在研究过程中对两阶段关闭蝶阀在事故停泵时的关闭过程进行了优化。金锥等对水锤理论、计算和防护进行了阐述。刘梅清等对单向调压塔防护水锤特性进行了数值模拟与研究。杨晓东、朱满林等在缓闭阀和排气阀特性方面进行了研究。王学芳等主要从事工业管道中水锤的分析和研究，其研究涉及密闭输油，火电厂、核电厂和化工厂的热力交换和循环系统、热水供应系统及长输水管线中安装空气进排气阀对空泡溃灭水锤的影响，并对空气阀的特性进行了研究。

20 世纪 60 年代以后，现代计算机的出现和发展以及现代动态测量技术的进步，使得过渡过程的研究进入了新的时代。计算机具有人脑不可比拟的巨大优势，非常适合进行模拟计算，同时还能同步采集和处理数据。随着计算机引入过渡过程研究，科研人员可以进入到以前难以研究的更深的过渡过程研究领域，新的研究方法和研究成果随之大量涌现，例如"利用特征线法进行水击压力的计算""水轮机尾水系统的反击""水击共振问题与防止措施""经过调压室底部传至隧洞的水击压力计算""利用数字电子计算机进行水击与调压室波动的联合解"等，有的形成了专著，过渡过程的计算分析和试验研究都取得了显著成果。

10.1.3 引水式电站过渡过程的特点

水力过渡过程由机组负荷发生变化引发，其间调压设备、引水管以及机组联合参与，水击压力波、调压室涌波联合作用。过渡过程的品质直接关系电站的安全、稳定运行和所生产电能的质量。在计算大波动过渡过程中，管路压力上升和机组转速上升是最为突出的矛盾，两者均威胁电站的安全，也是研究的重点。而小波动过渡过程在电站正常运行中频繁发生，其调节品质对电能质量影响重大。过渡过程研究的意义在于为电站输水系统（包括调压室）提供设计依据，并对电站的安全性和运行的稳定性做出评估。

10.2 基 本 参 数

10.2.1 引水发电系统

电站为有压引水式水电站，引水发电系统由进水口、引水隧洞、阻抗式调压室、压力管道及岔管组成。引水隧洞采用双洞，并行布置于右岸，隧洞为有压圆形洞，中心线距离 40m，隧洞 I 长 3039.072m，隧洞 II 长 2958.811m，纵向底坡为 0.5%，洞径均为 8.0m；隧洞末端与调压室相连，调压室 I 至厂房管线距离为 313.731mm，调压室 II 至厂房管线距离为 351.055mm，引水系统采用"一洞二机"的方式，在水轮机进水口设有蝶阀，蝶阀直径为 DN4800。引水发电隧洞平面布置及压力管道纵剖面见图 10.2 - 1～图 10.2 - 3。

10.2.2 电站主要参数

1. 电站特征水位

电站特征水位见表 10.2 - 1。

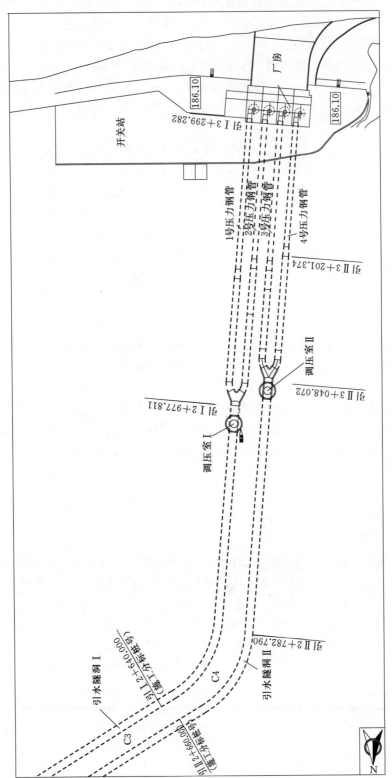

图 10.2-1 引水发电隧洞平面布置图

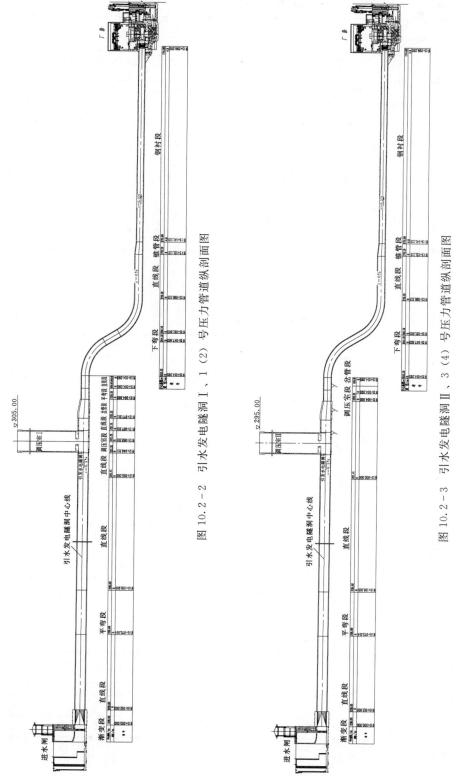

图 10.2-2 引水发电隧洞 I、1 (2) 号压力管道纵剖面图

图 10.2-3 引水发电隧洞 II、3 (4) 号压力管道纵剖面图

表 10.2－1 　　　　　　　　　　　　　　电站特征水位

序号	设 计 标 准	水位/m
1	正常蓄水位	255.00
2	设计洪水位	255.00
3	校核洪水位（$P=0.2\%$）	256.06
4	死水位	250.00
5	下游设计洪水位（$P=2\%$）	185.05
6	下游校核洪水位（$P=0.5\%$）	185.96
7	设计尾水位（1台机满发尾水位）	179.00
8	2台机额定流量对应下游水位	179.83
9	3台机额定流量对应下游水位	180.45
10	4台机额定流量对应下游水位	180.80

2. 机组水头、流量及出力

机组水头、流量及出力情况见表 10.2－2。

表 10.2－2 　　　　　　　　　机组水头、流量及出力情况

序号	水头/m		流量/(m³/s)	出力/MW
1	最大	76.6		61.54
2	额定	68.5	96.5	61.54
3	加权	71.23		61.54
4	最小	66.4		

3. 电站尾水位-流量关系

电站下游尾水位-流量关系见表 10.2－3。

表 10.2－3 　　　　　　　　　　下游尾水位-流量关系

水位/m	177.40	177.60	177.80	178.00	178.20	178.40	178.60
流量/(m³/s)	3	11	20	29	38	47	60
水位/m	178.80	179.00	179.20	179.40	179.60	179.80	180.00
流量/(m³/s)	78	100	122	144	166	190	215
水位/m	180.20	180.40	180.60	180.80	181.00	181.20	181.40
流量/(m³/s)	245	280	320	380	470	580	700
水位/m	181.60	181.80	182.00	182.20	182.40	182.60	182.80
流量/(m³/s)	830	970	1120	1280	1450	1630	1820
水位/m	183.00	183.20	183.40	183.60	183.80	184.00	
流量/(m³/s)	2010	2200	2390	2580	2780	2980	

4. 水轮发电机组主要参数

转轮型号：HLA883－LJ－345

转轮直径 D_1：3.45m

额定转速 n_r：187.5r/min

设计水头 H_r：68.5m

设计流量 Q_r：96.5m³/s

额定出力 P_r：61.54MW

机组转动惯量 GD^2：5000t.m²

飞逸转速 n_f：348r/min

安装高程：174.80m

10.3 数学模型和计算方法

10.3.1 数学模型

1. 导叶运动

导叶运动数学模型见式（10.3-1）和式（10.3-2）：

$$y = f(t) \tag{10.3-1}$$

$$a = f(y) \tag{10.3-2}$$

式（10.3-1）反映了导叶的关闭规律，即导叶位置随时间的变化规律，其中 y 为导叶在 t 时刻的位置；式（10.3-2）反映了导叶开度与导叶位置的关系。

2. 水轮机

（1）水轮机特性模型。机组部分的方程见式（10.3-3）~式（10.3-9）：

$$n_{11} = \frac{nD_1}{\sqrt{H_t}} \tag{10.3-3}$$

$$Q_{11} = f(n_{11}, a) \tag{10.3-4}$$

$$M_{11} = f(n_{11}, a) \tag{10.3-5}$$

$$Q_t = Q_{11}D_1^2\sqrt{H_t} \tag{10.3-6}$$

$$M_t = M_{11}D_1^3 H_t \tag{10.3-7}$$

$$n_t = \frac{n_{11}\sqrt{H_t}}{D_1} \tag{10.3-8}$$

$$H_t = H_i - H_{i+1} \tag{10.3-9}$$

式中：Q_{11}、M_{11}、n_{11} 分别为水轮机单位流量、单位力矩和单位转速；Q_t、M_t、n_t 分别为水轮机流量、力矩和转速；H_t、H_i、H_{i+1} 分别为水轮机水头、机组前节点水压力和机组后节点水压力；a 为导叶开度。

由于有水轮机特性等因素，因此是一个非线性方程组，且水轮机特性难以用解析式表示，故一般采用迭代法求解。

（2）水轮机线性数学模型见式（10.3-10）~式（10.3-11）：

$$m_t = e_y y + e_h h + e_x x \tag{10.3-10}$$

$$q_t = e_{qy} y + e_{qh} h + e_{qx} x \tag{10.3-11}$$

式中：e_y、e_h、e_x 分别为水轮机力矩对导叶开度、水头、转速的传递系数；e_{qy}、e_{qh}、e_{qx} 分别为水轮机流量对导叶开度、水头、转速传递系数；m_t、q_t 为水轮机力矩和流量的相对偏差。

3. 发电机组

发电机组数学模型见式（10.3 - 12）：

$$J \frac{\mathrm{d}\omega}{\mathrm{d}t} = M_t - M_g \tag{10.3-12}$$

式中：J 为惯性力矩；ω 为角速度；t 为时间；M_t、M_g 分别为水轮机力矩和负荷力矩。

4. 管道

（1）有压管道。有压管道见图 10.3 - 1。

有压管道数学模型见式（10.3 - 13）～式（10.3 - 17）：

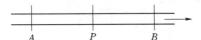

$$Q_p = C_p - C_a H_p \tag{10.3-13}$$

$$Q_p = C_n + C_a H_p \tag{10.3-14}$$

图 10.3 - 1　有压管道示意图

$$C_a = \frac{gA}{a} \tag{10.3-15}$$

$$C_p = Q_a + \frac{gA}{a} H_a - \frac{f \Delta t}{2DA} Q_a |Q_a| \tag{10.3-16}$$

$$C_n = Q_b - \frac{gA}{a} H_b - \frac{f \Delta t}{2DA} Q_b |Q_b| \tag{10.3-17}$$

式中：Q_p、H_p 分别为 P 点当前时刻的流量和水压力；Q_a、H_a 分别为 A 点前一时刻的流量和水压力；Q_b、H_b 分别为 B 点前一时刻的流量和水压力；A 为管道截面积；D 为断面水力直径；a 为波速；f 为摩擦系数；Δt 为计算步长。

（2）有压管道线性模型。

1）刚性水击（流量至水头）数学模型如下：

$$G(s) = T_w s + h_f \tag{10.3-18}$$

2）弹性水击（水头至流量）数学模型如下：

$$G(s) = \frac{b_2 s^2 + b_1 s + b_0}{a_3 s^3 + a_2 s^2 + a_1 s + a_0} \tag{10.3-19}$$

其中

$$b_2 = -\frac{3}{T_r h_w} \tag{10.3-20}$$

$$b_1 = -\frac{6 h_f}{T_r^2 h_w^2} \tag{10.3-21}$$

$$b_0 = -\frac{24}{T_r^3 h_w} - \frac{3 h_f^2}{T_r^3 h_w^3} \tag{10.3-22}$$

$$a_3 = 1 \tag{10.3-23}$$

$$a_2 = \frac{3 h_f}{T_r h_w} \tag{10.3-24}$$

$$a_1 = \frac{3 h_f^2}{T_r^2 h_w^2} + \frac{24}{T_r^2} \tag{10.3-25}$$

$$a_0 = \frac{24 h_f}{T_r^3 h_w} + \frac{h_f^3}{T_r^3 h_w^3} \tag{10.3-26}$$

其中
$$T_r = \frac{2L}{a}; \quad h_w = \frac{aV_r}{2gH_r}; \quad T_w = \frac{LV_r}{gH_r}$$

式中：h_f 为局部水头损失。

5. 调速器

当永态转差系数 b_p 为 0 时，调速器（PID 调节器＋电液随动系统）传递函数

$$G(s) = \left(\frac{K_p s + K_i}{s} + \frac{K_d s}{T_n s + 1} \right) \frac{1}{T_y s + 1} \qquad (10.3-27)$$

式中：K_p、K_i、K_d 分别为比例、积分、微分增益；T_y、T_n 分别为接力器、微分时间常数；s 为拉普拉斯算子。

10.3.2 计算方法

（1）过渡过程计算中采用优化方法进行水轮机水压力和转速迭代计算，先用进退法求出包含解的区域，然后用区域分割法求出解，该方法收敛性好，计算时间短。

（2）导叶关闭规律优化计算采用正交设计法，导叶接力器关闭规律见图 10.3-2。

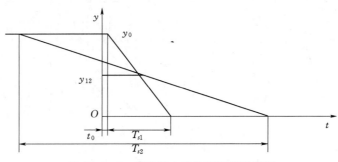

图 10.3-2 导叶接力器关闭规律示意图

t_0—导叶接力器不动时间；T_{s1}—导叶接力器以第一段关闭速度从全开关至全关所需时间；T_{s2}—导叶接力器以
第二段关闭速度从全开关至全关所需时间；y_{12}—导叶接力器运动速度由第一段速度变为
第二段速度时的导叶接力器行程

在使用如上参数定义时，各参数相互独立，交互作用很小，可以使用较简单的正交表进行计算。

（3）调速器参数优化计算采用遍历法，由于 K_p、K_i、K_d 之间交互作用明显，一般不能使用简单的正交表，故直接使用遍历法求取优化的参数组合。

（4）水轮机调节系统稳定性分析采用双步 QR 算法求出状态矩阵的特征值的方法，状态矩阵自动形成，全部特征值均具有负实部时，系统稳定。只要有一个特征值具有非负实部，系统不稳定。在系统稳定性分析基础上可以计算水轮机调节系统稳定域。

10.4 机组调节保证计算分析

10.4.1 调保参数要求

尾水锥管入口最大真空水头：$HB > -8.0\text{m}$

蜗壳末端压力：$\xi_{max} \leqslant 50\%$（不超过 114.9m）

机组最大速率上升：$\beta_{\max} \leqslant 60\%$

10.4.2　使用数据

1. 水轮机模型特性

太平江一级水电站的水轮机转轮模型综合特性曲线和模型飞逸特性曲线分别见图10.4-1、图10.4-2)。

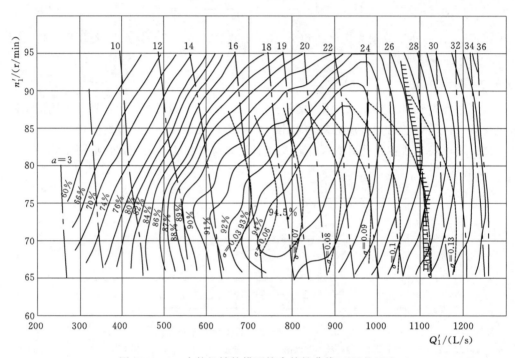

图 10.4-1　水轮机转轮模型综合特性曲线（HLA883）

A_0 /mm	Q_{11} /(m³/s)	n_{11} /(r/min)
4	0.174	87.58
6	0.231	96.37
8	0.297	103.59
10	0.346	107.53
12	0.400	110.77
14	0.458	114.27
16	0.514	117.47
18	0.600	123.39
20	0.667	127.28
22	0.730	130.57
24	0.787	132.92
26	0.858	135.49
28	0.913	136.99
30	0.968	139.20
32	1.023	140.78
34	1.068	142.03
36	1.095	141.45

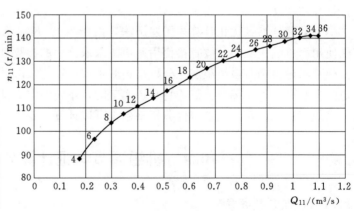

图 10.4-2　模型飞逸特性曲线（HLA883）

2. 特征工况点参数

根据调节保证的要求，计算各典型工况以及其他可能出现的危险工况，其工况选则以及各工况初始参数，见后序计算表格。

10.4.3　计算成果

1. 初始工况

根据本电站的水位及机组情况，选取 3 个工况进行机组调节保证计算，初始工况见表 10.4－1。

表 10.4－1　　　　　　　　　　机组初始工况（4 台机模式）

序号	工　况	机组号	转速 /(r/min)	导叶 开度	水头 /m	流量 /(m³/s)	功率 /MW
1		1 号	187.5	0.9095	68.69	96.41	61.54
2	上游正常蓄水位 255.00m，下游水	2 号	187.5	0.9083	68.72	96.34	61.54
3	位 180.80m，机组事故甩额定负荷	3 号	187.5	0.9076	68.74	96.31	61.54
4		4 号	187.5	0.9005	68.93	95.92	61.54
5		1 号	187.5	1.0	64.29	98.92	57.97
6	上游校核洪水位 256.06m，下游水	2 号	187.5	1.0	64.32	98.95	58.01
7	位 185.96m，导叶全开，机组事故甩 全负荷	3 号	187.5	1.0	64.31	98.94	57.99
8		4 号	187.5	1.0	64.50	99.09	58.25
9		1 号	187.5	1.0	63.47	98.25	56.88
10	上游死水位 250.00m，下游水位	2 号	187.5	1.0	63.50	98.28	56.92
11	180.80m，导叶全开，机组事故甩全 负荷	3 号	187.5	1.0	63.49	98.27	56.90
12		4 号	187.5	1.0	63.67	98.42	57.15

注　1. 上列工况中糙率均取平均值。

　　2. 表中导叶开度 1.00 相当于模型导叶开度 26（额定工况的导叶开度约为 24.5）。

　　3. 正常蓄水位机组工作水头 68.75m，比额定水头 68.5m 高 0.25m，相应流量小于额定流量，导叶开度位置较小。

2. 导叶关闭规律确定

为初步确定导叶关闭规律，对电站的正常蓄水位和校核洪水位工况进行导叶关闭规律优化，选定机组飞轮力矩 5000t·m。

上游正常蓄水位工况：水轮机带额定出力 $P=61.54MW$，4 台机同时事故甩额定负荷的工况。上游校核洪水位工况：水轮机导叶全开，4 台机同时事故甩全负荷。

事故甩负荷定义为本机事故导致发电机断路器与紧急停机电磁阀动作，机组甩负荷后进入停机。优化计算采用正交设计法，目标函数采用 $\beta_{max}+\xi_{max}$，第二段关闭时间 T_{s2} 的水平取为 1.0 倍、2.0 倍、3.0 倍、4.0 倍的第一段关闭时间 T_{s1}，分段点的导叶接力器行程取为 0.4、0.5、0.6、0.7，导叶关闭规律优化计算结果见表 10.4－2。

由表 10.4－2 可见，正常蓄水位工况，4 种不同导叶关闭时间，最大转速升高相对值和尾水管进口最低压力均在规定允许值范围内，满足要求。对于蜗壳最大水压力上升 ξ 按照 DL 系统设计规范要求额定工况值为 30%～50%，本电站为设定为 50%，即 114.45m，

表 10.4－2　　　　　　　　　　　导叶关闭规律优化计算结果

序号	工况	第一段关闭时间 T_{s1} /s	第二段关闭时间 T_{s2} /s	分段点导叶接力器行程开度 y_{12}	最大转速升高相对值 β	蜗壳最大压力升高相对值 ξ	尾水管进口最低压力 /m
1	正常蓄水位工况	5	15	0.6	0.458	0.393	1.084
2		5	20	0.6	0.475	0.351	1.084
3		6	18	0.6	0.480	0.364	1.213
4		6	24	0.6	0.491	0.338	1.213
5	校核洪水位工况	5	15	0.6	0.464	0.399	6.157
6		5	20	0.6	0.471	0.376	6.157
7		6	18	0.6	0.482	0.372	6.268
8		6	24	0.6	0.484	0.346	6.268

而在校核洪水位工况下，当水压力上升为 38% 左右时，达到 107.6m，均能满足调节保证要求。

由于调压室后压力钢管线路较长，本电站不适用直线关闭，采用分段关闭，为便于参考，选用此 4 种关闭规律进行计算：第一种，5－15－0.6；第二种，5－20－0.6；第三种，6－18－0.6；第四种，6－24－0.6。

10.4.4　机组调节保证计算分析

调节保证计算过程中采用平均糙率进行水力损失计算，建立计算模型。

根据引水系统工程布置，共用调压室的 2 台机组因分岔后管路略有不同，所以 4 台机组的状态都不相同。

由于本电站设有调压室，在过渡过程中，当蜗壳最大水压力上升较小时，可能出现由于调压室的涌浪水位升高而引起的蜗壳水压力波动大于由导叶关闭引起的蜗壳最大水压力上升。所以调节保证计算采用较长的计算时间，以考虑调压室涌浪水位带来的影响，计算结果见表 10.4－3。

表 10.4－3　　　　　1 号机组调节保证计算结果（计算时间 300s）（平均糙率）

序号	工况	关闭规律	机组最大频率/Hz	最大转速升高	蜗壳进口最大水压力/mH₂O	蜗壳末端最大水压力/mH₂O	蜗壳最大水压力升高	尾水管进口最小水压力/mH₂O[①]
1	(255.00, 180.80) 事故甩额定负荷	5－15－0.6	73.14	0.4628	105.77	107.82	0.4032	1.177
2		5－20－0.6	73.91	0.4782	105.30	105.31	0.3665	1.177
3		6－18－0.6	74.21	0.4842	105.27	105.46	0.3687	1.341
4		6－24－0.6	74.70	0.4941	105.34	105.34	0.3671	1.341
5	(256.06, 185.96) 事故甩全负荷	5－15－0.6	73.25	0.4651	107.14	108.78	0.4018	6.338
6		5－20－0.6	73.57	0.4714	106.90	107.20	0.3787	6.338
7		6－18－0.6	74.11	0.4822	106.87	106.87	0.3741	6.460
8		6－24－0.6	74.23	0.4846	106.93	106.93	0.3748	6.460

续表

序号	工　况	关闭规律	机组最大频率/Hz	最大转速升高	蜗壳进口最大水压力/mH₂O	蜗壳末端最大水压力/mH₂O	蜗壳最大水压力升高	尾水管进口最小水压力/mH₂O①
9	(250.00，180.80) 事故甩全负荷	5－15－0.6	72.87	0.4574	100.87	102.51	0.3987	1.255
10		5－20－0.6	73.17	0.4634	100.71	100.94	0.3758	1.255
11		6－18－0.6	73.71	0.4742	100.70	100.70	0.3723	1.374
12		6－24－0.6	73.81	0.4763	100.74	100.74	0.3729	1.374
13	(255.00，180.80) 机组从空载增至额定负荷	5－20－0.6	50.00	0.0	78.79	78.63	0.0229	0.9670

① 米水柱为废除的计量单位，1mH₂O=9.806375kPa，全书下同。

数据分析：

从表中序号 4 的计算结果蜗壳进口水压力 105.34m，蜗壳末端最大水压力升高 105.34m 可以看出，300s 的计算时间有调压室最高涌浪水位的影响，因此计算各关闭种规律下计算时间为 35s 时的过渡过程结果，见表 10.4－4。

表 10.4－4　　　　1 号机组调节保证计算结果（计算时间 35s）（平均糙率）

序号	工　况	关闭规律	机组最大频率/Hz	最大转速升高	蜗壳进口最大水压力/mH₂O	蜗壳末端最大水压力/mH₂O	蜗壳最大水压力升高	尾水管进口最小水压力/mH₂O
1	(255.00，180.80) 事故甩额定负荷	5－15－0.6	73.14	0.4628	105.77	107.82	0.4032	1.177
2		5－20－0.6	73.91	0.4782	103.20	104.44	0.3539	1.177
3		6－18－0.6	74.21	0.4842	103.79	105.46	0.3687	1.341
4		6－24－0.6	74.70	0.4941	102.47	103.55	0.3409	1.341
5	(256.06，185.96) 事故甩全负荷	5－15－0.6	73.25	0.4651	107.14	108.78	0.4018	6.338
6		5－20－0.6	73.57	0.4714	104.67	107.20	0.3787	6.338
7		6－18－0.6	74.11	0.4822	105.31	106.87	0.3738	6.460
8		6－24－0.6	74.23	0.4846	104.08	105.11	0.3482	6.460
9	(250.00，180.80) 事故甩全负荷	5－15－0.6	72.87	0.4574	100.87	102.51	0.3987	1.255
10		5－20－0.6	73.17	0.4634	98.42	100.94	0.3758	1.255
11		6－18－0.6	73.71	0.4742	99.06	100.61	0.3709	1.374
12		6－24－0.6	73.81	0.4763	97.84	98.86	0.3455	1.374

数据分析：

电站的最大转速上升发生在正常蓄水位机组事故甩额定负荷的工况，蜗壳最大水压力上升发生在校核洪水位机组导叶全开事故甩全负荷的工况。

4 种关闭规律的计算，300s 计算时间与 35s 计算时间，5－15－0.6 的计算结果相同，采用其他 3 种关闭规律的蜗壳水压力上升有变化。

电站在校核洪水位工况下，关闭规律的计算均满足调节保证计算要求。

采用各种关闭规律，尾水管真空度均满足要求。

4 种关闭规律均可选择，6-24-0.6 关闭规律时，额定工况下的转速上升已经达到49.41%，余量较小，从优选的角度看，5-20-0.6 和 6-18-0.6 关闭规律较优。

10.5　调压室涌浪分析

10.5.1　调压室涌浪计算

本电站采用阻抗式调压室，阻抗孔流量系数按常规取 0.6～0.8，为了安全取 0.8。

采用关闭规律 5-20-0.6，引水调压室最高、最低涌浪计算结果见表 10.5-1。

表 10.5-1　　　　　　　　引水调压室最高、最低涌浪计算

序号	工　况	糙率	第 I 调压室		第 II 调压室	
			最高涌浪水位/m	最低涌浪水位/m	最高涌浪水位/m	最低涌浪水位/m
1	（255.00，180.80）事故甩额定负荷	平均糙率	280.48	237.67	280.06	237.97
2		最小糙率	280.49	237.32	280.07	237.64
3		最大糙率	280.66	237.96	280.23	238.26
4	（256.06，185.96）事故甩全负荷	平均糙率	282.05	238.50	281.69	238.78
5		最小糙率	282.82	237.79	282.44	238.09
6		最大糙率	281.17	239.26	280.80	239.53
7	（250.00，180.80）事故甩全负荷	平均糙率	275.86	232.50	275.50	232.78
8		最小糙率	276.62	231.79	276.25	232.10
9		最大糙率	274.99	233.26	274.63	233.53
10	（250.00，180.80）同单元一台机组正常运行，一台机从空载增至满负荷	平均糙率	249.37	237.38	249.46	237.54
11		最小糙率	250.79	237.75	250.87	237.91
12		最大糙率	248.12	236.94	248.17	237.12

10.5.2　计算结果分析

（1）正常蓄水位时，共用调压室的两台机组同时甩负荷，两调压室的最高涌浪水位在最小糙率下为分别为 280.07m 和 280.49m；校核工况时，最高涌浪水位分别为 282.44m 和 282.82m。

（2）死水位时，共用调压室的机组一台运行，另外一台由空载增至满开度的工况，最低涌浪水位为 237.12m 和 236.94m。

（3）上游调压室最低尾水位的复核工况为死水位共用调压室的全部机组甩负荷工况的第二振幅。当上游死水位时两台机同时事故甩全负荷，取最大糙率，调压室最低涌浪水位分别为 232.10m 和 231.79m。

第11章 电气及金属结构

11.1 电气一次设计方案

11.1.1 电站接入系统

太平江一级水电站总装机容量为 $4 \times 60MW$，该电站的 92％电能送往国内，8％的电能送往缅甸八莫。大盈江四级电站 500kV 出线二回（备用一回），其中一回接入大盈江四级电站 500kV 变电站。根据云南省电力设计院的《缅甸太平江一级水电站的接入系统设计报告》，明确指出：太平江一级水电站以一回 500kV 线路接入大盈江四级电站，距离 10km，导线选择四分裂导线，型号为 LGJ - 300。

11.1.2 电气主接线

太平江一级水电站为径流式电站，装机容量为 $4 \times 60MW$，装机年利用小时数 4470h，保证出力 30.05 MW，多年平均发电量 10.7 亿 kW·h。根据电站与电力系统的连接，太平江一级水电站 92％电量将以 500kV 一回出线直接接入云南电网，即在太平江一级水电站直接建 500kV 升压站，且在一级站预留两回太平江二级站的 110kV 接入口。剩余 8％电量以 110kV 一回出线送往缅甸八莫。

1. 13.8kV 发电机电压侧接线方式

1 号、2 号、3 号、4 号发电机分别与 4 台主变组成单元接线，发电机出口装设发电机专用型真空断路器。

2. 110kV 侧接线方式

本期工程 110kV 侧进线四回、出线二回，一回至 500kV 开关站，一回至缅甸八莫变电站，110kV 侧采用双母线接线。采用 GIS 户内全封闭组合电器，4 个进线间隔，2 个出线间隔，2 个 PT 间隔，1 个母联间隔。

3. 500kV 侧接线方式

对于 500 kV 侧的接线，采用变压器线路单元接线。

4. 厂用电及坝区供电接线方式

本电站设置 3 台 SCB10 - 800kVA 厂用变压器，其中 2 台分别挂在发电机Ⅰ段、Ⅳ段母线上；外来厂用电备用电源经第 3 台厂用变降压后接至 0.4kVⅢ段母线上。

本电站大坝距厂房约 4km，坝区的供电负荷主要是：大坝溢洪道 3 套工作闸门电机、发电洞进水口 2 套闸门启闭机及 1 套清污机、排漂孔 1 套启闭机、冲沙泄洪孔 2 套闸门启闭机和坝区照明等，选择一台 SCB10 - 630kVA 的变压器作为坝区配电变压器。坝区 10

kV 侧采用由本电站的发电机 I 段、Ⅳ 段母线经 61TM（SCB10 - 800kVA）近区隔离变压器供电。

为保证大坝供电及厂用电的可靠和黑启动，厂区和坝区各设置一台柴油发电机组。

11.1.3　主要电气设备选择

（1）水轮发电机：4 台。

型式：SF60 - 30/675

功率：60MW

转速：200r/min

额定电压：13.8kV

功率因数：0.85（滞后）

效率：$\eta = 0.975$

（2）110kV 主变压器：4 台。

型号：SF11 - 80000/110

额定容量：80MVA

额定电压：（115±2）×2.5% kV/13.8kV

联结组标号：YN，d11

短路阻抗：13.5%

（3）500kV 主变压器：1 组。

型号：ODFPS - 100MVA

额定容量：100MVA

额定电压：$(550/\sqrt{3} - 2 \times 2.5\%) kV/(115/\sqrt{3}) kV/13.8kV$

联结组标号：I，ao，Io

（4）110kV 高压配电装置。采用六氟化硫全封闭组合电器（GIS），4 个进线间隔，1 个出线间隔，2 组母线，2 个 PT 间隔，1 个母联断路器间隔。其参数如下：

断路器：115kV　3150A/2000A　40kA（配液压弹簧机构）

隔离开关：115kV　3150A/1600A　40kA（配电动弹簧机构）

接地开关：115kV　3150A/1600A　40kA

电流互感器：115kV　2000/3000/1　800/1

SF_6 气管主母线：115kV　3150A

SF_6 气管分支母线：115kV　3150A

母线电压互感器：115kV　$\dfrac{110}{\sqrt{3}} / \dfrac{0.1}{\sqrt{3}} / \dfrac{0.1}{\sqrt{3}} / \dfrac{0.1}{\sqrt{3}} / 0.1 kV$

母线避雷器：YH10WZ - 108/281

（5）110kV 主变中性点设备。

隔离开关型号：GW13 - 72.5/630

避雷器型号：Y1.5W - 72/186

电流互感器：LR - 110 - B　200/1

（6）13.8kV 配电装置。

采用 KYN18A-13.8 型中置式高压手车柜，柜内主要电气设备如下：

发电机端真空断路器型号：150VCP-WG63-15/4000A/63kA

电压互感器型号：JDZX10-13.8

电流互感器型号：LZZBJ9-13.8

（7）13.8kV 封闭式共箱母线额定电流：BGFM-13.8/4000。

（8）柴油发电机组。

型号：400GF

额定功率：400kW

额定电压：400V/230V

额定频率：50Hz

11.1.4 供电与照明

电站照明系统包括普通照明和应急事故照明，电源分别由厂用交流系统及电站直流系统提供。可对电站范围内的各室内及室外不同场所，提供足够的照明照度。

小型动力系统包括 400V/230V 交流电源动力配电箱及插座箱。

（1）主、副厂房、中控楼、110kV GIS 室和 500kV 升压站等各主要工作场所、走廊及楼梯通道，均设置工作照明，事故照明，火灾应急疏散照明和安全出口灯标。平时照明由厂用变供电；事故时，事故照明和火灾应急疏散照明由柴油机和继保室蓄电池屏供电。

（2）大坝公路和进厂公路均设置马路灯照明。

（3）分别对主、副厂房和发电厂区进行美化和亮化。

11.1.5 过电压保护及防雷接地

1. 过电压保护

110kV 电力系统中性点采用直接接地方式，1B、2B、3B、4B 四台主变中性点均设置隔离开关，可供根据系统运行需要选择接地点。

由于发电机电压回路单相接地电容电流大于允许值 2A，发电机中性点通过接地变压器高电阻接地，不要求发电机带单相接地故障运行。

在 500kV 出线、110kV 母线及变压器高压侧、各侧出口处均装设氧化锌避雷器，以保护电气设备免受雷电侵入波的损害。

为防止感应过电压的侵入对发电机绝缘的危害，在发电机出口装设 1 组氧化锌避雷器。

2. 防直击雷保护和接地

（1）防直击雷保护。

1）为防止直击雷，充分利用主厂房钢管结构的轻型屋面作为避雷网，将其全部钢底座与接地引下线焊接，并引至主厂房接地网；副厂房屋面设置方格状避雷网；中控楼屋面四周及屋面水箱设置避雷带，屋面上的通信天线及所有金属管件等均应接地。

2）为防止直击雷，500kV升压站采用避雷针保护，并设有独立的集中接地装置，接地电阻要求不大于10Ω；110kV GIS室屋面四周设置避雷带；110kV GIS室至500kV开关站架设避雷线保护。

3）为防止直击雷，坝区两台门机顶端制造厂均设有避雷针保护；各液压启闭机站屋面设置避雷网。

（2）全厂接地装置。全厂接地装置：由主、副厂房、大坝本体、引水压力钢管、厂房尾水底板、中控楼、500kV升压开关站等接地装置构成。全厂接地网总接地电阻值要求小于0.5Ω。

11.1.6　电气一次设备布置

1. 主厂房电气设备布置

电站主厂房为地面厂房，长度为91.94m，宽度为23m，发电机层的地面高程为186.10m。发电机层上游侧立柱间按每个机组段分别对应布置14面机旁屏，发电机主引出封闭母线从中间层Y方向偏$-X30°$引出，发电机中性点设备设置在中间层$-Y$方向偏$-X30°$方向引出。

2. 副厂房电气设备布置

本电站副厂房紧靠主厂房上游侧外墙布置，与主厂房机组段长度相同，宽12m。

副厂房紧靠主厂房上游侧外墙，共分四层布置：

第一层（180.80高层）：电缆夹层兼配电室（低压配电屏、厂用、励磁变压器）；

第二层（186.10高层）：高压开关柜室；

第三层（191.80高层）：电缆夹层；

第四层（195.40高层）：110kV GIS室。

110kV GIS室长78.24m，宽12m；布置有4个110kV进线间隔、4个110kV出线间隔、1个母联断路器间隔、2个母线PT间隔及110kV GIS辅助设备等，安装检修间位于GIS设备的端部，并设置单梁起重机一台。

3. 500kV升压开关站电气设备布置

根据电站的地形和枢纽布置情况，500kV升压开关站采用普通中型敞开式布置的形式，长103.4m，宽54.8m。

4. 中控楼电气设备布置

中控楼紧靠主厂房安装场上游外墙布置，平面尺寸为20.76m×13.43m，共分三层。

地下层为电缆夹层；

第一层布置有中控室、通信调度室；

第二层布置有会议室、办公室。

5. 坝区设备布置

引水洞进水闸室至大坝之间布置有坝区配电房和柴油发电机房；沿坝顶公路一侧及至大坝各闸门液压站均设有电缆沟。

大坝各闸门液压站内均布置有动力箱和控制箱。

11.2 电站接地网设计分析

11.2.1 规程规范相关要求

安全合格的接地网对整个电力系统运行起着至关重要的作用，当电网运行中发生故障，接地网可以迅速的解除故障电流，确保接地网的电位、接触电势处于一个安全水平，保证人身和设备安全。水电站处于高土壤电阻率山区，接地网的建设更显得重要。

按照《交流电气装置的接地设计规范》（GB/T 50065—2011）要求，缅甸太平江一级水电站属大接地短路电流系统，其接地电阻必须满足：

$$R \leqslant \frac{2000}{I} \tag{11.2-1}$$

式中：I 为流经接地装置的入地短路电流。

当 $I > 4000\text{A}$ 时，可采用 $R \leqslant 0.5\Omega$。由云南省电力试验研究院、太平江一级水电站于 2010 年 8 月共同测量了接地网的接地电阻值，测量结果为 1.1757Ω 不能满足规范要求，为保证电站安全生产和可靠运行，须对接地网进行改造。

11.2.2 现场概况及初步分析

1. 现场概况

根据现场勘察，地质情况相对复杂，厂区范围内基岩主要分为三层，岩性为眼球状混合片麻岩、花岗质混合片麻岩及黑云角闪斜长片麻岩和条带状混合片麻岩、黑云斜长变粒岩、角闪岩等，表土以沙石土壤为主，土壤电阻率相对较高，根据经验初步估计同等地质条件地表电阻率 $\rho = 1000\Omega \cdot \text{m}$ 及以上，站内地表主要以回填土为主。

太平江一级水电站主接地网由生产区主厂房地网、开关站地网及坝区接地网构成。其中，主厂房接地网与开关站接地网位于同一平面，再与坝区接地网通过直线距离约 3km 导流洞相连接，主厂房与开关站之间通过 3 根 50mm×5mm 的镀锌扁钢连接地网，开关站周边已经安装了一定数量的离子接地系统。

2. 初步分析

经现场勘察后初步分析，有以下因素会造成电站接地电阻不符合设计值及规程要求：

（1）凡是山区，由于土壤电阻率偏高，对系统接地电阻影响较大；干旱地区、砂卵石土层等相对干燥，而大地导电基本是靠离子导电，干燥的土壤电阻率偏高。

（2）严格施工对于不同地区电站的接地来说至关重要。山区、岩石地区，由于开挖困难，接地体的埋深往往不够，直接影响接地电阻值；在岩石地段施工时，由于取土不便，往往采用开挖出的碎石及建筑垃圾回填，增大土壤电阻率和加快接地体的腐蚀速度。

（3）考虑到某些接地装置经一定的运行周期后，由于接地体的腐蚀、接地引下线、接地极受外力破坏，使接地体与四周土壤的接触电阻变大、脱离接地装置形成开路。

因此，针对以上造成接地电阻偏大的原因以及相关方面存在的隐患拟定改造方案，确保有效降低接地电阻值及长期安全稳定运行。

11.2.3 接地网的改造措施

依据《电气装置安装工程接地装置施工及验收规范》（GB 50169—2006）第 3.2.10

条 "在高土壤电阻率地区，接地电阻值很难达到要求时，可采用以下措施降低接地电阻：①在变电站附近有较低土壤电阻率的土壤时，可敷设引外接地网或向外延伸接地体；②当地下较深处的土壤电阻率较低时，可采用井式或深钻式深埋接地极；③填充电阻率较低的物质或压力灌注降阻剂等以改善土壤传导性能；④敷设水下接地网。当利用自然接地体和引外接地装置时，应采用不少于 2 根导体在不同地点与接地网相连接；⑤采用新型接地装置，如电解离子接地极；⑥采用多层接地措施。"

1. IEA 系统理论计算

为了更好地解决接地电阻值偏大问题，本着接地改造应具备先进性、安全可靠性、易维护、经济性等方面的突出特性的原则，本电站采用 IEA 电解离子接地系统，对电站接地网综合改造，保证接地装置的正常运行。

电解离子接地系统（ionic earthing array，IEA）近几年在电站及变电所中得到广泛的应用，并取得一定的效果。有研究和实践证实：土壤电阻率过高的直接原因是因为缺乏自由离子在土壤中的辅助导电作用，IEA 能在土壤中提供大量的自由离子，从而有效的解决接地问题。IEA 由先进的陶瓷复合材料、合金电极、中性离子化合物组成，以确保能提供稳定的、可靠的接地保护。IEA 的主体是铜合金管，以确保较高的导电性能及较长的使用寿命，其内部含有特制的、无毒的电解离子化合物，能够吸收空气中的水分，通过潮解作用，将活性电解离子有效释放到四周土壤中，正是因为 IEA 不断的自动释放活性电解离子使得四周土壤的导电性能能始终保持在较高水平，于是故障电流能顺畅地扩散到四周的土壤中，从而充分发挥接地系统的保护作用。另外，IEA 所包含的特制回填料具有非常好的膨胀性、吸水性及离子渗透性，使 IEA 与四周的土壤保持良好的接触界面，无论天气或周围环境如何变化，都能使 IEA 保持最佳的接地保护效果。

（1）改造后地网的接地电阻值计算：

$$R_{总} = \frac{1}{\frac{1}{R} + \frac{1}{R_1}} \qquad (11.2-2)$$

式中：$R_{总}$ 为改造后复合地网的接地电阻值；R 为原接地网接地电阻（$R=1.1757\Omega$）；R_1 为新增地网的接地电阻值。

经过计算，新网的接地电阻值需满足 $R_1 \leqslant 0.8696\Omega$，经与原接地网连接后 $R_{总}$ 应满足 $R_{总} \leqslant 0.5\Omega$。

（2）电解离子接地系统接地电阻值 R_2 的计算公式：

$$n \approx \frac{0.0275 \times \rho}{R_2 - 0.4} \qquad (11.2-3)$$

式中：n 为所需电解离子接地极的数量（取值为 20 套）；ρ 为该区域的综合土壤电阻率 $\rho = 1000\Omega \cdot m$；$R_2$ 为安装电解离子接地系统部分的接地电阻值。

经计算求得：$R_2 = 1.775\Omega$。考虑接地网实施过程中各种因素，为保证地网的可靠性，可以将上述计算结果乘以调整系数 k，k 取值 1.2～1.5（在此计算中 k 取值 1.5）。

经修正：$R_{2修} = 2.66\Omega$；即在使用 20 套离子接地系统的情况下，离子接地系统接地电阻值为 $R_{2修} = 2.66\Omega$；$R_{2修}$ 尚不满足不大于 0.8696Ω 的要求，综合考虑接地网项目制作成本，结合使用非金属接地极联合降阻。

（3）非金属接地模块使用数量 n 的计算公式：

$$n=\frac{\rho \times M}{R_{nj} \times \eta} \tag{11.2-4}$$

式中：n 为接地体使用数量，套；R_{nj} 为改造地网设计接地电阻 $R_{nj}=R_1=0.8696\Omega$；ρ 为电站土壤电阻率该地区取值 $\rho=1000\Omega\cdot m$；M 为接地体接地系数，取值范围 $0.12\sim0.16$（M 取值 0.16）；η 为多个接地体并联使用时的利用系数，取值范围 $0.7\sim0.85$（η 取值 0.7）。

经计算得：$n=263$ 块，建议使用 265 块。同样考虑接地网实施过程中各种因素，为保证地网的可靠性，可以将上述计算结果乘以调整系数 k，k 取值 $1.2\sim1.5$（本工程 k 取值 1.5）。得 $R_{nj修}=R_{nj}\times k=0.8696\times1.5=1.3（\Omega）$。

（4）联合接地网接地电阻值的计算公式：

$$R_{总}=\frac{1}{\dfrac{1}{R}+\dfrac{1}{R_2}+\dfrac{1}{R_{nj}}}=\frac{1}{\dfrac{1}{1.1757}+\dfrac{1}{2.66}+\dfrac{1}{1.3}}$$

$$=0.5（\Omega） \tag{11.2-5}$$

经计算得改造后的联合接地网接地电阻 $R_{总}=0.5\Omega$，为做到万无一失采用水平接地干线敷设时配合使用彭润降阻剂。

（5）彭润降阻剂用量计算：

配合接地极使用彭润降阻剂，接地极之间的间距按 5m 计算：

沟槽开挖水平接地体的长度约 1800m；填充截面积为 $0.04m^2$；

降阻剂填充体积为 $1800\times0.04=72（m^3）$；

降阻剂浆料的重：$72m^3\times1.3t=93.6t$；

降阻剂干粉的用量：$93.6t\times60\%=56.16t\approx56t$。

经过以上改造后的联合接地网接地电阻 $R_{总}\leqslant0.5\Omega$。

2. IEA 系统具体实施

（1）接地网外引。参照《交流电气装置的接地设计规范》（GB/T 50065—2011）4.1.3 条中在高土壤电阻率地区，可采取下列减小接地电阻的措施：

1）当在发电厂、变电所 2000m 以内有效低电阻率的土壤时，可以敷设外引接地极。

2）当地下较深处的土壤电阻率较低时，可以采用井或深钻式接地极。

3）填充电阻率较低的物质或降阻剂。

4）敷设水下接地网。

本工程采取外引接地网，外引接地网分为两部分：①由电站尾水底板引出，沿河床空地上敷设外引接地网，面积约为 $4690m^2$；②由电站 500kV 升压站向上游侧空地敷设外引接地网，面积约为 $2689m^2$。

（2）安装电解离子接地极。电解离子接地系统是新型接地系统。电解离子接地系统所应用的保湿配方、离子缓释、潜深接地、长效降阻四项前沿科技最大程度解决了降阻性、耐腐蚀性和使用寿命等问题。

电解离子接地系统尤其适用于各类有较高接地要求、接地工程难度较大的场所，与传统的接地方式相比较，能使雷电冲击电流及故障电流更快地扩散于土壤中，因此，在恶劣的土壤条件下，接地效果尤为显著。

（3）安装非金属复合型接地体。非金属复合型接地体，与传统接地体相比，它具有降阻效率高、接地电阻稳定、减少地电位反击、使用寿命长、抗腐蚀、无毒环保，能与土壤结合为一体，使接地体与土壤的有效接触面积比金属接地体大许多倍，增大了接地体的有效散流面积，极大降低接地体与土壤的接触电阻，因此能显著提高接地效率，减少地网占用土地面积。

（4）配合接地极、接地干线使用环保降阻剂。高效膨润降阻剂采用标准化生产，材质均匀，施工要求简单，在各类土壤和各种气候条件下均有良好的降阻效果和防腐性能，使用寿命长且无环境污染。

11.2.4　改造后接地电阻测试

接地电阻测试采用三极法（即按电流电压法测量），注入 30A 测量电流时测得的接地电阻 0.3753Ω 为电站主接地网工频接地电阻值。

按图 11.2-1 所示进行试验接线，其中 d_{GC} 应取 $(4\sim5)D$，$d_{GP}=(0.5\sim0.6)d_{GC}$。若在实际测量中 d_{GC} 取 $(4\sim5)D$ 有困难，则当土壤电阻率较均匀时，d_{GC} 可取 $2D$，当土壤电阻率不均匀时，d_{GC} 可取 $3D$。

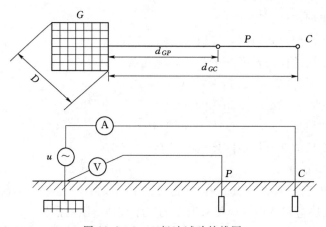

图 11.2-1　三极法试验接线图

11.2.5　结论

太平江一级水电站主接地网改造，经实施后，实测结果与理论设计值相吻合，改造达到了预期目的，保障了设备运行的可靠性，保障了现场工作人员的人身安全，很好地解决了大型水电站的工频接地电阻改造困难的重大难题。

11.3　电气二次设计方案

11.3.1　电站监控方式

电站按"无人值班"（少人值守）原则设计。装设全厂计算机监控系统。主要机电设备的控制、操作、参数测量、运行状态监视、事件记录均由计算机监控系统来完成。计算机监控系统与微机励磁系统、微机调速系统、机组辅助设备自动化控制装置及全厂公用设备自动化控制装置等设备一起构成了全厂综合自动化系统，系统可实现电站的安全和经济运行。在中央控制室设集控台，通过集控台上计算机监控系统操作员工作站的功能键盘和显示器等人机接口设备完成对全电站主要机电设备的操作和监视。

电站由云南省电力调度中心直接调度和管理，调度自动化信息送省调和省备调。

11.3.2 计算机监控系统

计算机监控系统采用全开放、分层分布式结构，监控系统主干网采用100M工业级双光纤以太环网结构，传输速率为自适应式，采用TCP/IP协议，遵循IEEE802.3标准。

监控系统主控级主要包括2套数据服务器、2套操作员工作站、1套工程师/培训工作站、2套调度通信服务器、1套厂内通信服务器、1套报表及语音报警服务器、1套GPS时钟装置、1套UPS（10kVA）及3套打印机设备等。

监控系统现地控制单元级（LCU）共7套，包括4套机组LCU、1套公用及厂用配电LCU、1套开关站LCU和1套坝区LCU。LCU主要由南瑞集团的PLC（其中机组和开关站LCU配有同期装置）、I/O模块、出口继电器、交流采样装置、变送器、液晶显示触摸屏、电源装置、网络设备等组成。

各机组LCU设置有独立的水力机械保护回路，该保护回路采用独立的直流220V工作电源，在机组运行过程中发生水机事故时（轴承瓦温过高、机组电气过速、事故低油压、手动事故停机按钮等），能独立快速地完成停机、跳发电机断路器、事故关进水蝶阀、跳灭磁开关、调速器紧急停机等操作。

计算机监控系统还包括实现其功能所需的全部系统、支持和应用软件和程序。

计算机监控系统设置了硬软件安全措施，提高了系统的安全性和可靠性。措施主要包括：系统有自诊断和自动重新启动功能；重要元器件冗余配置；CPU低负载率设计；为满足电力二次系统安全防护要求，电站调度通信室布置一套二次安全防护系统，系统包含两大功能：横向隔离功能和纵向加密功能，电站各个系统横向被分为控制区、非控制区和管理信息大区，各个分区之间通过软件进行隔离。控制区主要包括计算机监控系统、闸门监控系统、继电保护系统等，非控制区主要包括故障录波、电能量采集、水情自动化系统等，管理信息大区主要包括水电站生产管理系统。纵向加密指水电站和调度中心之间的数据交换通过防火墙、纵向加密认证装置等设备，实现本地包过滤功能以及与上级调度通信中心通信提供认证与加密功能，保证数据传输的机密性、完整性。

11.3.3 机组附属设备以及全厂公用系统设备自动化

1. 机组附属设备

机组调速器由电气柜、机械柜、油压控制柜组成。为了保证运行可靠性，主要设备采用双机冗余配置，双机之间的可靠切换由一个可编程切换继电器来保证，人机接口面板部分选用高亮度液晶触摸显示屏，作为整个控制系统的监控显示和操作界面。

励磁系统由励磁变压器、三相全控功率整流单元、双微机励磁调节器、磁场断路器、交直流侧过电压保护、起励装置、量测用电流及电压互感器等组成。励磁系统整流装置采用三相全控桥式接线；励磁系统正常停机时，采用可控硅逆变灭磁方式，在事故停机时，采用由快速磁场断路器、ZnO 非线性电阻、跨接器组成的非线性电阻灭磁。

励磁调节器设有按电压偏差自动调节通道（双套）和按转子电流偏差手动调节通道，通道之间能相互跟踪。三个调节通道，正常时一路工作，另两路备用并监视工作通道，当工作通道出现故障时，能自动、无扰动地切换至备用通道并闭锁备用通道；当两路自动调节通道均发生故障时，可自动地、无扰动地切换至励磁电流调节通道，由运行人员调节。

励磁调节器具备与计算机监控系统单元控制级 LCU 的通信接口及重要开关量接口，以实现监控系统对发电机励磁的监控和调节功能。励磁系统设置电力系统稳定器（PSS）。起励方式以残压起励为主，直流起励为备用。

2. 全厂公用系统设备自动化

全厂设有高低压空压机控制系统、渗漏排水系统、检修排水系统。

高低压空压机、渗漏排水泵、检修排水泵采用现地手动控制和中控室的 PLC 自动控制。全厂公用设备设一台 LCU，布置在中控室内。自动控制根据预先设定的程序自动启停工作机（泵）、备用机（泵）。双机系统采用轮流工作制，由计算机监控系统自动切换，一台工作时，另一台备用。全厂油、气、水系统运行状态、信号通过硬接线传送至公用 LCU。

11.3.4　闸门控制系统

电站中控室设置有一套闸门控制主机兼操作员工作站。

电站设有现地坝区控制单元（LCU），用于对坝区电气设备及各闸门进行监控。LCU 负责 3 孔溢洪道工作闸门、排漂孔工作闸门、冲沙底孔工作闸门、2 孔冲沙孔进水口事故闸门、2 孔电站进水口事故检修闸门、坝区变和各开关设备的电气信息采集和控制，可实现一个指令使各工作闸门开到预定开度。

11.3.5　继电保护系统

电站电气设备均采用微机继电保护装置。

每台发电机配置 1 个保护柜。发电机保护主要配置有不完全纵联差动保护、高灵敏横差保护、复合电流保护、失磁保护、过电压保护、转子一点接地保护、100% 定子接地保护、过负荷保护、轴电流保护、励磁绕组过负荷保护、励磁变电流速断保护、励磁变过电流保护、励磁变过负荷保护，以及励磁变温度保护等。

每台主变压器配置 1 面保护柜。变压器保护主要配置有：纵差动保护、高低压侧复合过流保护、高低压侧过负荷保护、主变零序电流保护、主变间隙保护、主变低压侧 13.8kV 母线一点接地保护、主变启动风冷保护、电压回路断线保护、电流回路断线保护、非电量等保护。

110kV 母线配置有母线差动保护和母线充电保护。母线差动保护采用带比率制动特性的电流差动保护，保护动作时，首先断开母联断路器，然后 CPU 对 I 段和 II 段母线进行检测，再瞬时跳故障母线上所有的断路器；发事故信号。母线充电保护作为断路器充电合闸于有故障的 110kV 母线上的保护，保护动作于瞬时跳母联断路器。

110kV 施工电源线路配置有光纤差动主保护、三段式相间和接地距离、四段零序方向过电流等后备保护，带三相自动重合闸、故障录波、故障测距等功能。

500kV 自耦变压器保护：按双重化配置，采用两套完整、独立并且是安装在不同柜内的保护装置，两套保护之间的交流、直流回路及电源系统、出口回路完全独立。配置有纵联差动保护、零序差动保护、过激磁保护、零序电流保护、过负荷保护、低压侧单相接地保护、高中压侧阻抗保护、500kV 断路器失灵保护、非电量保护等。两套电量保护和一套非电量保护均单独组屏，共 3 面保护屏。两套电量保护屏交流电源从中控室动力及事故照明切换屏引入，直流电源分别从中控室直流分屏的两段独立的控制母线上引入，每面保护屏上都有独立压板。

500kV 线路保护：500kV 线路保护按双重化配置，采用两套完整、独立并且是安装在不同柜内的保护装置，同时两套保护之间的交流电流、直流回路及电源系统、出口回路完全独立。配置有电流差动保护、距离保护、相间距离保护、零序保护等。

厂用变压器保护装置装在厂变高压开关柜上，主要配置有：电流速断保护、过电流保护、过负荷保护、瓦斯保护、温度保护等。

近区变压器保护装置装在近区变高压开关柜上，主要配置有电流速断保护、过电流保护、过负荷保护。

11.3.6　控制电源系统

电站厂房及开关站设置 1 套 220V 直流电源系统。配置两组容量为 400Ah 阀控式铅酸免维护蓄电池，配置 3 套微机型高频开关直流电源系统。该系统集高频开关整流器模块、监控器、交流保护单元于一面柜中，采用 $N+1$ 的整流模块冗余配置。由微处理器自动监控管理各部件协调工作，实现各项保护功能，并通过 RS-485 接口与计算机系统的公用 LCU 通信。采用双回合闸母线和双回控制母线分开设置的接线方式。两段合闸母线中间设置联络开关，正常情况下两段母线分段运行。联络开关设有闭锁装置，防止两组蓄电池并联运行。两组蓄电池组正常以全浮充电方式运行。其中两套高频开关充电装置，为浮充电与均衡充电兼用，分别通过开关连接在两组直流母线上独立运行，第三套高频开关充电装置通过开关连接在两段母线上作为备用充电装置。

直流系统在每台机旁设置一块直流分盘，为机组直流负荷供电。分盘进线取自主盘两段直流母线。

坝区设置 1 套 220V 直流电源系统，配置一组容量为 100Ah 阀控式铅酸免维护蓄电池。设置 1 套微机型高频开关直流电源系统，采用单母线方式运行，通过 RS-485 接口与计算机系统的坝区 LCU 通信。

电站设两套 10kVA 不间断逆变电源，为监控系统上位机、保护管理主机，消防主机、在线监测主机等提供不间断交流电源。

11.3.7　二次接线

1. 同期

电站同期点为每台发电机出口断路器、每台 110kV 主变高压侧断路器、110kV 施工电源出线断路器、母联断路器、500kV 线路出线断路器。每套机组现地控制单元配有 1 套微机自动准同期装置和 1 套手动准同期装置，用于机组同步并网操作。

每台发电机出口断路器配置 1 台单对象微机自动准同期装置和 1 套手动同期装置，实现机组自动和手动同期并网需要。

　　开关站采用自动准同期的同期方式，整个开关站设置两台多对象的微机自动准同期装置，装于开关站 LCU 柜上。

　　2. 厂用电源

　　本电站设置三台 SCB10-800kVA 厂用变压器，其中两台分别挂在发电机 I 段、IV 段母线上；外来厂用电备用电源经第三台厂用变降压后接至 0.4kV III 段母线上，厂区另设置有一台柴油发电机组，三段母线分别设置联络开关，正常运行时为两台厂变独立运行，事故情况下两台厂变相互备用，外来电源作为两台厂变均故障情况的备用电源，柴油机作为三台厂变均故障情况的黑启动和坝区负荷的备用电源。

　　本电站大坝距厂房约 4km，选择一台 SCB10-630kVA 的变压器作为坝区配电变压器。坝区 10kV 侧采用由本电站的发电机 I 段、IV 段母线经 61TM（SCB10-800kVA）近区隔离变压器供电。坝区另设有 1 回 10kV 外来电源作为备用电源供电，坝区还另设置有一台柴油机，为机组进水口闸门、溢洪道弧形闸门提供可靠的应急电源。

　　本电站备用电源自投切换采用 LCU 采集各母线和线路电流电压及开关节点，实现全站备用电源自投方式。

　　3. 电能计量系统

　　本电站电度测量配置智能式电子电度表，正、反向有功电度、无功电度（峰荷、谷荷）分开计量，电度表单独组屏。电站关口计量设置在 500kV 出线断路器外侧，配置精度为 0.2s 级，关口计量点配置双表，一只主表，一只副表。

　　500kV 出线计量，配置精度为 0.2s 级，作为电站考核点。

　　四台发电机计量，配置精度为 0.5s 级，作为电站考核点。

　　每台厂变、近区变以及 10kV 进线，配置精度为 0.5s 级电度表，作为电站考核点。

　　4. 二次等电位接地网

　　电站内设有二次设备等电位接地网，与电力保护接地网一点相连。机旁屏、中控室、500kV 升压开关站及 GIS 内二次盘柜，通过电缆沟与 100mm^2 的零电位接地铜缆连接，构成零电位母线。

11.3.8　消防控制系统

　　1. 电站火灾自动报警及消防控制系统

　　本电站需预警的区域设为一个报警区域，在主厂房的发电机层、中间层、水轮机层、蜗壳层及安装间、油库、油处理室层、下游副厂房的电缆层、发电电压设备层、中控室层、水轮发电机风罩及机坑内、主变压器及 GIS 室、500kV 开关站装设火灾探测装置以及火灾手动报警按钮、声光报警盒等。

　　在风机等需要联动控制的设备附近配置控制模块和监视模块，用于这些设备的联动控制。当厂房任何一部分区域发生火灾事故时，火灾报警控制系统控制风机全停。

　　厂房的消防控制中心设于中控室，火灾报警控制系统的报警控制信号采用总线传输方式，通过控制模块对需要联动控制的设备进行控制，并通过监视模块接收其反馈信号。感温感烟探测器、手动报警按钮、控制模块和监视模块上都带有地址编码，火灾报警控制器通过这些编址单元可区分出发生火灾的部位并能对这些单元进行监视控制。机组火灾报警装置由机组厂家提供，包括一台火灾报警控制器、6个感温火灾探测器、6个感烟火灾探测器。

消防设备的联动控制通过软件编程实现。联动控制分为自动控制和手动控制两种方式。自动控制时，消防设备由相应的探测器或手动报警按钮启动并经火灾报警控制器自动联动。手动控制时，由运行人员根据火灾情况，在消防控制屏上用键盘发送指令，控制相应的消防联动设备。火警消除后，通过现地手动复归，可将消防设备复归到原始状态。

火灾报警控制器接收火灾信息，并进行记录、显示和打印，启动报警音响，控制消防设备的工作状态，CRT显示器以平面图方式显示系统状态，同时将火灾信息传送给计算机监控系统。

2. 系统电源

火灾集中报警控制器的主电源为交流220V，由厂用电供给。火灾报警控制器本身备有备用蓄电池组，能够在主电源失电后工作一个小时。

火灾报警控制器设有消防24V直流电源，供给控制模块及其他需要直流24V的设备，作为操作电源。发电机机组消防雨淋阀组的操作电源为直流24V，亦由火灾报警控制器供给。

11.3.9　通信系统

本电站通信系统由电力系统通信和电站内部通信两大部分组成。

1. 电力系统通信

按照电站接入系统设计的要求，本电站由云南省电力调度中心直接调度，调度自动化信息送省调和省备调。

电站与调度中心的通信采用两路独立的光纤通信方式，在太平江一级水电站至大盈江四级电站的500kV线路上架设两根16芯的OPGW光缆，光缆长度约10.5km，设备制式采用SDH 2.5G/622M光设备。太平江一级电站通过大盈江四级电站的光纤电路接入云南省调度中心。

2. 电站内部通信

电站内部生产调度通信与行政通信合设一台多媒体数字程控交换机，电话用户196门，环路中继16路，光纤中继8路，程控机集多个虚拟调度机、行政电话交换机、防爆及语音、数据、图像传输于一体，具有调度机与行政交换机合一的功能。

坝区与中控室采用两路光纤通信，在光纤两端设置有光端机。

3. 通信电源

为确保太平江一级站内通信设备的正常运行，电站厂房配置两套48V直流供电电源，为光纤和交换机提供两路独立电源。每套电源由48V/80A高频开关电源设备、一组200Ah的免维护蓄电池、直流分配电屏组成。

11.4　金　属　结　构　设　计

11.4.1　概述

太平江一级水电站工程坝址以上控制流域面积6010km²，多年平均流量245m³/s，装机容量240MW，年平均发电量10.7亿 kW·h。枢纽主要建筑物由拦河坝、泄水系统、电站、冲沙底孔系统及地面厂房等组成，水库的校核洪水位为 256.06m，正常蓄水位为 255.00m。

金属结构工程主要包括：溢流坝的检修闸门、工作闸门，启闭设备分别为门机、液压启闭机，排漂孔的工作闸门及液压启闭机，冲沙泄洪底孔的事故检修闸门、工作闸门，启闭设备为固定卷扬式启闭机和液压启闭机，电站进口拦污栅、事故检修闸门，启闭设备为清污机和固定卷扬式启闭机，尾水出口的检修闸门及门机。金属结构工程量约 1967.4t（不含液压启闭机）。

11.4.2 金属结构设备设计

1. 溢流和排漂系统金属结构设备

溢流和排漂系统位于枢纽坝体中部，两侧为非溢流坝段。由 3 孔溢流坝、1 孔排漂孔及两个门库组成。溢流坝和排漂孔均设有工作闸门，溢流坝堰顶高程为 241.00m，排漂孔堰顶高程为 250.00m，孔宽均为 12.0m。4 孔共设有 1 扇检修闸门，启闭设备为单向门机。工作闸门采用液压启闭机，检修闸门共用 1 台门式启闭机。溢流坝段金属结构纵剖面图详见图 11.4-1。

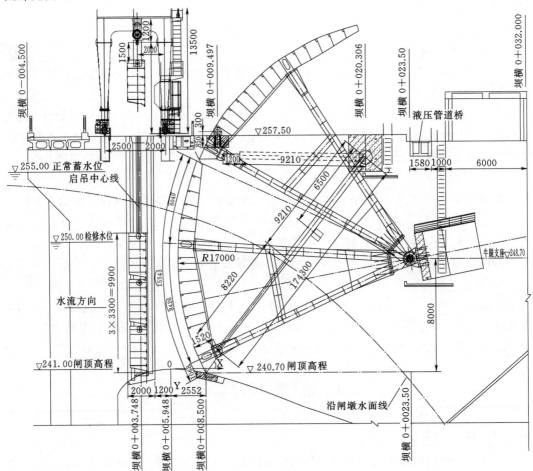

图 11.4-1 溢流坝段金属结构纵剖面图（高程：m；尺寸：mm）

溢流坝段设有 1 扇检修闸门，4 孔共用，启闭设备为单向门机配液压自动抓梁。在溢流坝左侧设有两座门库用于平时存放闸门。

溢流坝工作闸门主要作用是控制泄量调节水位，运行操作需动水启闭，且有局部开启泄流要求。

溢流坝工作闸门孔口尺寸为 12.0m×15.0m（宽×高），采用弧形钢闸门，为双主横梁斜支臂球铰结构。闸门高 15.0m，面板弧面半径为 $R=17.0$m，总水压力为 5929.6kN。闸门设双主横梁和 16 根水平次梁，主横梁和支臂为箱形截面，斜支臂采用 A 形结构，支铰采用维修方便、运行安全可靠的自润滑关节球铰。启闭设备为单作用活塞式液压启闭机，计算启闭力 2728.2kN，额定启门容量 2×1600kN，为上端铰支式，闸门吊点距 14.85m，扬程 7.5m，共设 3 台（套）。每台（套）均设有独立的液压动力控制站，启闭机可现地控制，亦可在电站中控室实现远程集中控制，配有可靠的备用电源。闸门全开位置可利用手动机械装置锁定，局部开度情况采用液压机阀组锁定。

为及时清除较大的污物，减少栅前水头差，溢流坝右侧设一孔排漂孔。排漂孔工作闸门运行操作方式为动水启闭，可局部开启调节流量。

排漂孔工作闸门孔口尺寸为 12.0m×6.153m（宽×高），设计挡水位 255.00m，总水压力 2214.2kN。采用弧形钢闸门，面板曲率半径 8.5m，斜支臂为 A 形结构，轴承采用维修方便、运行安全可靠的自润滑关节轴承。启闭设备采用单作用活塞式液压启闭机，额定启门容量 2×630kN，为上端铰支式，共设 1 台（套）。配设有独立的液压动力控制站，可现地及电站中控室实现远程集中控制。

检修闸门孔口宽均为 12m，4 孔共用 1 扇检修闸门，闸门结构型式为平面滑动钢闸门，每扇分为 3 节实腹叠梁式闸门，可互换使用。闸门开启采用节间充水，平压后静水开启，静水关闭。启闭设备为单向门机，容量为 2×400kN，配设液压自动抓梁操作。门库位于溢流坝左侧，共 2 孔，孔宽均为 12.0m，底高程分别为 250.00m 和 253.50m。

2. 引水发电系统金属结构设备

太平江一级水电站为有压引水式电站，电站装机容量为 4×60MW。引水隧洞进水口布置在大坝的左岸，共 2 条隧洞，隧洞进口设有拦污栅、事故检修闸门，电站尾水设检修闸门。隧洞进水口底板高程 232.00m，设拦污栅 7 扇，事故检修闸门 2 扇，启闭设备为固定卷扬式启闭机。尾水出口底板高程为 164.26m，单管单孔，共 4 孔，每孔设一扇检修闸门，启闭设备为单向门机。引水隧洞进口金属结构纵剖面见图 11.4-2。

为拦截树枝、杂草根茎等污物，进水口前沿并排设有 7 孔拦污栅，孔口尺寸均为 5m×25.2m（宽×高），栅体垂直布置。考虑到太平江水电站污物多、大、杂的特点，拦污栅结构设计水头差取 6.0m，过栅流速约 0.64m/s。每扇拦污栅分为 9 节，每节高 2.8m。拦污栅静水启闭，分节启闭吊运，采用全液压增力耙斗门式清污机进行清污和启闭，容量为 2×250/50kN，共 1 台供 7 孔共用，该清污机具有清污、集污、卸污以及启闭拦污栅的功能。清污机耙斗设计为自动加压全液压耙斗，由电液压系统、耙斗框架、尖栅装置、插污装置和抓污装置组成，将耙斗上的转耙可换为抓钩完成栅体启闭。

拦污栅后设事故检修闸门，当引水发电隧洞及压力钢管发生事故时能动水关闭封闭孔口。孔口尺寸为 8.0m×8.0m（宽×高），2 孔设 2 扇闸门，结构型式为平面定轮钢闸门，

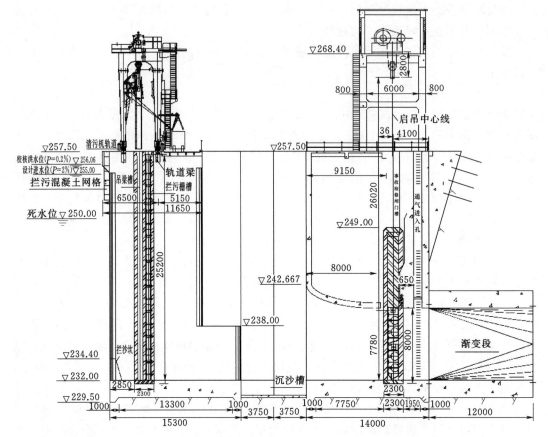

图 11.4-2　引水隧洞进口金属结构纵剖面图（高程：m；尺寸：mm）

设计挡水头 23m，总水压力 1247kN。每扇闸门分两节，上节门高 4.1m，下节门高 4.0m。每节闸门设主轮、反向滑块和侧向滑块各四个，主轮主要材料为 ZG50Mn2，轴套采用低磨阻、高承载的自润滑复合材料。闸门操作方式为动水关闭，静水开启，利用顶节小开度提升后节间充水平压，整扇启门水位差 $\Delta H \leqslant 1\text{m}$，闭门利用门重及水柱压力。启闭设备采用固定卷扬式启闭机操作，容量为 $2 \times 1600\text{kN}$，扬程 26.5m，启闭速度为 1.589m/min。

电站尾水管共 4 孔，孔口尺寸为 10.1m×3.988m（宽×高），考虑到水轮机组安装及检修需要，每孔设 1 扇检修闸门，共 4 扇。为了防止泥沙淤积门顶，闸门设计为前止水平面滑动钢闸门，正向支承采用低磨阻、高承载的工程塑料合金滑道。闸门运行方式为静水启闭，启门时通过旁通阀充水平压。启闭设备为单向门式启闭机，容量为 $2 \times 250\text{kN}$，总扬程为 28.5m，配设液压自动抓梁操作，闸门平时锁定在闸墩顶门槽内。

3. 冲沙底孔系统金属结构设备

由于太平江泥沙含量高，故设一孔冲沙泄洪底孔，位于排漂孔右侧，左侧为非溢流坝段。设事故检修闸门、工作闸门各一扇，事故检修闸门启闭设备为卷扬式启闭机，工作闸门启闭设备为液压启闭机。冲沙底孔系统金属结构纵剖面见图 11.4-3。

事故检修闸门主要作用为当工作闸门发生事故或需要检修时使用，运行操作需要动水

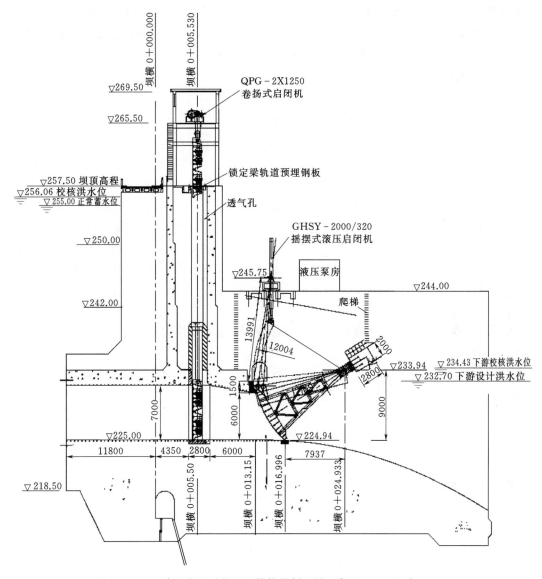

图 11.4-3 冲沙底孔系统金属结构纵剖面图（高程：m；尺寸：mm）

关闭。底板高程为 225.00m，孔口尺寸为 7m×7m（宽×高），设计最高挡水位为 256.06m（校核洪水位），设计最大挡水头 31.06m，总水压力为 13868kN。闸门型式为平面定轮钢闸门，面板、止水均设在上游面，为制造、安装、运输方便，闸门分为 2 节，节间采用销轴连接。闸门正向支承为直径 900mm 定轮，轴套采用低磨阻、高承载的自润滑复合材料，门槽断面为Ⅱ型。闸门操作条件为动水闭门，静水开启，启门时需先小开度提门充水平压，闭门靠自重及加重。启闭设备采用高扬程固定卷扬式启闭机，容量为 2×1250kN，扬程为 33m。

工作闸门的主要用途为冲沙及泄洪，要求动水启闭。底板高程为 225.0m，孔口尺寸为 7m×6m（宽×高），设计最大挡水头 31.06m，总水压力 15330kN。工作闸门的结构型

271

式为弧形钢闸门，采用直支臂，圆柱铰结构，铰轴轴套采用低磨阻、高承载的自润滑复合材料。启闭设备采用摇摆式液压启闭机，启闭力为 2000/320kN，扬程为 8.55m，闸门启闭速度为 0.7m/min。设有独立的电气控制及动力泵房。

11.4.3　金属结构设备结构和布置优化

1. 减轻泥沙污物影响的金属结构布置优化

根据对太平江一级水电站上游大盈江已建的一级、二级、三级水电站的考察了解，泥沙和污物问题非常突出：①污物量大、集中，尤其是暴雨时对拦污栅和清污机的缠绕破坏影响很大；②由于上游土质疏松，落差大，水流湍急，泥沙含量高，甚至夹杂较大的石头，直接损坏泄水建筑物和流道。因此，本工程设计时对此问题予以足够重视，进行了方案比较和水力学模型试验，并在工程布置和金属结构设备设计选型上采取如下相应措施。

(1) 拦污栅的结构及布置：①提高拦污栅承载力，结构设计水头按 6.0m，降低破坏几率；②扩大拦污栅过水断面，减小过栅流速。将拦污栅布置在隧洞喇叭口上游 20 多米处，共设 7 孔，增加拦污栅总宽度，进而降低过栅流速，以减少污物对栅条的附着力。

(2) 清污机采用液压抓斗并且带加压装置，增加缠绕物等复杂情况的清污能力。

(3) 进口闸门槽均设高压水充淤积系统。为了防止门槽淤积影响闸门关闭，在电站进水口事故检修闸门槽及泄洪冲沙底孔事故检修闸门槽底部均布置高压水管出口，用于冲刷底坎周围淤积的泥沙。

(4) 冲沙底孔事故检修闸门采用前胸墙、前止水的结构型式，防止泥沙淤积在门顶及门槽内。

(5) 冲沙泄洪底孔采用钢板衬护。冲沙泄洪底孔事故检修闸门和工作闸门之间的隧洞内采用了钢板衬护，并适当加大了衬护板厚度，同时，闸门及埋件外露表面封闭油漆采用了特殊的耐磨材料。

2. 溢流坝弧形闸门支臂结构优化

目前，国内外溢流坝弧形工作闸门支臂结构形式主要有桁架结构、A 形结构、Δ 形结构。桁架结构是传统的形式，也是最成熟、应用最广泛的形式，但桁架结构的构件及焊接节点多，制造、安装较复杂。A 形结构和 Δ 形结构传力简洁、明确，制造、安装方便。近年来应用较多，从运行状况来看效果也良好。综合考虑闸门的孔口尺寸、总水压力以及强度、局部稳定性，故采取了 A 形支臂结构型式。

国内外表孔弧形闸门出现事故的原因大多为支臂结构单薄，稳定性差。近年来弧形闸门的支臂稳定性分析及设计已经引起了各设计单位的足够重视，为减少金属结构工程量，降低投资，同时保证结构的强度及稳定性，A 形和 Δ 形结构得到了越来越多的应用。

3. 溢流坝和排漂孔检修闸门结构和布置优化

溢流坝和排漂孔工作闸门前均设有检修闸门，孔口宽均为 12m。采用 4 孔共用 1 套检修闸门的布置形式，检修闸门由 3 节实腹叠梁式闸门组成，每节高 3.3m，可互换使用。溢流孔工作闸门检修时，使用 3 节叠梁闸门；排漂孔工作闸门检修时，仅需 2 节即可。启闭设备为共用 1 台单向门机，通过配设液压自动抓梁启闭、吊运、存放闸门。3 节叠梁检修闸门结构型式完全相同，操作简单，便于维护，既节省了闸门的工程量，又降低了单向门机的容量，共计节省投资 90 多万元。

11.4.4 结语

太平江一级水电站工程为有压引水式电站，也是江西省水利规划设计研究院首次承担多泥沙和污物的国外水电站项目。对于多污物和多泥沙的水电站工程，减轻泥沙污物影响的工程措施是否有效直接关系到工程的正常运行及发电效益。本工程设计从金属结构总体布置和选型等方面共同承担泥沙污物的"冲、导、排、清"任务，金属结构设备应用了新材料、新工艺，经过近些年的运行检验，金属结构设备运行良好，达到了预期效果，取得了良好的社会效益和经济效益。

参 考 文 献

［1］ 潘家铮. 重力坝设计 ［M］. 北京：水利电力出版社，1987.

［2］ 周建平，钮新强，贾金生，等. 重力坝设计二十年 ［M］. 北京：中国水利水电出版社，2008.

［3］ 防洪标准：GB 50201—2014 ［S］.

［4］ 水工混凝土结构设计规范：DL/T 5057—2009 ［S］.

［5］ 混凝土重力坝设计规范：NB/T 35026—2014 ［S］.

［6］ 水电站进水口设计规范：DL/T 5398—2007 ［S］.

［7］ 水工隧洞设计规范：DL/T 5195—2004 ［S］.

［8］ 水电站调压室设计规范：NB/T 35021—2014 ［S］.

［9］ 刘仁德，徐晨. 水电站引水发电隧洞上平管段支护优化研究 ［J］. 水电能源科学，2009，27（4）：123－126.

［10］ 刘仁德，徐晨. 缅甸 DAPEIN（Ⅰ）水电站引水发电隧洞进水口高边坡稳定分析 ［J］. 江西水利科技，2009，35（4）：41－45.

［11］ 过祖源，龙期泰. 给水输水干管中水锤压力的试验研究 ［J］. 建筑学报，1961（6）：23－28，9.

［12］ 刘保华. 长引水隧洞电站调压室的水力计算及工况选择 ［J］. 水力发电，1995，51（4）：47－55.

［13］ 谢庆涛. 混流式水轮机甩负荷过程导叶关闭规律的优化计算 ［J］. 水力学报，1987（8）：15－21.

［14］ 沈祖诒，缪秋波，沈密飞. 机组甩负荷后导叶最佳关闭规律的确定 ［J］. 河海大学学报，1989，17（16）：16－20.